21世纪本科院校土木建筑类创新型应用人才培养规划教材

混凝土结构设计原理习题集

主　编　邵永健　夏　敏　翁晓红

内容简介

本书根据全国高等学校土木工程学科专业指导委员会编制的《高等学校土木工程本科指导性专业规范》编写而成，是北京大学出版社出版的江苏省高等学校重点教材《混凝土结构设计原理》（第2版）的配套用书。全书共10章，包括：绪论，混凝土结构材料的物理力学性能，混凝土结构设计的基本原则，受弯构件正截面、受弯构件斜截面、受压构件、受拉构件、受扭构件的受力性能与设计，混凝土构件的裂缝宽度、变形验算与耐久性设计及预应力混凝土构件的受力性能与设计。本书主要结合国家标准《混凝土结构设计规范》（GB 50010—2010）（2015年版）进行编写。

本书可作为普通高等院校土木工程、工程管理及相关专业的辅助教材，尤其适合“混凝土结构设计原理”课程的初学者、应试者及报考研究生的人员使用，也可作为该类专业继续教育的辅助教材，还可作为土建设计与施工技术人员的参考书。

图书在版编目(CIP)数据

混凝土结构设计原理习题集/邵永健，夏敏，翁晓红主编．—北京：北京大学出版社，2019.6

21世纪本科院校土木建筑类创新型应用人才培养规划教材

ISBN 978-7-301-30503-4

Ⅰ．①混… Ⅱ．①邵… ②夏… ③翁… Ⅲ．①混凝土结构—结构设计—高等学校—习题集 Ⅳ．①TU370.4-44

中国版本图书馆CIP数据核字(2019)第091497号

书　　名　混凝土结构设计原理习题集
　　　　　HUNNINGTU JIEGOU SHEJI YUANLI XITIJI
著作责任者　邵永健　夏　敏　翁晓红　主编
策划编辑　卢　东　吴　迪
责任编辑　伍大维
标准书号　ISBN 978-7-301-30503-4
出版发行　北京大学出版社
地　　址　北京市海淀区成府路205号　100871
网　　址　http://www.pup.cn　新浪微博：@北京大学出版社
电子信箱　pup_6@163.com
电　　话　邮购部010-62752015　发行部010-62750672　编辑部010-62750667
印 刷 者　北京虎彩文化传播有限公司
经 销 者　新华书店
　　　　　787毫米×1092毫米　16开本　10.25印张　233千字
　　　　　2019年6月第1版　2022年12月第3次印刷
定　　价　32.00元

前　言

“混凝土结构设计原理”课程具有内容复杂，实验性强，实践性和综合性强，与规范密切相关，以及概念多、公式多、系数多、符号多、构造规定多、教学环节多、文字叙述多等特点。学生在学习过程中，经常会出现概念不清、公式理解不透、解题步骤错误等情况。针对这些问题，本书根据全国高等学校土木工程学科专业指导委员会编制的《高等学校土木工程本科指导性专业规范》对本课程的要求，以及各类考试和实际应用的需要，将本课程要求掌握的知识点贯穿于各章的习题中。

本书主要结合国家标准《混凝土结构设计规范》(GB 50010—2010)(2015 年版)进行编写。全书共 10 章，习题形式涵盖了各类考试通常遇到的填空题、判断题、单项选择题、问答题和计算题。本书最后还给出了 2 套综合测试题，供学习者全面检测知识掌握情况。

本书主要涉及规范的简称如下：《混凝土结构设计规范》(GB 50010—2010)(2015 年版)简称《设计规范》(GB 50010)，《工程结构可靠性设计统一标准》(GB 50153—2008)简称《统一标准》(GB 50153)，《建筑结构可靠性设计统一标准》(GB 50068—2018)简称《统一标准》(GB 50068)，《建筑结构荷载规范》(GB 50009－2012)简称《荷载规范》(GB 50009)。

本书由苏州科技大学邵永健、夏敏、翁晓红主编。第 1 章由邵永健编写；第 2 章、第 3 章、第 4 章和第 5 章由翁晓红编写；第 6 章、第 7 章、第 8 章、第 9 章和第 10 章由夏敏编写。全书由邵永健统稿，苏州科技大学混凝土结构教研室的全体教师对本书的编写给予了很大的支持与帮助，在此表示诚挚的谢意。

由于编者水平有限，书中难免存在疏漏和不妥之处，敬请广大读者批评指正。

编　者

2019 年 1 月

前言

目　　录

第1章 绪　论

知识点及学习要求：通过本章学习，学生应熟悉混凝土结构的一般概念及特点，熟悉混凝土结构在国内外土木工程中的发展与应用，了解本课程的主要内容、要求和学习方法。

一、习题

（一）填空题

1. 混凝土结构是以混凝土为主要材料制成的结构，包括________、________和________等。其中，________是目前土木工程中使用最为广泛的结构形式。

2. 钢筋与混凝土能够共同工作的原因有：①________________________________；②________________________；③________________________。

3. 在混凝土构件中配置钢筋的主要目的是提高构件的________和________。

4. 钢筋混凝土结构就是把钢筋和混凝土通过合理的方式组合在一起，使钢筋主要承受________，混凝土主要承受________，从而充分发挥两种材料各自的性能优势。

5. 结构构件的破坏类型有________和________两种。

（二）判断题（对的在括号内写T，错的在括号内写F）

1. 钢筋与混凝土能够共同工作是因为两者具有相近的力学性能。（　　）

2. 钢筋混凝土结构主要利用钢筋受拉、混凝土受压。可见，混凝土的抗压性能优于钢筋的抗压性能。（　　）

3. 在其他条件相同时，钢筋混凝土梁的抗裂能力、极限承载力和变形能力均明显优于素混凝土梁。（　　）

4. 混凝土结构具有就地取材、合理用材、耐久性好、耐火性好、整体性好等许多优点，所以土木工程结构都应采用混凝土结构。（　　）

5. 与素混凝土结构相比，钢筋混凝土结构的突出优点是承载力大、变形性能好，且适用范围广。（　　）

6. 钢筋混凝土的自重一般为25kN/m^3，而钢材的自重一般为78kN/m^3。因此，与钢结构相比，钢筋混凝土结构具有自重小的优点。（　　）

7. 混凝土的抗拉强度很低，钢筋混凝土结构通常是带裂缝工作的。因此，土木工程结构不宜采用钢筋混凝土结构。（　　）

(三) 单项选择题

1. 在其他条件相同时，钢筋混凝土梁的抗裂能力与素混凝土梁相比（　　）。

A. 相同　　B. 提高许多　　C. 提高不多　　D. 降低

2. 在其他条件相同时，配筋适量的钢筋混凝土梁的承载力与素混凝土梁相比（　　）。

A. 相同　　B. 提高许多　　C. 提高不多　　D. 降低

3. 在其他条件相同时，配筋适量的钢筋混凝土梁的变形能力与素混凝土梁相比（　　）。

A. 相同　　B. 提高许多　　C. 提高不多　　D. 降低

4. 钢筋与混凝土能够共同工作最主要的基础条件是（　　）。

A. 钢筋与混凝土之间存在良好的黏结力

B. 钢筋与混凝土的温度线膨胀系数接近

C. 混凝土对埋置于其内的钢筋起到保护作用

D. 钢筋与混凝土的力学性能极不相同

5. 在正常使用荷载下，钢筋混凝土梁（　　）。

A. 通常是带裂缝工作的　　B. 通常没有裂缝

C. 通常有许多明显的正裂缝　　D. 通常有许多明显的斜裂缝

6. 下列哪一项是钢筋混凝土结构的缺点？（　　）

A. 砂石等一般可就地取材

B. 钢筋混凝土结构一般主要利用混凝土受压和钢筋受拉

C. 预制装配式钢筋混凝土结构的整体性一般不如现浇整体式钢筋混凝土结构的整体性

D. 与钢结构构件相比，一般钢筋混凝土构件的截面尺寸要大，所以其自重大

(四) 问答题

1. 什么是混凝土结构？混凝土结构有哪些优点？又有哪些缺点？

2. 钢筋与混凝土能够共同工作的条件是什么？

3. 以受集中荷载作用的简支梁为例，说明素混凝土构件和钢筋混凝土构件在受力性能方面的差异。

4. 脆性破坏和延性破坏各有什么特点？

5. 对混凝土构件配筋有哪些基本要求？

6. 《设计规范》(GB 50010) 中的术语是如何确定的？

7. 《设计规范》(GB 50010) 中的符号是如何构成的？

8. 《设计规范》(GB 50010) 采用什么样的计量单位？

9. 简述混凝土结构的发展与应用情况。

10. 本课程主要包括哪些内容？学习时应注意哪些问题？

二、答案

(一) 填空题

1. 素混凝土结构　钢筋混凝土结构　预应力混凝土结构　钢筋混凝土结构

2. 钢筋与混凝土之间存在良好的黏结力　钢筋与混凝土的温度线膨胀系数接近　混凝土对埋置于其内的钢筋起到保护作用

3. 承载力　变形能力

4. 拉力　压力

5. 延性破坏　脆性破坏

(二) 判断题

1. F　2. F　3. F　4. F　5. T　6. F　7. F

(三) 单项选择题

1. C　2. B　3. B　4. A　5. A　6. D

(四) 问答题

1. 答：混凝土结构是以混凝土为主制成的结构，包括素混凝土结构、钢筋混凝土结构和预应力混凝土结构等。其中，钢筋混凝土结构是目前土木工程中使用最为广泛的结构形式，由钢筋和混凝土两种力学性能极不相同的材料组成。

其优点有：①就地取材；②合理用材、经济性好；③耐久性好；④耐火性好；⑤可模性好；⑥整体性好。现浇及装配整体式混凝土结构均具有良好的整体性，这有利于抗震、抵抗振动和爆炸冲击波。

其缺点有：①自重大；②抗裂性差；③施工周期长、施工工序复杂、费工、费模板、施工受季节气候影响、结构的隔热隔声性能较差及修复加固困难等。

2. 答：钢筋与混凝土能够共同工作的条件有以下3个：①混凝土硬化后，钢筋与混凝土之间存在良好的黏结力；②钢筋与混凝土两种材料的温度线膨胀系数接近；③混凝土对埋置于其内的钢筋起到保护作用。

3. 答：集中荷载作用下的素混凝土简支梁，当梁跨中截面下边缘的混凝土达到抗拉强度时，该部位开裂，梁便突然断裂，属没有预兆的脆性破坏。同时由于混凝土的极限拉应变与抗拉强度都很低，所以梁破坏时的变形和荷载均很小。

集中荷载作用下的钢筋混凝土简支梁，在跨中截面下边缘的混凝土开裂后，开裂截面原来由混凝土承担的拉力转由钢筋承担。同时由于钢筋的强度和弹性模量均很大，故梁还能继续承受外荷载，直到受拉钢筋屈服，受压区混凝土压碎，梁才破坏。

可见，钢筋混凝土简支梁的承载能力和变形能力比素混凝土简支梁的承载能力和变形能力有很大的提高。

4. 答：脆性破坏的特点是：破坏前没有明显预兆，破坏突然发生；脆性破坏是很危险的，是工程上不允许或不希望发生的破坏类型。延性破坏的特点是：破坏前有明显预兆，破坏不是突然发生的，而有一个过程；延性破坏是工程上允许或希望发生的破坏类型。

5. 答：对混凝土构件的配筋有以下两个基本要求：一是必要条件，即钢筋与混凝土之间有良好的黏结力，两者能共同受力，变形协调；二是充分条件，即配筋的位置与数量正确。

6. 答：《设计规范》(GB 50010) 中的术语是根据现行国家标准《工程结构设计通用

符号标准》(GB/T 50132—2014)、《工程结构设计基本术语标准》(GB/T 50083—2014)并结合具体情况确定的。

7. 答：《设计规范》(GB 50010) 中的符号是由主体符号或带上下标的主体符号构成。

主体符号一般代表物理量，用一个字母表示，采用下列3种字母，一律用斜体字母书写或印刷：斜体大写拉丁字母，如M、V、N；斜体小写拉丁字母，如b、h、l；斜体小写希腊字母，如ρ、ξ、σ。

上下标则代表物理量或物理量以外的术语或说明语，用于进一步表示主体符号的含义，可采用字母、缩写词、数字或其他标记表示。上标一般只有一个，下标可采用一个或多个。当采用一个以上的下标时，可根据表示材料的种类、受力状态、部位、方向、原因、性质的次序排列。如果各下标连续书写其含义有可能混淆，则各下标之间应加逗号分隔。上标采用标记或正体小写拉丁字母或正体小写希腊字母，如ρ'、$E_{\mathrm{c}}^{\mathrm{f}}$；下标采用正体小写拉丁字母、正体小写希腊字母、缩写词或正体数字，如M_{u}、f_{y}、h_0、$\sigma_{\mathrm{y,max}}$。

当采用符号i、j、l作下标时，为防止符号之间的混淆，可采用小写斜体字母作下标，如σ_l；个别情况也可采用大写拉丁字母作下标，如α_{E}。

8. 答：《设计规范》(GB 50010) 采用以国际单位制为基础的中华人民共和国法定计量单位。计量单位和词头符号应采用拉丁字母或希腊字母。除了来源于人名的计量单位符号的第一个字母采用大写字母外，其余的均应采用小写字母(升的符号例外)。计量单位和词头符号必须采用正体字母。例如：力的单位为N、kN，应力的单位为$\mathrm{N/mm^2}$或MPa，长度的单位为mm、m。

常见的错误写法如：N误写成N(前者为力的单位，后者为轴力)，kN误写成KN，MPa误写成Mpa。

9. 答：略(参见有关教材)。

10. 答：略(参见有关教材)。

第 2 章

混凝土结构材料的物理力学性能

知识点及学习要求：通过本章学习，学生应掌握混凝土、钢筋的物理力学性能及混凝土与钢筋的黏结性能。

一、习题

（一）填空题

1. 现行国家标准《普通混凝土力学性能试验方法标准》（GB/T 50081—2002）规定：以标准方法制作的边长________mm 的立方体试块，在标准条件（温度 20±2℃，相对湿度不低于 95%）下养护________d，按标准试验方法加载至破坏，测得的具有________%保证率的抗压强度作为混凝土立方体抗压强度的标准值，用 $f_{cu,k}$表示，单位为________。

2. 《设计规范》（GB 50010）规定：钢筋混凝土结构的混凝土强度等级不应低于________；采用强度等级为 400MPa 及以上的钢筋时，混凝土强度等级不应低于________。

3. 《普通混凝土力学性能试验方法标准》（GB/T 50081—2002）规定以边长为________________的棱柱体试件作为混凝土轴心抗压强度试验的标准试件。

4. 混凝土的主要强度指标有________、________和________。

5. 普通混凝土是由________、粗骨料、________和水，有时还加入少量的添加剂，经过搅拌、注模、振捣、养护等工序后，逐渐凝固和硬化而成的一种________。

6. 公式 $f_{ck}=0.88\alpha_{c1}\alpha_{c2}f_{cu,k}$中，当混凝土强度等级≤C50 时取 $\alpha_{c1}=$________，当混凝土强度等级≤C40 时取 $\alpha_{c2}=$________。

7. 法向应力和剪应力作用下的混凝土，当压应力较小时，混凝土的抗剪强度随压应力的增大而________；当压应力约超过 $0.6f_c$时，混凝土的抗剪强度随压应力的增大而________。

8. 对于混凝土一次短期受压时的应力-应变曲线，随着混凝土强度等级的提高，曲线的峰值应变________，下降段的坡度越陡，极限应变________，延性越差。

9. 混凝土的变形模量有________、割线模量和切线模量 3 种。

10. 混凝土在荷载的长期作用下，其应变或变形随时间增长的现象称为________，其值用符号 ε_{cr}表示。

11. 徐变变形 ε_{cr}与加载时产生的瞬时变形 ε_{ci}的比值称为________。当初始应力小于 $0.5f_c$时，2～3 年后徐变稳定，最终的徐变系数一般为________。

12. 影响徐变的因素很多，可以将其归纳为________、材料组成和________ 3 个方面。

13. 在钢筋混凝土轴心受压构件中，混凝土的徐变使钢筋的压应力________，使混凝土的压应力________。

14. 将结构或构件加载至某一荷载，然后卸载至零，并把这一循环多次重复下去，这样的加载方式称为________。

15. 把能使棱柱体试件承受________万次或其以上循环荷载而发生破坏的压力值称为混凝土的疲劳抗压强度。

16. 钢筋的力学性能主要取决于它的化学成分，其中________元素是主要成分。钢筋的含________量越高，其强度越高，但其________和可焊接性降低。

17. 根据含碳量的多少，碳素钢又可分为________碳钢（含碳量小于 0.25%）、________碳钢（含碳量为 0.25%～0.6%）和________碳钢（含碳量大于 0.6%）。

18.《设计规范》(GB 50010）将用于混凝土结构的钢材分为________、中强度预应力钢丝、消除应力钢丝、________和预应力螺纹钢筋。

19.《设计规范》（GB 50010）将热轧钢筋按强度由低到高分为 HPB300、HRB335、HRBF335、HRB400、HRBF400、RRB400、HRB500、HRBF500。除________为光面钢筋外，其余均为________钢筋。

20.《设计规范》(GB 50010）规定：预应力筋宜采用________、________和预应力螺纹钢筋。

21. 根据钢筋受拉时应力-应变曲线特征的不同，可将钢筋分为____________的钢筋和____________的钢筋两类。

22. 通常，有明显流幅钢筋的应力-应变曲线可分为弹性阶段、________、________和破坏阶段 4 个阶段。其中，________也可称为颈缩阶段。

23. 强屈比是钢筋的极限抗拉强度与________的比值，其大小反映了钢筋的强度储备能力。

24. 反映钢筋力学性能的基本指标有________、强屈比、________和冷弯；前两个为强度指标，后两个为变形指标（或称塑性指标）。

25. 钢筋的伸长率有断后伸长率和________下总伸长率两个概念。

26. 冷弯是将钢筋绕一个弯芯直径为 D 的钢辊弯折一定的角度 α 时，钢筋受弯曲部位表面不产生裂纹即为合格。弯芯直径 D 越小，弯折角度 α 越大，则钢筋的塑性性能就________。

27. 通常把钢筋与混凝土接触面上的纵向________称为黏结应力，简称黏结力。

28. 根据构件中钢筋受力情况的不同，黏结的作用有________和局部黏结作用两类。

29. 钢筋与混凝土之间的黏结力由________、________和________ 3 部分组成。

30. 钢筋与混凝土之间的黏结破坏类型主要有________和________两种。

31. 目前工程中，钢筋的连接方式主要有________、________和焊接 3 种。

32. 钢筋绑扎搭接接头连接区段的长度为________倍搭接长度，凡搭接接头________位于该连接区段长度内的搭接接头均属于同一连接区段。

33. 钢筋机械连接是通过________的机械咬合作用或________的承压作用，将一根钢筋中的力传递至另一根钢筋的连接方法。

（二）判断题（对的在括号内写 T，错的在括号内写 F）

1. 轴心抗压强度是确定混凝土强度等级的依据，是混凝土力学性能指标的基本代表值。（　）

2.《设计规范》（GB 50010）规定的混凝土强度等级有 C10、C15、C20、C25、C30、C35、C40、C45、C50、C55、C60、C65、C70、C75 和 C80，共 15 个等级。（　）

3.《设计规范》（GB 50010）中的混凝土强度等级从 C15～C80 共 14 个等级，其中 C40～C80 属于高强度混凝土。（　）

4.《设计规范》（GB 50010）规定：钢筋混凝土结构的混凝土强度等级不应低于 C20；采用强度等级 300MPa 及以上的钢筋时，混凝土强度等级不应低于 C25。（　）

5.《普通混凝土力学性能试验方法标准》（GB/T 50081—2002）规定以边长为 150mm 的立方体试件作为混凝土轴心抗压强度试验的标准试件。（　）

6. 边长为 150mm×150mm×300mm 的棱柱体试件测得的轴心抗压强度小于边长为 150mm 的立方体试件测得的抗压强度，其主要原因是试验时棱柱体试件端部摩擦力对中部截面的约束作用小。（　）

7.《设计规范》（GB 50010）中只有混凝土立方体抗压强度标准值，而没有混凝土立方体抗压强度设计值。（　）

8. 公式 $f_{ck}=0.88\alpha_{c1}\alpha_{c2}f_{cu,k}$ 中的 0.88 是混凝土强度的脆性折减系数。（　）

9. 公式 $f_{ck}=0.88\alpha_{c1}\alpha_{c2}f_{cu,k}$ 中的 0.88 是考虑结构中混凝土的实体强度与立方体试件混凝土强度之间的差异而取的混凝土强度修正系数。（　）

10. 对于任一强度等级的混凝土，其棱柱体抗压强度与立方体抗压强度的比值均为 0.76。（　）

11. 有侧向压力约束圆柱体试件的轴心抗压强度大于无侧向压力约束圆柱体试件的轴心抗压强度，主要是由于侧向压力约束了混凝土受压后的横向变形，对竖向裂缝的产生和发展起到抑制作用。（　）

12. 法向应力和剪应力作用下的混凝土，有剪应力作用时，混凝土的抗压强度要低于无剪应力作用时混凝土的单向抗压强度。（　）

13. 对于混凝土一次短期受压时的应力-应变曲线，随着混凝土强度等级的提高，曲线的峰值应变变化不显著，极限应变减小，延性变差。（　）

14. 对于混凝土一次短期受压时应力-应变曲线的上升段可分为弹性阶段、裂缝稳定发展阶段和裂缝不稳定发展阶段 3 个阶段，其中，裂缝稳定发展阶段和裂缝不稳定发展阶段的分界点的应力可作为混凝土短期抗压强度取值的依据。（　）

15. 混凝土的弹性模量适用于混凝土受力全过程的应力-应变分析。（　）

16. 混凝土的割线模量 E_c' 与混凝土的弹性模量 E_c 的关系可用公式 $E_c'=\nu E_c$ 表示，其中弹性系数 ν 随着混凝土所受应力的增大而增大。（　）

17. 泊松比是混凝土试件在一次短期受压时的横向应变与纵向应变的比值。（　）

18. 引起混凝土非线性徐变的主要原因是凝胶体的塑性流动。（　）

19. 钢筋混凝土构件的体表比越大，其徐变与收缩越小。（　）

20. 荷载重复作用下混凝土的轴心抗压疲劳强度等于一次短期加载下混凝土的轴心抗压强度。（　）

21. 当混凝土的收缩受到约束时，收缩会使混凝土内部产生拉应力，甚至导致混凝土开裂。（　）

22. 钢筋混凝土轴心受拉构件中，混凝土开裂前，由于混凝土的收缩使钢筋的拉应力增大，混凝土的拉应力减小。（　）

23.《设计规范》(GB 50010) 规定：普通钢筋是指钢筋混凝土结构中的钢筋和预应力混凝土结构中的非预应力钢筋。（　）

24. 通常，有明显流幅的钢筋简称“软钢”，如钢绞线、高强钢丝；无明显流幅的钢筋简称“硬钢”，如热轧钢筋。（　）

25. RRB400 钢筋宜用作重要部位的受力钢筋，不应用于直接承受疲劳荷载的构件。（　）

26. 软钢以屈服下限作为其设计强度取值的依据。（　）

27. 没有明显屈服点的钢筋以应变为 0.2%时所对应的应力作为其强度设计指标取值的依据，并称为条件屈服强度。（　）

28. 钢筋在最大力下的总伸长率包含塑性残余变形的伸长率和弹性变形的伸长率两部分。（　）

29. 冷拉钢筋既可用作受拉钢筋，又可用作受压钢筋。（　）

30. 冷拉只能提高钢筋的抗拉屈服强度，其抗压屈服强度反而降低 15%左右；冷拔可同时提高钢筋的抗拉和抗压强度。（　）

31. 钢筋经冷拉时效后，其屈服强度提高，塑性降低，但弹性模量基本不变。（　）

32. 锚固长度试验时，钢筋拔出端的应力达到屈服强度时，钢筋没有被拔出的最大埋长称为基本锚固长度 l_{ab}。（　）

33. 受拉钢筋基本锚固长度 l_{ab} 的大小主要取决于钢筋直径、钢筋强度和混凝土强度，与钢筋外形无关。（　）

34. 受拉钢筋的锚固长度 $l_a=\zeta_a l_{ab}$，其中锚固长度修正系数 ζ_a 在所有情况下都是一个大于或等于 1.0 的系数。（　）

35. 由于钢筋连接接头区域受力复杂，所以《设计规范》(GB 50010) 规定：钢筋的接头宜设置在受力较小处。同时，在结构的重要构件和关键传力部位，纵向受力钢筋不宜设置连接接头。（　）

36.《设计规范》(GB 50010) 规定：轴心受拉及小偏心受拉杆件的纵向受力钢筋宜采用绑扎搭接。（　）

37. 纵向受拉钢筋绑扎搭接接头的搭接长度 $l_l=\zeta_l l_a$，其中修正系数 ζ_l 应根据纵向受拉钢筋搭接接头面积百分率确定。（　）

38. 钢筋机械连接区段的长度为 $35d$，d 为连接钢筋的最大直径。（　）

39. 钢筋焊接接头连接区段的长度为 $35d$（d 为连接钢筋的较小直径）且不小于 500mm，凡接头中点位于该连接区段长度内的焊接接头均属于同一连接区段。（　）

40. 钢筋的内边缘至混凝土表面的距离，称为混凝土保护层厚度，简称保护层厚度，用 c 表示。（　）

41. 钢筋的混凝土保护层越厚，则结构的耐久性、耐火性及钢筋与混凝土间的黏结性

越好。因此，钢筋的混凝土保护层厚度越大越好。 （ ）

42. 在钢筋混凝土构件中，只要钢筋应力沿长度方向有变化，钢筋与混凝土间就一定存在黏结力。 （ ）

（三）单项选择题

1.《设计规范》（GB 50010）规定：混凝土立方体抗压强度标准值系指按标准方法制作、养护的边长为150mm的立方体试件，在28d或设计规定龄期以标准试验方法测得的具有（ ）保证率的抗压强度值，用 $f_{cu,k}$ 表示，单位为 N/mm^2。

A. 95% B. 90% C. 97.73% D. 100%

2. 混凝土强度等级C40表示（ ）。

A. 混凝土的立方体抗压强度 $\geqslant 40N/mm^2$

B. 混凝土的棱柱体抗压强度设计值 $f_c \geqslant 40N/mm^2$

C. 混凝土的棱柱体抗压强度标准值 $f_{ck} \geqslant 40N/mm^2$

D. 混凝土的立方体抗压强度 $\geqslant 40N/mm^2$ 的概率不小于95%

3. 混凝土强度等级由边长为150mm的立方体试块的抗压强度标准值，按（ ）确定。

A. 平均值 μ_{fcu} B. $\mu_{fcu}-1.645\sigma_{fcu}$ C. $\mu_{fcu}-2\sigma_{fcu}$ D. $\mu_{fcu}-\sigma_{fcu}$

4. 同一强度等级的混凝土，它的各种力学指标有（ ）的关系。

A. $f_{cu}<f_c<f_t$ B. $f_t>f_{cu}>f_c$ C. $f_{cu}>f_t>f_c$ D. $f_{cu}>f_c>f_t$

5. 在测定混凝土立方体抗压强度时，通常情况下，（ ）。

A. 加载速度越快，测得的强度越小

B. 试件尺寸越大，测得的强度越小

C. 加压板与试件之间的摩擦力越大，测得的强度越小

D. 试件在标准条件下养护的时间越长，测得的强度越小

6. 混凝土在双轴向正应力作用下，（ ）。

A. 双向受压时，一向的抗压强度不随另一向压应力的变化而变化

B. 双向受拉时，一向拉应力的变化对另一向抗拉强度的影响小

C. 双向受拉时，一向拉应力的变化对另一向抗拉强度的影响显著

D. 一向受压、一向受拉时，一向的强度随另一向应力的增加而提高

7. 混凝土微元体的应力状态有下图所示的3种情况。

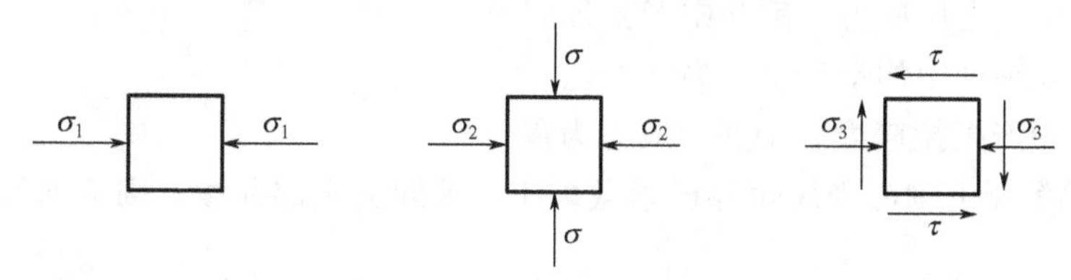

若混凝土强度等级相同，破坏时3种受力情况下混凝土的应力 σ_1、σ_2、σ_3 的大小关系为（ ）。

A. $\sigma_1 \geqslant \sigma_2 \geqslant \sigma_3$ B. $\sigma_2 \geqslant \sigma_3 \geqslant \sigma_1$ C. $\sigma_3 \geqslant \sigma_2 \geqslant \sigma_1$ D. $\sigma_2 \geqslant \sigma_1 \geqslant \sigma_3$

8. 对于混凝土试件在一次短期受压时的应力-应变曲线而言，下列叙述中（ ）是正确的。

A. 上升段是一条直线

B. 混凝土强度越高，曲线的极限压应变 ε_{cu} 越大

C. 混凝土强度越高，曲线的峰值压应变 ε_0 越大

D. 混凝土强度越高，曲线下降段的坡度越缓、延性越好

9. 对于混凝土试件在一次短期受拉时的应力-应变曲线而言，下列叙述中（　　）是正确的。

A. 其曲线形状与轴心受压时的应力-应变曲线相似，其峰值应力和峰值应变比受压时小很多

B. 其曲线形状与轴心受压时的应力-应变曲线相似，其峰值应力和峰值应变与受压时基本相同

C. 其曲线形状与轴心受压时的应力-应变曲线相似，其峰值应力和峰值应变比受压时大很多

D. 其曲线形状与轴心受压时的应力-应变曲线相差很大，其峰值应力和峰值应变比受压时小很多

10. 所谓线性徐变是指（　　）。

A. 徐变与荷载持续时间 t 为线性关系

B. 徐变系数与初始应力为线性关系

C. 徐变与初始应力为线性关系

D. 瞬时变形与徐变变形之和与初始应力为线性关系

11. 水灰比越大、水泥用量越多，混凝土的徐变和收缩值就（　　）。

A. 越大　　B. 越小　　C. 不变　　D. 无法确定

12. 为减小混凝土徐变对结构的影响，以下叙述（　　）是正确的。

A. 提早对结构进行加载

B. 采用强度等级高的水泥，增加水泥用量

C. 加大水灰比，并选用弹性模量小的骨料

D. 减小水泥用量，提高混凝土的密实度和养护湿度

13. 一对称配筋的钢筋混凝土构件，两端自由，由于混凝土的收缩，下列叙述中（　　）是正确的。

A. 混凝土中产生拉应力，钢筋中产生压应力

B. 混凝土中产生压应力，钢筋中产生拉应力

C. 混凝土及钢筋中均不产生应力

D. 混凝土中产生拉应力，钢筋中应力为零

14. 一钢筋混凝土轴心受压短柱已承载多年，现卸去全部荷载，则下列叙述中（　　）正确。

A. 短柱恢复原长

B. 钢筋中残留压应力，混凝土中残留拉应力

C. 钢筋中残留拉应力，混凝土中残留压应力

D. 钢筋、混凝土中应力都为零

15. 钢筋混凝土结构中的钢筋应优先采用（　　）。

A. 热轧钢筋　　B. 细晶粒带肋钢筋

C. 余热处理钢筋　　D. 预应力钢丝、钢绞线和预应力螺纹钢筋

16. 对于钢筋应力-应变曲线的数学模型，下列叙述中（　　）正确。

A. 有明显流幅钢筋通常采用双斜线模型，无明显流幅钢筋通常采用双线性理想弹塑性模型

B. 有明显流幅钢筋通常采用双线性理想弹塑性模型，无明显流幅钢筋通常采用双斜线模型

C. 有明显流幅钢筋与无明显流幅钢筋均应采用双线性理想弹塑性模型

D. 有明显流幅钢筋与无明显流幅钢筋均应采用双斜线模型

17. 对于有明显屈服点的钢筋，其设计强度是以（　　）为依据确定的。

A. 屈服下限　　B. 屈服上限　　C. 比例极限　　D. 极限强度

18. 依据《设计规范》(GB 50010) 的规定，对于钢筋与混凝土的弹性模量，下列叙述中（　　）正确。

A. 钢筋受拉与受压的弹性模量不相等，混凝土受压与受拉的弹性模量不相等

B. 钢筋受拉与受压的弹性模量相等，混凝土受压与受拉的弹性模量不相等

C. 钢筋受拉与受压的弹性模量相等，混凝土受压与受拉的弹性模量相等

D. 钢筋受拉与受压的弹性模量不相等，混凝土受压与受拉的弹性模量相等

19. 有关钢筋冷拉和冷拔，下列叙述中（　　）正确。

A. 二者都可提高钢筋的抗拉和抗压强度

B. 冷拉时钢筋的冷拉应力应高于钢筋的屈服点

C. 冷拔后的钢筋仍有明显的屈服点

D. 冷拉和冷拔对塑性没有影响

20. 钢筋经冷拉后，（　　）。

A. 可提高 f_y 和 f'_y　　B. 可提高 f_y 和伸长率

C. 可提高 f_y 和 E_s　　D. 可提高 f_y，但 f'_y 反而降低

21. 依据《设计规范》(GB 50010) 的规定，对于受拉钢筋的基本锚固长度 l_{ab}，下列叙述中（　　）正确。

A. 钢筋的抗拉强度越大、直径越大，以及混凝土的抗拉强度越小，则 l_{ab} 越小

B. 钢筋的抗拉强度越大、直径越小，以及混凝土的抗拉强度越小，则 l_{ab} 越大

C. 钢筋的抗拉强度越大、直径越大，以及混凝土的抗拉强度越大，则 l_{ab} 越大

D. 钢筋的抗拉强度越大、直径越大，以及混凝土的抗拉强度越小，则 l_{ab} 越大

22. 依据《设计规范》(GB 50010) 的规定，对于采用 C35 混凝土（$f_{tk}=2.2N/mm^2$，$f_t=1.57N/mm^2$）和直径 20mm 的 HRB400 钢筋（$f_{yk}=400N/mm^2$，$f_y=360N/mm^2$，锚固钢筋的外形系数 $\alpha=0.14$）的构件，受拉钢筋基本锚固长度 $l_{ab}=$（　　）mm。

A. 642　　B. 458　　C. 509　　D. 713

23. 在钢筋与混凝土之间的黏结力测定中，拔出试验所得的黏结强度与压入试验相比，（　　）。

A. 拔出试验小于压入试验　　B. 拔出试验与压入试验所测得的黏结强度相同

C. 拔出试验大于压入试验　　D. 无法比较

24. 钢筋与混凝土之间的黏结应力，其实质是一种（　　）。

A. 剪应力　　B. 压应力　　C. 拉应力　　D. 摩擦力

25. 图示钢筋混凝土伸臂梁，关于钢筋与混凝土间的黏结应力的叙述，（　　）是正确的。

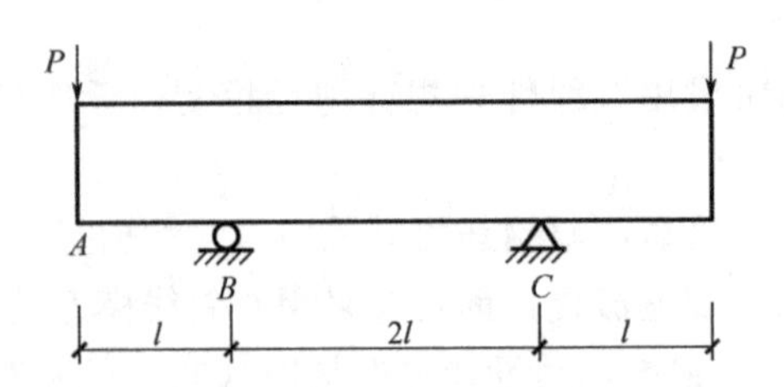

A. 混凝土开裂前，AB 间无黏结应力，BC 间有黏结应力

B. 混凝土开裂前，AB 间有黏结应力，BC 间无黏结应力

C. 混凝土开裂后，AB 间有黏结应力，BC 间无黏结应力

D. 混凝土开裂后，AB 间无黏结应力，BC 间有黏结应力

（四）问答题

1. 《设计规范》（GB 50010）为什么采用混凝土立方体抗压强度标准值作为划分混凝土强度等级的依据?

2. 混凝土强度等级的选用应考虑哪些因素?

3. 《设计规范》（GB 50010）对混凝土强度等级的选用有何规定?

4. 国际上常用确定混凝土强度等级的方法有哪些?

5. 非标准混凝土试块的抗压强度如何换算成标准混凝土试块的抗压强度?

6. 对于同一强度等级的混凝土，试比较立方体抗压强度、轴心抗压强度和轴心抗拉强度的大小关系，并请说明理由。

7. 简述在双轴向正应力作用下混凝土强度的变化规律。

8. 简述在法向压应力和剪应力作用下混凝土强度的变化规律。

9. 画出一次短期加载下混凝土受压时的应力-应变曲线，并简述该曲线的变化规律。

10. 简述混凝土弹性模量、割线模量和切线模量的概念。

11. 简述产生徐变的原因。

12. 简述线性徐变与非线性徐变的概念。

13. 简述影响混凝土徐变的主要因素。

14. 简述混凝土收缩变形随时间的发展规律。

15. 为什么混凝土收缩容易导致混凝土开裂?

16. 画出有明显流幅钢筋受拉时的应力-应变曲线，并简述该曲线的变化规律。

17. 为什么取钢筋的屈服强度作为钢筋混凝土构件设计时钢筋强度取值的依据?

18. 有明显流幅钢筋和无明显流幅钢筋的应力-应变关系有什么不同?

19. 反映钢筋力学性能的基本指标有哪些?

20. 简述钢筋冷拉的概念，并画出其应力-应变曲线。

21. 简述并筋的概念。

22. 混凝土结构对钢筋哪五个方面的性能做了要求?
23. 影响钢筋与混凝土之间黏结强度的因素主要有哪些?
24. 简述钢筋的混凝土保护层的作用。

二、答案

(一) 填空题

1. 150 28 95 N/mm^2
2. C20 C25
3. 150mm×150mm×300mm
4. 立方体抗压强度 轴心抗压强度 轴心抗拉强度
5. 胶凝材料 细骨料 人工石材
6. 0.76 1.0
7. 增大 减小
8. 变化不显著 越小
9. 弹性模量
10. 徐变
11. 徐变系数 2～4
12. 应力大小 环境条件
13. 增大 减小
14. 重复加荷
15. 200
16. 铁 碳 塑性
17. 低 中 高
18. 热轧钢筋 钢绞线
19. HPB300 带肋(或填“变形”)
20. 预应力钢丝 钢绞线
21. 有明显流幅(或填“有明显屈服点”,或填“有明显屈服台阶”) 无明显流幅(或填“无明显屈服点”,或填“无明显屈服台阶”)
22. 屈服阶段 强化阶段 破坏阶段
23. 屈服强度
24. 屈服强度 伸长率
25. 最大力
26. 越好
27. 剪应力
28. 锚固黏结作用
29. 化学胶结力 摩擦力 机械咬合力
30. 劈裂型黏结破坏 剪切型黏结破坏
31. 绑扎搭接 机械连接

32. 1.3　中点

33. 钢筋与连接件　钢筋端面

(二) 判断题

1. F	2. F	3. F	4. F	5. F	6. T	7. T	8. F	9. T	10. F
11. T	12. T	13. T	14. F	15. F	16. F	17. T	18. F	19. T	20. F
21. T	22. F	23. T	24. F	25. F	26. T	27. F	28. T	29. F	30. T
31. T	32. F	33. F	34. F	35. T	36. F	37. T	38. F	39. T	40. F
41. F	42. T								

(三) 单项选择题

1. A	2. D	3. B	4. D	5. B	6. B	7. D	8. C	9. A	10. C
11. A	12. D	13. A	14. B	15. A	16. B	17. A	18. C	19. B	20. D
21. D	22. A	23. A	24. A	25. B					

(四) 问答题

1. 答：《设计规范》(GB 50010) 采用混凝土立方体抗压强度标准值作为划分混凝土强度等级依据的主要原因如下。

(1) 混凝土的力学性能与其组成材料、施工方法、试件尺寸、加荷方法、加荷速度等多种因素有关，出于设计、施工和质量检验鉴定等的需要，必须有一个统一衡量混凝土强度的标准。

(2) 混凝土抗压性能好，实际工程主要用其来受压，同时立方体抗压强度试验相对简单、试验结果最为稳定，而且混凝土的其他力学指标（如轴心抗压强度、轴心抗拉强度和弹性模量等）都与立方体强度有较好的对应关系。

2. 答：混凝土强度等级的选用应考虑下列两个因素。

(1) 结构的受力状态和性质。

(2) 与钢筋强度等级匹配。

3. 答：《设计规范》(GB 50010) 规定：素混凝土结构的混凝土强度等级不应低于 C15；钢筋混凝土结构的混凝土强度等级不应低于 C20；采用强度等级 400MPa 及以上的钢筋时，混凝土强度等级不应低于 C25；预应力混凝土结构的混凝土强度等级不宜低于 C40，且不应低于 C30；承受重复荷载的钢筋混凝土构件，混凝土强度等级不应低于 C30。

4. 答：目前世界各国确定混凝土强度等级的方法尚未统一，主要有以下两种。

(1) 中国、俄罗斯、英国、德国等国家采用边长 150mm 的立方体试块作为测定混凝土抗压强度的标准试块。

(2) 国际标准化组织 (ISO)、欧洲混凝土委员会 (CEB)、国际预应力混凝土协会 (FIP)、美国和日本等组织与国家采用圆柱体试块作为测定混凝土抗压强度的标准试块。圆柱体的直径为 6in (1in＝0.0254m)、高为 12in，或直径为 150mm、高为 300mm。

5. 答：混凝土试块的抗压强度试验表明，试块形状与尺寸对混凝土试块的抗压强度有一定的影响，试块尺寸越大，则测得的抗压强度越小。我国《设计规范》(GB 50010) 采用边长为 150mm 的立方体试块作为测定混凝土抗压强度的标准试块。

试验结果表明，其他形状与尺寸的非标准试块的混凝土抗压强度可按下表给出的系数换算成标准试块的混凝土抗压强度。

非标准试块的混凝土抗压强度换算成标准试块的混凝土抗压强度时的换算系数

试块形状	试块尺寸	换算系数
立方体	150mm×150mm×150mm	1.00
	100mm×100mm×100mm	0.95
	200mm×200mm×200mm	1.05
棱柱体	150mm×150mm×300mm	1.32
	6in×6in×12in	1.32
圆柱体	150mm×300mm	1.20
	6in×12in	1.20

注：表中换算系数适用于C15～C50混凝土。

6. 答：对于同一强度等级的混凝土有：立方体抗压强度＞轴心抗压强度＞轴心抗拉强度。这是因为棱柱体标准试件比立方体标准试件高，试验机压板与试件之间的摩擦力对棱柱体试件高度中部的横向变形的约束影响比对立方体试件的小，所以测得的棱柱体试件的抗压强度（即轴心抗压强度）比立方体试件的抗压强度值小；同时混凝土的抗拉强度又远小于其抗压强度。

7. 答：当混凝土处于双向受压时，一向的抗压强度随另一向压应力的增加而提高，最多可提高约30%。当混凝土处于双向受拉时，一向的拉应力对另一向的抗拉强度影响小，即混凝土双向受拉与单向受拉时的抗拉强度基本相等。当混凝土处于一向受压、一向受拉时，一向的强度随另一向应力的增加而降低。

8. 答：对于混凝土抗剪强度，当压应力较小时，混凝土的抗剪强度随压应力的增大而提高；当压应力约超过$0.6f_c$时，混凝土的抗剪强度随压应力的增大反而减小。对于混凝土抗压强度，当剪应力存在时，混凝土的抗压强度要低于单向抗压强度。

9. 答：一次短期加载下混凝土受压时的应力-应变曲线如下。

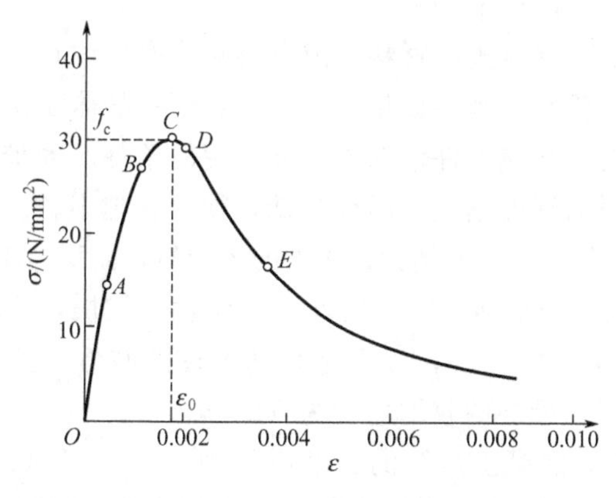

由上图可见，该曲线的变化规律如下：全曲线包括上升段和下降段2个部分。

上升段又可分为3个阶段。第1阶段（OA段）为弹性阶段，该阶段应力-应变关系接近直线，A点称为比例极限。第2阶段（AB段）为裂缝稳定发展阶段，该阶段应变发展快于应力，曲线呈明显的非线性。第3阶段（BC段）为裂缝不稳定发展阶段，该阶段混凝土的体积变形由压缩转为膨胀，应变发展更快，非线性更明显，峰点C的应力为混凝土的棱柱体抗压强度f_c，相应的应变称为峰值应变ε_0，其值在0.0015～0.0025之间波动，通常取$\varepsilon_0=0.002$。

下降段又可分为2个阶段。第4阶段（CD段）：此阶段曲线凹向应变轴，直到曲线出现拐点D。第5阶段（DE段）：超过拐点D之后，曲线开始变为凸向应变轴，直至曲线中曲率最大的收敛点E。收敛点E以后的曲线称为收敛段，这时贯通的主裂缝已很宽，内聚力已几乎耗尽，对于无侧向约束的混凝土，收敛段已没有结构意义。

10. 答：混凝土的弹性模量（即原点切线模量）为混凝土的应力-应变曲线在原点的切线斜率，用E_c表示，即$E_c=\tan\alpha=d\sigma/d\varepsilon|_{\varepsilon=0}$。混凝土的割线模量（亦称变形模量）为混凝土的应力-应变曲线上任一点处割线的斜率，用E'_c表示，即$E'_c=\tan\alpha'=\sigma/\varepsilon$。混凝土的切线模量为混凝土的应力-应变曲线上任一点处切线的斜率，用E''_c表示，即$E''_c=\tan\alpha''=d\sigma/d\varepsilon$。

11. 答：徐变产生的原因通常可归结为以下两个方面：一是混凝土中的水泥凝胶体在荷载长期作用下产生黏性流动，二是混凝土内部的微裂缝在荷载长期作用下不断出现和发展。当应力较小时，徐变的发展以第一个原因为主；当应力较大时，则以第二个原因为主。

12. 答：当σ_{ci}（初始应力）$\leqslant 0.5f_c$时，应力差相等，则各条徐变曲线的间距几乎相等，即徐变与应力成正比，这种徐变称为线性徐变；当$0.5f_c<\sigma_{ci}\leqslant 0.8f_c$时，应力差相等，但各条徐变曲线的间距不相等，且徐变的增长比应力的增长快，徐变与应力不成正比，这种徐变称为非线性徐变。

13. 答：影响混凝土徐变的因素很多，可以将其归纳为应力大小、材料组成和环境条件3个方面。

（1）应力大小的影响。长期作用压应力的大小是影响混凝土徐变的主要因素之一。当σ_{ci}（初始应力）$\leqslant 0.5f_c$时，以线性徐变为主；当$0.5f_c<\sigma_{ci}\leqslant 0.8f_c$时，以非线性徐变为主；当$\sigma_{ci}>0.8f_c$时，混凝土内部的微裂缝进入非稳定发展阶段，徐变的发展最终将导致混凝土破坏。

（2）材料组成的影响。混凝土的材料组成是影响徐变的内在因素。水泥用量越大、水灰比越大，徐变就越大；骨料的弹性模量越大、骨料所占的体积比越大，徐变就越小。

（3）环境条件的影响。环境条件包括养护和使用的条件。养护时的湿度越大、温度越高，徐变就越小；使用时的湿度越大、温度越低，徐变就越小。

另外，加载的龄期越早，徐变就越大；构件的体积与表面积的比值越大，徐变就越小。

14. 答：混凝土的收缩变形随时间而增长，早期发展较快，两周已完成全部收缩变形的25%左右，一个月已完成约50%，以后增长速度逐渐减慢，整个收缩过程可持续两年以上。一般情况下，混凝土最终的收缩应变为$(2\sim5)\times10^{-4}$。

15. 答：一般情况下，混凝土最终的收缩应变为$(2\sim5)\times10^{-4}$，而混凝土开裂时的拉应变为$(0.5\sim2.7)\times10^{-4}$，可见若混凝土收缩受到约束，则很容易导致混凝土开裂。

16. 答：有明显流幅钢筋受拉时的应力-应变曲线如下。

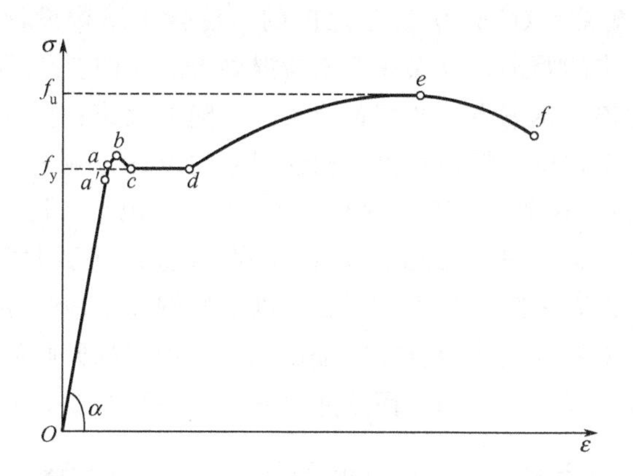

由上图可见，该曲线的变化规律如下：在 a'点之前，应力与应变成正比，材料处于线弹性阶段，a'点称为比例极限。过 a'点后，应变的增长速度比应力的增长速度略快，此时应力与应变已不成正比，但在 a 点以前材料仍处于弹性阶段，a 点称为弹性极限。过 a 点后，材料进入非弹性阶段，b 点称为屈服上限，屈服上限是不稳定的；待应力下降到 c 点（屈服下限）以后，应力不增长或略有波动，但应变不断增大，出现屈服台阶 cd。过 d 点后，随着应变的增加，应力又继续增加，直至应力最大点 e，e 点称为极限抗拉强度，de 段称为强化阶段。过 e 点后，在试件的某薄弱部位开始出现颈缩现象，应变急剧增长，断面缩小，应力下降，至 f 点试件被拉断。ef 段称为颈缩阶段或破坏阶段。可见，有明显流幅钢筋的应力-应变曲线可分为 4 个阶段：弹性阶段 Oa、屈服阶段 ad、强化阶段 de 和破坏阶段 ef。

17. 答：这是由于钢筋屈服后将产生很大的塑性变形，这会使钢筋混凝土构件产生很大的变形和过宽的裂缝而无法正常使用。

18. 答：有明显流幅钢筋的应力-应变曲线有明显的屈服点和流幅，而无明显流幅钢筋则没有。

19. 答：反映钢筋力学性能的基本指标有屈服强度、强屈比、伸长率和冷弯；前两个为强度指标，后两个为变形指标（或称塑性指标）。

20. 答：冷拉是在常温下用机械方法将有明显流幅的钢筋拉伸到超过屈服强度的某一应力值，然后卸载至零，是一种用来提高钢筋抗拉强度的方法。其应力-应变曲线如下。

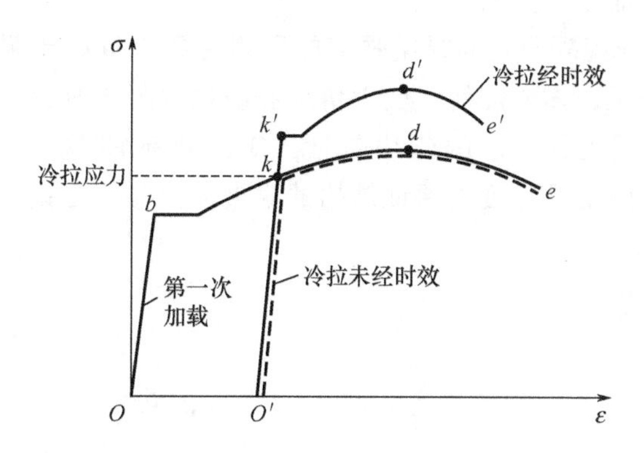

21. 答：在《设计规范》(GB 50010) 之前的《混凝土结构设计规范》中均规定：钢筋与钢筋之间应保持一定的距离，以保证钢筋与混凝土之间的有效黏结，这就意味着在混凝土构件中不得采用并筋(钢筋束)的配置形式。但随着大跨、重载和超高层混凝土结构的增多，为了解决实际工程中粗钢筋及密集配筋引起的设计、施工的困难，同时基于进一步研究取得的成果，《设计规范》(GB 50010) 第 4.2.7 条规定：构件中的钢筋可采用并筋(钢筋束)的配置形式，对于直径 28mm 及以下的钢筋并筋数量不应超过 3 根；直径 32mm 的钢筋并筋数量宜为 2 根；直径 36mm 及以上的钢筋不应采用并筋。并筋应按单根等效钢筋进行计算，等效钢筋的等效直径应按截面面积相等的原则换算确定。

一般二并筋可在纵向或横向并列，而三并筋宜做品字形布置，如下图所示。

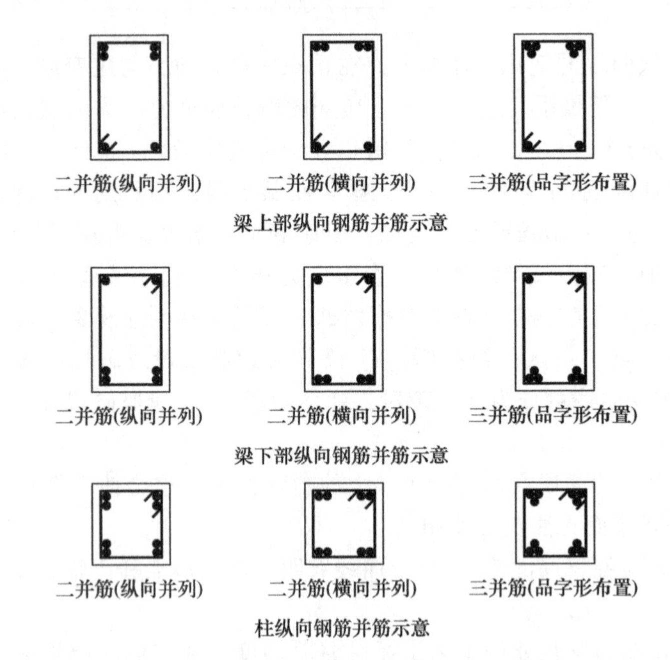

柱纵向钢筋并筋示意

并筋可视为计算截面面积相等的单根等效钢筋，相同直径的二并筋等效直径为 $1.41d$，三并筋等效直径为 $1.73d$。并筋等效直径的概念可用于钢筋间距、保护层厚度、裂缝宽度验算、钢筋锚固长度、搭接接头面积百分率及搭接长度等的计算中。

22. 答：混凝土结构对钢筋性能的要求主要体现在钢筋的强度、塑性、可焊性、耐火性、与混凝土的黏结性能 5 个方面。

23. 答：影响钢筋与混凝土之间黏结强度的因素主要有混凝土强度、钢筋外形、混凝土保护层厚度、钢筋净距、横向配筋、受力情况和浇筑混凝土时钢筋的位置等。

24. 答：钢筋的混凝土保护层的作用包括：①防止钢筋锈蚀，保证结构的耐久性；②减缓火灾时钢筋温度的上升速度，保证结构的耐火性；③保证钢筋与混凝土之间的可靠黏结。

第3章

混凝土结构设计的基本原则

知识点及学习要求：通过本章学习，学生应掌握混凝土结构可靠度设计法及其相关概念，熟悉混凝土结构的实用设计表达式。

一、习题

（一）填空题

1. 按时间的变异，结构上的作用可分为________、________和________3类。

2. 标志性建筑和特别重要的建筑结构的设计使用年限通常为________年。

3.《统一标准》（GB 50068）规定：建筑结构应满足________、________和________3项功能要求。

4. 极限状态分为________________极限状态和________________极限状态两类。

5. 建筑结构设计时，应根据结构在施工和使用中的环境条件和影响，分成________________、短暂设计状况、________________和地震设计状况4种设计状况。

6. 结构可靠性是指结构在规定的时间内，在规定的条件下，完成预定功能的能力，是结构________、________和________的总称。

7. 可变荷载的代表值有________、组合值、频遇值和________4种；而永久荷载的代表值只有________。

8. 当用作受剪、受扭、受冲切承载力计算时，横向钢筋的抗拉强度设计值f_{yv}不应大于________N/mm^2。

9. 对轴心受压构件，当采用HRB500、HRBF500钢筋时，其抗压强度设计值f_y'应取________N/mm^2。

10. 实用设计表达式中的分项系数主要有________________、________________和________________3种，还有结构设计使用年限的荷载调整系数。

11. 对于永久荷载分项系数的取值：当其效应对结构不利时，对由可变荷载控制的组合应取________，对由永久荷载控制的组合应取________；当其效应对结构有利时，不应大于________，对结构的倾覆、滑移或漂浮验算可以取________。

12. 对于荷载基本组合的效应设计值，应取__________________和________________两者中的较大值。

13. 混凝土构件正截面的受力裂缝控制等级分为________级。

14. 功能函数Z、抗力R和作用效应S均服从正态分布，若平均值$\mu_R=160$，$\mu_S=80$；变异系数$\delta_R=0.13$，$\delta_S=0.12$，则可靠指标$\beta=$________。

（二）判断题（对的在括号内写 T，错的在括号内写 F）

1. 荷载和荷载效应均不是常量，均为随机变量或随机过程。 （ ）

2. 普通房屋和构筑物的设计使用年限通常为 50 年。 （ ）

3. 设计使用年限与设计基准期是同一概念的两个不同名称。 （ ）

4. 某结构的设计使用年限为 50 年，其意思是：在 50 年内该结构是可靠的，超过 50 年该结构就失效。 （ ）

5. 某厂房因振动过大而影响正常生产的产品质量，属于承载能力极限状态问题。 （ ）

6. 某结构构件因过度的塑性变形而不适于继续承载，属于正常使用极限状态。 （ ）

7. 持久设计状况、短暂设计状况、偶然设计状况和地震设计状况 4 种设计状况，均应进行承载能力极限状态设计，以保证结构的安全性。 （ ）

8. 结构可靠度是结构可靠性的概率度量。 （ ）

9. 失效概率 P_f 越小，结构可靠度越大。 （ ）

10. 普通工业与民用建筑的安全等级大多为一级。 （ ）

11. 若设计和施工均能严格按规范进行，则所建成的结构物在正常使用情况下是绝对不会失效的。 （ ）

12. 永久荷载的代表值有标准值、组合值、频遇值和准永久值 4 种。 （ ）

13. 材料强度设计值等于材料强度标准值乘以一个大于或等于 1.0 的材料强度分项系数。 （ ）

14. 任何受力情况下，普通钢筋的抗压强度设计值总与抗拉强度设计值相同。 （ ）

15. 关于结构设计使用年限的荷载调整系数，对于设计使用年限为 100 年、50 年和 5 年的结构分别取 1.1、1.0 和 0.9。 （ ）

16. 钢筋混凝土受弯构件的最大挠度应按荷载的准永久组合，预应力混凝土受弯构件的最大挠度应按荷载的标准组合，并均应考虑荷载长期作用的影响进行计算。 （ ）

17. 一级、二级裂缝控制等级的验算通常称为抗裂（或抗裂度）验算，其实质是应力控制；三级裂缝控制等级的验算通常称为裂缝宽度验算，其实质是控制最大裂缝宽度。（ ）

（三）单项选择题

1. 有关设计基准期，下列哪个叙述是正确的？（ ）

A. 建筑结构的设计基准期为 50 年，公路桥涵结构的设计基准期为 100 年

B. 建筑结构的设计基准期为 100 年，公路桥涵结构的设计基准期为 50 年

C. 建筑结构的设计基准期为 50 年，公路桥涵结构的设计基准期为 50 年

D. 建筑结构的设计基准期为 100 年，公路桥涵结构的设计基准期为 100 年

2. 有关承载能力极限状态和正常使用极限状态，下列哪个叙述是正确的？（ ）

A. 承载能力极限状态发生的概率通常要大于正常使用极限状态发生的概率

B. 承载能力极限状态发生的概率通常要小于正常使用极限状态发生的概率

C. 承载能力极限状态发生的概率通常等于正常使用极限状态发生的概率

D. 承载能力极限状态发生的概率与正常使用极限状态发生的概率其大小关系通常无法比较

3. 下列情况（　　）属于正常使用极限状态。

A. 结构作为刚体失去平衡

B. 结构因产生过度的塑性变形而不能继续承受荷载

C. 影响耐久性能的局部损坏

D. 构件丧失稳定

4. 下列情况（　　）属于超出承载能力极限状态。

A. 某连续梁因产生塑性铰而成为机动体系

B. 某吊车梁由于变形而引起吊车卡轨

C. 某楼盖梁由于裂缝宽度超过0.3mm而使得使用者感到不安

D. 某屋盖由于挠曲变形而引起屋面积水

5. 按承载能力极限状态计算的表达式为（　　）。

A. $\gamma_0\gamma_s S_k \leqslant \gamma_R R_k$　　B. $\gamma_0 S_k/\gamma_s \leqslant R_k/\gamma_R$

C. $\gamma_0 S_k/\gamma_s \leqslant \gamma_R R_k$　　D. $\gamma_0\gamma_s S_k \leqslant R_k/\gamma_R$

6. 当用R表示结构抗力，S表示作用效应，而$Z=R-S$时，下列哪个叙述是正确的？（　　）

A. $Z>0$结构处于可靠状态；$Z=0$结构处于极限状态；$Z<0$结构处于失效状态

B. $Z>0$结构处于失效状态；$Z=0$结构处于极限状态；$Z<0$结构处于可靠状态

C. $Z>0$结构处于极限状态；$Z=0$结构处于可靠状态；$Z<0$结构处于失效状态

D. $Z>0$结构处于可靠状态；$Z=0$结构处于失效状态；$Z<0$结构处于极限状态

7. 有关结构构件承载能力极限状态的目标可靠指标值$[\beta]$，下列哪个叙述是正确的？（　　）

A. 建筑结构的安全等级高一级（比如从二级提升到一级），则目标可靠指标值$[\beta]$减小0.5

B. 延性破坏的目标可靠指标值$[\beta]$比脆性破坏的大0.5

C. 建筑结构的安全等级高一级（比如从二级提升到一级），则目标可靠指标值$[\beta]$增大0.5

D. 延性破坏的目标可靠指标值$[\beta]$与脆性破坏的相等

8. 有关某一可变荷载的标准值、组合值、频遇值和准永久值，下列哪个叙述是正确的？（　　）

A. 组合值≥标准值≥频遇值≥准永久值

B. 标准值≥频遇值≥组合值≥准永久值

C. 标准值≥组合值≥准永久值≥频遇值

D. 标准值≥组合值≥频遇值≥准永久值

9. 有关钢筋强度标准值的取值依据，下列哪个叙述是正确的？（　　）

A. 对有明显屈服点的普通钢筋，以抗拉强度σ_b作为强度标准值的取值依据；对无明显屈服点的预应力筋，以屈服强度作为强度标准值的取值依据

B. 对有明显屈服点的普通钢筋，以屈服强度作为强度标准值的取值依据；对无明显屈服点的预应力筋，以抗拉强度σ_b作为强度标准值的取值依据

C. 均以屈服强度作为强度标准值的取值依据

D. 均以抗拉强度 σ_b 作为强度标准值的取值依据

10. 有关承载能力极限状态设计表达式 $\gamma_0 S \leqslant R$ 中的 γ_0，下列哪个叙述是正确的？（　　）

A. 对于结构的安全等级为二级或设计使用年限为 50 年的结构构件，$\gamma_0 \geqslant 1.0$

B. 对于结构的安全等级为二级或设计使用年限为 50 年的结构构件，$\gamma_0 \geqslant 1.1$

C. 对于结构的安全等级为一级或设计使用年限为 100 年及以上的结构构件，$\gamma_0 \geqslant 1.0$

D. 对于结构的安全等级为三级或设计使用年限为 5 年的结构构件，$\gamma_0 \geqslant 1.0$

11. 对于承载能力极限状态，应按荷载的（　　）计算荷载组合的效应设计值，并应采用 $\gamma_0 S \leqslant R$ 进行设计。

A. 基本组合或标准组合　　B. 基本组合或频遇组合

C. 标准组合或偶然组合　　D. 基本组合或偶然组合

12. 对于正常使用极限状态，应根据不同的设计要求，采用荷载的（　　），并应按 $S \leqslant C$ 进行设计。

A. 基本组合、频遇组合或准永久组合

B. 偶然组合、频遇组合或准永久组合

C. 标准组合、频遇组合或准永久组合

D. 基本组合、偶然组合或准永久组合

13. 功能函数 $Z=R-S$，同时功能函数 Z、抗力 R 和作用效应 S 均服从正态分布，若平均值 $\mu_R=150$，$\mu_S=70$；变异系数 $\delta_R=0.12$，$\delta_S=0.10$，则可靠指标 $\beta=$（　　）。

A. 4.14　　B. 2.13　　C. 10.28　　D. 8.67

（四）问答题

1. 简述作用、作用效应的概念。

2. 简述影响钢筋混凝土构件截面抗力大小的主要因素。

3. 简述结构的设计使用年限与结构的使用寿命的关系。

4. 简述结构设计的基本目的。

5. 简述安全性、适用性和耐久性的概念。

6. 简述承载能力极限状态和正常使用极限状态的概念。

7. 简述目标可靠指标的概念。

8. 《统一标准》(GB 50068) 规定一般房屋的失效概率 $[P_f]$ 是多少？

9. 如何确定结构构件承载能力极限状态的目标可靠指标值 $[\beta]$？

10. 如何确定建筑结构的安全等级？

11. 同一房屋内各种结构构件的安全等级是否一定相同？

12. 简述材料强度实测值、平均值、标准值、设计值的概念。

13. 根据《荷载规范》(GB 50009)，写出承载能力极限状态的设计表达式，写出荷载基本组合的效应设计值表达式，并说明式中各符号的含义。

14. 根据《荷载规范》(GB 50009)，写出正常使用极限状态的设计表达式，写出荷载标准组合和准永久组合效应设计值的表达式，并说明式中各符号的含义。

二、答案

（一）填空题

1. 永久作用　可变作用　偶然作用
2. 100
3. 安全性　适用性　耐久性
4. 承载能力　正常使用
5. 持久设计状况　偶然设计状况
6. 安全性　适用性　耐久性
7. 标准值　准永久值　标准值
8. 360
9. 400
10. 荷载分项系数　材料强度分项系数　结构重要性系数
11. 1.2　1.35　1.0　0.9
12. 可变荷载控制的效应设计值　永久荷载控制的效应设计值
13. 三
14. 3.49

（二）判断题

1. T　2. T　3. F　4. F　5. F　6. F　7. T　8. T　9. T　10. F
11. F　12. F　13. F　14. F　15. T　16. T　17. T

（三）单项选择题

1. A　2. B　3. C　4. A　5. D　6. A　7. C　8. D　9. B　10. A
11. D　12. C　13. A

（四）问答题

1. 答：作用是指施加在结构上的力（直接作用，也称为荷载）和引起结构外加变形或约束变形的原因（间接作用）。作用效应是指结构上的作用引起的结构或其构件的内力（如弯矩、剪力、轴力和扭矩）和变形（如挠度、裂缝和侧移）。

2. 答：影响钢筋混凝土构件截面抗力大小的主要因素有3个：①截面形状与尺寸；②混凝土强度等级；③钢筋的级别、配置方式和数量。

3. 答：通常结构的设计使用年限长，结构的使用寿命也长。但结构的设计使用年限不等于结构的使用寿命，当结构的使用年限超过设计使用年限时，表明结构失效的概率可能会增大，安全度水准可能会有所降低，但不等于结构不能使用。

4. 答：结构设计的基本目的是保证所设计的结构既安全可靠，又经济适用。

5. 答：安全性：在正常施工和正常使用时，能承受可能出现的各种作用；在设计规定的偶然事件（如罕遇地震）发生时及发生后，仍能保持必需的整体稳定性。适用性：在正常使用时具有良好的工作性能，如不发生影响正常使用的过大变形、过宽裂缝和过大振幅或频率等。耐久性：在正常维护下具有足够的耐久性能，如结构材料的风化、老化和腐蚀等不超过一定的限度。

6. 答：承载能力极限状态主要针对结构的安全性，对应于结构或结构构件达到最大承载力、出现疲劳破坏或达到不适于继续承载的变形，或结构的连续倒塌。正常使用极限状态主要针对结构的适用性和耐久性，对应于结构或结构构件达到正常使用或耐久性能的某项规定限值。

7. 答：当结构功能函数的失效概率 P_f 小到某一值时，人们就会因结构失效的可能性很小而不再担心，该失效概率称为容许失效概率 $[P_f]$，与容许失效概率 $[P_f]$ 相对应的可靠指标称为目标可靠指标，也称为设计可靠指标，用符号 $[\beta]$ 表示。因此，当 $\beta \geqslant [\beta]$ 时，表示结构处于可靠状态。

8. 答：《统一标准》(GB 50068) 规定一般房屋的安全等级为二级，则其结构构件的失效概率不得超过下列限值。

(1) 一般房屋延性破坏的结构构件的 $[P_f]=6.9\times10^{-4}$。

(2) 一般房屋脆性破坏的结构构件的 $[P_f]=1.1\times10^{-4}$

9. 答：《统一标准》(GB 50068) 规定：根据结构的安全等级和破坏类型来确定结构构件承载能力极限状态的目标可靠指标值 $[\beta]$，具体见下表。

结构构件承载能力极限状态的目标可靠指标值 $[\beta]$

破坏类型	安全等级		
	一级	二级	三级
延性破坏	3.7	3.2	2.7
脆性破坏	4.2	3.7	3.2

10. 答：《统一标准》(GB 50068) 根据结构破坏可能产生的后果（危及人的生命、造成经济损失、产生社会影响等）的严重性，将建筑结构划分为 3 个安全等级，具体见下表。

建筑结构的安全等级

安全等级	破坏后果	建筑物类型
一级	很严重	重要的房屋
二级	严重	一般的房屋
三级	不严重	次要的房屋

11. 答：同一房屋内各种结构构件通常采用与整个结构相同的安全等级，但并不一定相同。比如，若提高某一结构构件的安全等级所增加费用较少，且又能有效减轻整个结构的破坏，则可将该结构构件的安全等级提高一级；相反，若某一结构构件的破坏并不影响整体结构的安全时，则可将该结构构件的安全等级降低一级。

12. 答：材料强度实测值是指直接由试验测得的强度数值，对于第 i 个试块的材料强度实测值，一般用符号 f_i 表示。

材料强度平均值是由实测值求得的数学平均值，一般用符号 f_{m} 表示。

$$f_{\mathrm{m}} = \sum_{i=1}^{n} f_i / n$$

材料强度标准值是指具有 95％保证率的材料强度值，一般用符号 f_{k} 表示，$f_{\mathrm{k}} = f_{\mathrm{m}}(1-1.645\delta)$。

材料强度设计值是考虑了必要的安全储备后，由可靠度分析得到，以标准值除以一个大于或等于 1.0 的材料强度分项系数 γ 后得到的，一般用符号 f 表示，$f=f_{\mathrm{k}}/\gamma$。

13. 答：略（参见相关教材或规范）。

14. 答：略（参见相关教材或规范）。

第 4 章

受弯构件正截面的受力性能与设计

知识点及学习要求：通过本章学习，学生应掌握正截面受弯构件的一般构造，熟悉正截面受弯承载力的试验研究与基本假定，掌握单（双）筋矩形截面、T 形截面受弯构件的正截面受弯承载力计算。

一、习题

（一）填空题

1. 受弯构件是指受________和________共同作用的构件。

2. 荷载作用下受弯构件的破坏形式有________和________两种。

3. 梁的截面高度小于 800mm 时通常为________ mm 的倍数，大于 800mm 时通常为________ mm 的倍数。

4. 对于梁中纵向受力钢筋的直径，当梁高≥300mm 时，不应小于________ mm；当梁高<300mm 时，不应小于 8mm。伸入梁支座范围内的纵向受力钢筋不应少于________根。

5. 钢筋混凝土适筋梁正截面受弯从加载到破坏经历了________、________和________ 3 个阶段。

6. 梁截面有效高度 h_0 与截面高度 h 的关系可用式________表示，式中 a_s 为纵向受拉钢筋合力点至截面受拉边缘的距离。

7. 配筋率从零开始增大，钢筋混凝土梁正截面的破坏形态依次有________、________和________ 3 种。

8. 当梁配筋适中时发生适筋破坏，其破坏特征是________先屈服，然后________压碎，破坏时钢筋与混凝土两种材料的强度均得到充分利用。

9. 某单筋矩形截面梁，选用 C30 混凝土和 HRB400 钢筋，则其相对界限受压区高度 ξ_b 为________。

10. 双筋梁正截面受弯承载力计算公式的适用条件是________和________。

11. 对于箱梁、空心板、槽形板与 I 形截面，可按________形截面计算其正截面受弯承载力。

12. x ________ h_f' 是正截面受弯承载力计算中两类 T 形截面的分界线。

（二）判断题（对的在括号内写 T，错的在括号内写 F）

1. 正截面受弯承载力设计主要解决箍筋等横向钢筋的配置。 （ ）

2. 为使梁具有更好的抗弯性能，通常钢筋混凝土梁截面的宽度小于高度，对于矩形

截面梁常取 $b=(1/3\sim1/2)h$。 （ ）

3. 所有梁的两个侧面均应沿高度配置纵向构造钢筋（腰筋）。 （ ）

4. 某钢筋混凝土单筋矩形截面梁，截面尺寸 $b\times h=200\text{mm}\times500\text{mm}$，下部受拉纵筋单排配置 4 根直径为 20mm 的 HRB400 钢筋，箍筋直径为 8mm，箍筋的混凝土保护层厚度为 20mm，则该梁纵筋的净间距满足《设计规范》（GB 50010）的规定。 （ ）

5. 适筋梁当截面受拉边缘的应变达到混凝土的极限拉应变 ε_{tu} 时，达到开裂的临界状态，用符号 I_a 表示。 （ ）

6. 对于单筋矩形截面梁，纵向受拉钢筋的面积（A_s）与截面面积（bh）的比值，称为纵向受拉钢筋的配筋率，简称配筋率，用 ρ 表示。（ ）

7. 当梁配筋过多时发生超筋破坏，其破坏特征是受压区混凝土压碎，而纵向受拉钢筋不屈服，梁的裂缝细而密，挠度不大，为无明显破坏预兆的脆性破坏。 （ ）

8. 受弯构件正截面计算的平截面假定，是指某破坏截面的拉压应变沿截面高度基本上呈线性变化。 （ ）

9. 由适筋梁第 3 阶段末（即 III_a 状态）的实际截面应变和应力分布图，通过“受压区混凝土合力的大小相等与作用位置不变”两个等效条件，就可以直接得到适筋梁正截面受弯承载力的计算简图（即等效矩形应力图）。 （ ）

10. 相对界限受压区高度 ξ_b 与混凝土强度等级无关。 （ ）

11. 某单筋矩形截面梁，选用 C40 混凝土和 HRB400 钢筋，则其最大配筋率 ρ_{max} 为 2.75%。 （ ）

12. 某单筋矩形截面梁，选用 C45 混凝土和 HRB400 钢筋，则其最小配筋率 ρ_{min} 为 0.225%。 （ ）

13. 钢筋混凝土受弯构件纵向钢筋的经济配筋率，是在满足承载力要求的前提下，按总造价最低确定的。 （ ）

14. 对称配筋的受弯构件（即 $A_s=A_s'$，$f_y=f_y'$），达到正截面受弯承载能力极限状态时受拉钢筋和受压钢筋均能屈服。 （ ）

15. 受弯构件正截面受弯承载力计算公式 $M_u=f_yA_s(h_0-0.5x)$ 表明：M_u 与 f_y 成正比。因此，在普通钢筋混凝土梁内所配的钢筋应尽量使用预应力螺纹钢筋等高强钢筋。 （ ）

16. 对 $x\leqslant h_f'$ 的 T 形截面梁，因为其正截面受弯承载力相当于宽度为 b_f' 的矩形截面，所以其配筋率 ρ 也用 b_f' 来表示，即 $\rho=A_s/(b_f'h_0)$。 （ ）

17. 验算第二类 T 形截面梁的最小配筋率 ρ_{min} 时，应采用 $A_s\geqslant\rho_{min}bh$。 （ ）

18. 正截面受弯承载力计算时不考虑受拉区混凝土的抗拉作用，为减轻自重和节约混凝土，可以去掉受拉区全部混凝土。 （ ）

19. T 形截面受弯构件受压区有效翼缘计算宽度 b_f'，应根据梁的计算跨度 l_0、梁肋净距 s_n 和翼缘高度 h_f' 计算，并取 3 个计算值中的最大值。 （ ）

20. 第一类 T 形截面的正截面受弯承载力计算公式相当于截面宽度为 b_f' 的单筋矩形截面的计算公式。 （ ）

（三）单项选择题

1. 受弯构件承载能力极限状态设计不包括以下的哪一方面？（ ）

A. 裂缝宽度与挠度　　B. 正截面受弯承载力
C. 斜截面受剪承载力　　D. 斜截面受弯承载力

2. 有关梁中纵向钢筋的净间距，下列哪个叙述是错误的？（　　）

A. 梁上部钢筋水平方向的净间距不应小于 30mm 和 1.5d

B. 梁下部钢筋水平方向的净间距不应小于 25mm 和 d

C. 当下部钢筋多于 2 层时，2 层以上钢筋水平方向的中距应比下面 2 层的中距增大一倍

D. 各层钢筋之间的净间距不应小于 25mm 和 d（d 为钢筋的最小直径）

3. 有关混凝土保护层厚度，下列哪个叙述是错误的？（　　）

A. 构件中受力钢筋的保护层厚度不应大于钢筋的直径 d

B. 混凝土强度等级不大于 C25 时，保护层厚度数值应增加 5mm

C. 设计使用年限为 100 年的混凝土结构最外层钢筋的保护层厚度不应小于设计使用年限为 50 年的混凝土结构最外层钢筋的保护层厚度的 1.4 倍

D. 混凝土保护层的主要作用是保证结构的耐久性、耐火性及钢筋与混凝土间的黏结性能

4. 有关现浇钢筋混凝土板内受力钢筋的间距，下列哪个叙述是错误的？（　　）

A. 板内受力钢筋的间距一般为 70～200mm

B. 板内受力钢筋的间距规定与分布钢筋的相同

C. 当板厚 $h\leqslant$150mm 时，间距不宜大于 200mm

D. 当板厚 $h>$150mm 时，间距不宜大于 1.5h（h 为板厚），且不宜大于 250mm

5. 下列（　　）不是钢筋混凝土现浇单向板中分布钢筋的主要作用。

A. 固定受力钢筋位置　　B. 承受弯矩
C. 将板面荷载均匀地传递给受力钢筋　　D. 抵抗温度与收缩应力

6. 有关钢筋混凝土适筋梁正截面受弯从加载到破坏全过程，下列哪个叙述是错误的？（　　）

A. 受拉钢筋应力达到钢筋的屈服强度是第Ⅱ阶段（带裂缝工作阶段）与第Ⅲ阶段（破坏阶段）的分界点

B. 受压区边缘混凝土的压应变达到混凝土的极限压应变 ε_{cu} 是梁达到承载能力极限状态的标志

C. 第Ⅱ阶段为带裂缝工作阶段，此阶段受拉钢筋已屈服，裂缝与挠度快速发展

D. 第Ⅲ阶段末的应变与应力图形是正截面受弯承载力计算的依据

7. 钢筋混凝土梁的受拉区下边缘混凝土达到（　　）时，该梁处于将裂未裂的临界状态。

A. 轴心抗拉强度标准值　　B. 轴心抗拉强度设计值
C. 轴心抗拉强度平均值　　D. 极限拉应变

8. 决定受弯构件正截面破坏形态的一个关键因素是（　　）。

A. 配筋率　　B. 截面尺寸　　C. 混凝土强度等级　　D. 钢筋级别

9. 对于截面、材料强度、配筋方式、跨度与支承条件完全相同的 3 根梁，仅配筋量不同，分别为少筋梁、适筋梁和超筋梁，下列阐述哪个是正确的？（　　）

A. 就承载力而言，少筋梁≤超筋梁≤适筋梁

B. 就承载力而言，少筋梁≤适筋梁≤超筋梁

C. 就变形性能而言，少筋梁≤适筋梁≤超筋梁

D. 就变形性能而言，超筋梁≤适筋梁≤少筋梁

10. 其他条件均相同、仅配筋量不同的3个受弯构件，依次为：1为少筋梁；2为适筋梁；3为超筋梁，则它们的相对受压区高度ξ的关系为（　　）。

A. $\xi_1<\xi_2<\xi_3$　　B. $\xi_1<\xi_2=\xi_3$　　C. $\xi_1=\xi_2<\xi_3$　　D. $\xi_1<\xi_3<\xi_2$

11. 图示4个梁的正截面，它们除了配筋量不同外，其他条件均相同。在承载力极限状态下，受拉钢筋应变$\varepsilon_s>\varepsilon_y$的截面是（　　）。

A. 截面①和②　　B. 截面②和③　　C. 截面③　　D. 截面④

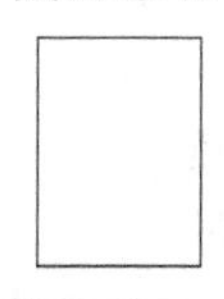
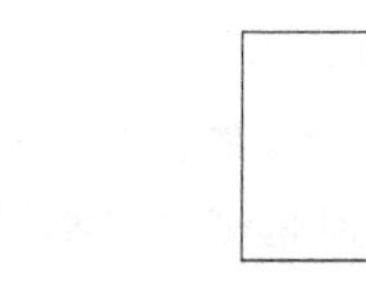

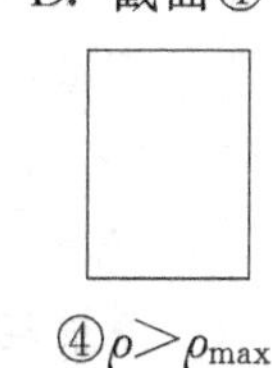

①$\rho<\rho_{min}$　　②$\rho_{min}<\rho<\rho_{max}$　　③$\rho=\rho_{max}$　　④$\rho>\rho_{max}$

12. 受弯构件单筋矩形截面梁的最大配筋率ρ_{max}值（　　）。

A. 是一定值　　B. 随混凝土强度等级提高而降低

C. 与钢筋级别无关　　D. 随混凝土强度等级提高而增大

13. 超筋梁正截面破坏时，受拉钢筋应变ε_s和受压区边缘混凝土应变ε_c的大小为（　　）。

A. $\varepsilon_s>\varepsilon_y$，$\varepsilon_c>\varepsilon_{cu}$　　B. $\varepsilon_s>\varepsilon_y$，$\varepsilon_c=\varepsilon_{cu}$

C. $\varepsilon_s<\varepsilon_y$，$\varepsilon_c=\varepsilon_{cu}$　　D. $\varepsilon_s<\varepsilon_y$，$\varepsilon_c>\varepsilon_{cu}$

14. 截面有效高度是指（　　）。

A. 受拉钢筋合力点至截面受压边缘之间的距离

B. 受拉钢筋合力点至截面受拉边缘之间的距离

C. 受压钢筋合力点至截面受压边缘之间的距离

D. 受压钢筋合力点至截面受拉边缘之间的距离

15. 在弯矩设计值、截面尺寸不变的前提下，有关受弯构件的受压区高度，下列说法中，（　　）是正确的。

A. 与钢筋级别有关

B. 与混凝土强度等级有关，且随混凝土强度等级的提高而减小

C. 与混凝土强度无关

D. 与混凝土强度等级有关，且随混凝土强度等级的提高而增大

16. 有3根承受均布荷载的单筋矩形截面简支梁a、b、c。它们的配筋率分别为$\rho_a=0.85\%$、$\rho_b=1.7\%=\rho_{max}$、$\rho_c=3.4\%$，其他条件均相同。选用C30混凝土、HRB400钢筋，且不发生斜截面破坏。加载至正截面受弯破坏时，各梁的极限荷载q_{ua}、q_{ub}、q_{uc}的关系是（　　）。

A. $q_{ua}<q_{ub}<2q_{uc}$　　B. $q_{ub}<q_{uc}<1.5q_{ua}$

C. $q_{ua}<q_{ub}=q_{uc}$　　D. $2q_{ua}<q_{ub}=q_{uc}$

17. 有关钢筋混凝土受弯构件纵向钢筋的经济配筋率，下列说法中，（　　）是正确的。

A. 板为0.3%～0.8%，矩形截面梁为0.6%～1.5%

B. 板为0.6%～1.5%，矩形截面梁为0.3%～0.8%

C. 板为0.2%～2.0%，矩形截面梁为0.2%～2.5%

D. 板为0.2%～2.5%，矩形截面梁为0.2%～2.0%

18. 有关单筋矩形截面梁的正截面受弯承载力复核过程，下列说法中，（　　）是错误的。

A. 若出现 $A_s<\rho_{min}bh$，则应重新调整截面或该构件不能使用

B. 若条件 $A_s\geqslant\rho_{min}bh$ 满足，则应由基本公式先求 x，再由基本公式直接求 M_u

C. 若条件 $x\leqslant\xi_b h_0$ 满足，则再由基本公式求 M_u

D. 若出现 $x>\xi_b h_0$，则取 $x=\xi_b h_0$ 代入基本公式求 M_u

19. 单筋矩形截面梁增配受压钢筋后，正截面受弯承载力（　　）。

A. 仅在 $x\geqslant 2a_s'$ 的情况下提高　　B. 仅在 $x<2a_s'$ 的情况下提高

C. 仅在 $x<\xi_b h_0$ 的情况下提高　　D. 不论 x 值是多少，都提高

20. 设有一承受均布荷载、两端固定的矩形截面双筋对称配筋梁，支座与跨中截面的极限受弯承载力均为 M_u，当梁形成机动体系时可承受的极限荷载 q_u 为（　　）。

A. $\frac{8M_u}{l^2}$　　B. $\frac{12M_u}{l^2}$　　C. $\frac{24M_u}{l^2}$　　D. $\frac{16M_u}{l^2}$

21. 有关受弯构件正截面双筋矩形截面已知 A_s' 求 A_s 时的截面设计过程，下列说法中，（　　）是错误的。

A. 若出现 $x>\xi_b h_0$，则应按 A_s'、A_s 均未知的情况进行截面设计

B. 若出现 $x<2a_s'$，则应按公式 $M\leqslant f_y A_s$（$h_0'-a_s$）求 A_s

C. 若条件 $2a_s'\leqslant x\leqslant\xi_b h_0$ 满足，则应按公式 $\alpha_1 f_c bx+f_y'A_s'=f_y A_s$ 求 A_s

D. 若出现 $x\leqslant\xi_b h_0$，则应按 A_s'、A_s 均未知的情况进行截面设计

22. 有关受弯构件正截面双筋矩形截面的截面复核过程，下列说法中，（　　）是错误的。

A. 若出现 $A_s<\rho_{min}bh$，则应重新调整截面配筋或对该构件采取加固等措施

B. 若出现 $x<2a_s'$，则应按公式 $M_u=f_y A_s(h_0'-a_s)$ 求 M_u

C. 若条件 $2a_s'\leqslant x\leqslant\xi_b h_0$ 满足，则应按公式 $M_u=\alpha_1 f_c bx(h_0-0.5x)+f_y'A_s'(h_0-a_s')$ 求 M_u

D. 若出现 $x>\xi_b h_0$，则应按公式 $M_u=\alpha_1 f_c bh_0^2\xi_b$（$1-0.5\xi_b$）求 M_u

23. 有关T形截面正截面受弯承载力计算时两类T形截面的判别条件，下列说法中，（　　）是正确的。

A. 截面设计时，按条件 $M\leqslant\alpha_1 f_c b_f' h_f'$（$h_0-0.5h_f'$）判别两类T形截面；截面复核时，按条件 $f_y A_s\leqslant\alpha_1 f_c b_f' h_f'$ 判别两类T形截面

B. 截面设计时，按条件 $f_y A_s\leqslant\alpha_1 f_c b_f' h_f'$ 判别两类T形截面；截面复核时，按条件 $M\leqslant\alpha_1 f_c b_f' h_f'$（$h_0-0.5h_f'$）判别两类T形截面

C. 截面设计与复核时，均按条件 $M\leqslant\alpha_1 f_c b_f' h_f'$（$h_0-0.5h_f'$）判别两类T形截面

D. 截面设计与复核时，均按条件 $f_y A_s\leqslant\alpha_1 f_c b_f' h_f'$ 判别两类T形截面

24. 有关T形截面正截面受弯承载力计算公式的适用条件，下列说法中，（　　）是正确的。

A. 对于第一类T形截面，公式条件 $A_s \geqslant \rho_{min}bh$ 一般能满足，故可以不验算；对于第二类T形截面，公式条件 $\xi \leqslant \xi_b$ 一般能满足，故可以不验算

B. 对于第一类T形截面，公式条件 $\xi \leqslant \xi_b$ 一般能满足，故可以不验算；对于第二类T形截面，公式条件 $A_s \geqslant \rho_{min}bh$ 一般能满足，故可以不验算

C. 对于第一类T形截面，公式条件 $\xi \leqslant \xi_b$ 一般不能满足；对于第二类T形截面，公式条件 $A_s \geqslant \rho_{min}bh$ 一般不能满足

D. 对于第一类和第二类T形截面，公式条件 $\xi \leqslant \xi_b$ 和 $A_s \geqslant \rho_{min}bh$ 一般都能满足，故可以不验算

25. 某钢筋混凝土单筋矩形截面梁，安全等级为二级，截面尺寸 $b \times h = 300\text{mm} \times 600\text{mm}$（$h_0 = 560\text{mm}$），选用C30混凝土（$f_c = 14.3\text{N/mm}^2$，$f_t = 1.43\text{N/mm}^2$，$f_{ck} = 20.1\text{N/mm}^2$，$f_{tk} = 2.01\text{N/mm}^2$，$\alpha_1 = 1.0$）和HRB400钢筋（$\xi_b = 0.518$），则其适筋梁受弯承载力的上限 $M_{u,max} =$（　　）kN·m。

A. 516.4　　B. 51.6　　C. 72.6　　D. 725.8

（四）问答题

1. 试绘出适筋梁在 I_a、II、III_a 工作状态的截面应力图形，并指出它们分别是哪种极限状态的计算依据？

2. 简述适筋梁在正截面受弯3个受力阶段的外观特征。

3. 简述适筋梁受力的弯矩-挠度曲线在正截面受弯3个阶段的主要特征。

4. 简述正截面承载力计算的4个基本假定。

5. 以单筋矩形截面为例，画出适筋梁达到承载能力极限状态（III_a 状态）时，符合正截面承载力计算4个基本假定的截面、截面应变分布图和截面应力分布图。

6. 以单筋矩形截面为例，画出适筋梁正截面受弯承载力的计算简图，写出其正截面受弯承载力的计算公式。

7. 简述等效矩形应力图系数 α_1、β_1 的含义。α_1、β_1 的值是如何得到的？当混凝土强度等级≤C50时 α_1、β_1 的取值。

8. 以单筋矩形截面为例，写出适筋梁正截面受弯承载力计算公式的适用条件，并简述规定该适用条件的原因。

9. 受弯构件的最大、最小配筋率是根据什么原则确定的？它们各等于多少？

10. 试根据平均应变平截面假定，推导有明显屈服点钢筋的相对界限受压区高度 ξ_b 的公式。

11. 试就图示受弯构件正截面配筋的5种情况，简述各自的破坏特征如何？破坏时截面的极限弯矩 M_u 为多少？它们在工程中的应用又是如何规定的？

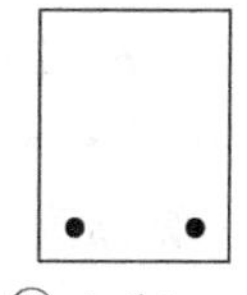

① $\rho < \rho_{min}$　② $\rho = \rho_{min}$　③ $\rho_{min} < \rho < \rho_{max}$　④ $\rho = \rho_{max}$　⑤ $\rho > \rho_{max}$

12. 如图所示4个截面，其截面尺寸、材料及其性能均相同，仅配筋量ρ不同。试在同一图上表示截面弯矩（M/M_u）-受拉钢筋应力（σ_s）的关系曲线，并做简要的说明。

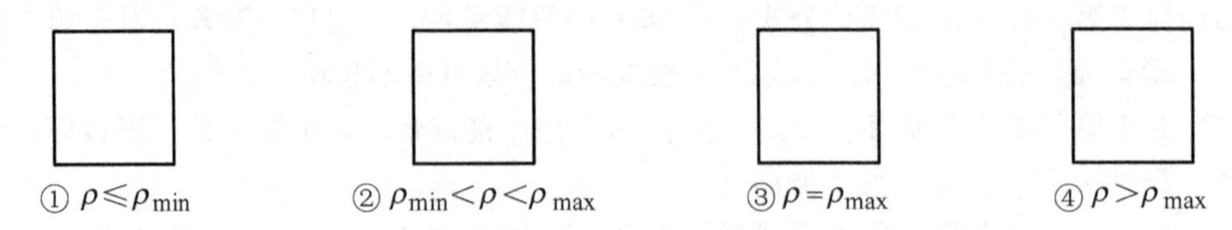

13. 受弯构件正截面设计时在什么情况下采用双筋截面？

14. 写出第二类T形截面与双筋矩形截面的正截面受弯承载力计算公式，并比较两者的异同。

（五）计算题

1. 某钢筋混凝土单筋矩形截面梁，安全等级为二级，处于一类环境，截面尺寸$b \times h =$ 300mm×700mm，弯矩设计值$M = 250\text{kN} \cdot \text{m}$，混凝土强度等级为C40，纵筋为HRB400钢筋。若箍筋直径$d_v = 8\text{mm}$，纵筋直径$d = 20\text{mm}$，且纵筋为单排，试求该梁所需纵向受拉钢筋截面面积A_s。

2. 某钢筋混凝土单筋矩形截面梁，安全等级为二级，处于二a类环境，截面尺寸$b \times h = 300\text{mm} \times 600\text{mm}$，选用C30混凝土和HRB400钢筋，受拉纵筋为3⌀20，箍筋直径$d_v = 8\text{mm}$，该梁承受的最大弯矩设计值$M = 160\text{kN} \cdot \text{m}$，试复核该梁截面是否安全。

3. 某钢筋混凝土矩形截面梁，截面尺寸为$b \times h = 250\text{mm} \times 500\text{mm}$，安全等级为二级，处于一类环境，选用C30混凝土和HRB400钢筋，承受弯矩设计值$M = 250\text{kN} \cdot \text{m}$，由于构造等原因，该梁在受压区已经配有纵向受压钢筋2⌀20，若箍筋直径$d_v = 8\text{mm}$，受拉纵筋直径$d = 20\text{mm}$，且受拉纵筋为双排布置，试求所需纵向受拉钢筋截面面积A_s。

4. 某双筋矩形截面钢筋混凝土梁，截面尺寸$b \times h = 250\text{mm} \times 600\text{mm}$，安全等级为二级，处于二a类环境，选用C30混凝土和HRB400钢筋，受拉钢筋为6⌀22，受压钢筋为3⌀22，箍筋直径$d_v = 8\text{mm}$，截面配筋如下图所示。如果该梁承受弯矩设计值$M = 350\text{kN} \cdot \text{m}$，试复核该截面是否安全。

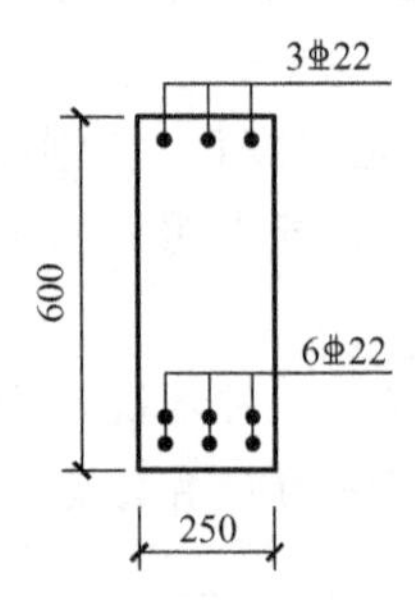

5. 已知某钢筋混凝土I形截面梁，$b_f' = b_f = 500\text{mm}$，$h_f' = h_f = 100\text{mm}$，$b = 250\text{mm}$，$h = 600\text{mm}$，安全等级为二级，处于一类环境，承受的弯矩设计值$M = 400\text{kN} \cdot \text{m}$，混凝土强度等级为C30，纵筋为HRB400钢筋。若箍筋直径$d_v = 8\text{mm}$，受拉纵筋直径$d = 20\text{mm}$，且受拉纵筋为单排布置，试求该梁所需受拉钢筋截面面积A_s。

6. 某钢筋混凝土T形截面独立梁，安全等级为二级，处于二a类环境，计算跨度 $l_0=6000\text{mm}$，$b_f'=500\text{mm}$，$h_f'=100\text{mm}$，$b=200\text{mm}$，$h=550\text{mm}$，选用C30混凝土和HRB400钢筋，受拉钢筋为6Φ22，箍筋直径 $d_v=8\text{mm}$，截面配筋如下图所示。梁承受弯矩设计值 $M=350\text{kN}\cdot\text{m}$，试复核该梁截面是否安全。

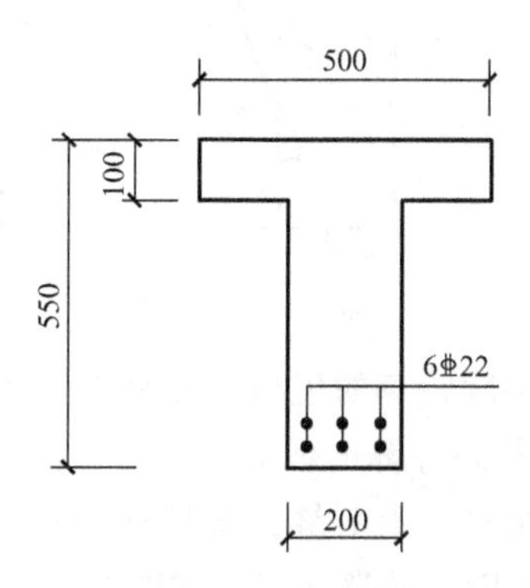

二、答案

(一) 填空题

1. 弯矩　剪力
2. 正截面破坏　斜截面破坏
3. 50　100
4. 10　2
5. 未裂阶段　带裂缝工作阶段　破坏阶段
6. $h_0=h-a_s$
7. 少筋破坏　适筋破坏　超筋破坏
8. 纵向受拉钢筋　受压区混凝土
9. 0.518
10. $x\geqslant 2a_s'$　$x\leqslant \xi_b h_0$
11. T
12. =

(二) 判断题

1. F　2. T　3. F　4. F　5. T　6. F　7. T　8. F　9. F　10. F
11. T　12. T　13. T　14. F　15. F　16. F　17. T　18. F　19. F　20. T

(三) 单项选择题

1. A　2. D　3. A　4. B　5. B　6. C　7. D　8. A　9. B　10. A
11. A　12. D　13. C　14. A　15. B　16. C　17. A　18. B　19. A　20. D
21. D　22. D　23. A　24. B　25. A

（四）问答题

1. 答：适筋梁在$Ⅰ_a$、Ⅱ、$Ⅲ_a$工作状态的截面应力图形如下图所示。

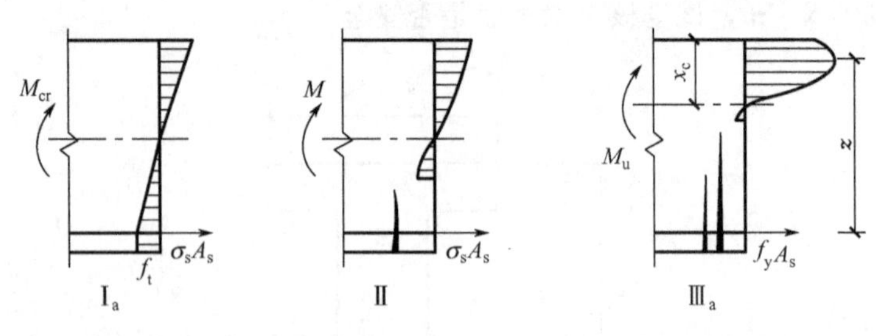

$Ⅰ_a$是正常使用极限状态抗裂度验算的依据；Ⅱ是正常使用极限状态裂缝宽度和挠度验算的依据；$Ⅲ_a$是承载能力极限状态计算的依据。

2. 答：第Ⅰ阶段的外观特征是没有裂缝，挠度很小；第Ⅱ阶段的外观特征是有裂缝，挠度还不明显；第Ⅲ阶段的外观特征是裂缝宽，挠度大。

3. 答：第Ⅰ阶段弯矩-挠度曲线的主要特征是接近直线；第Ⅱ阶段弯矩-挠度曲线的主要特征是挠度发展加快，两者为曲线关系；第Ⅲ阶段弯矩-挠度曲线的主要特征是挠度发展更快，承载力达到峰值后，曲线开始下降，两者为接近水平的曲线关系。

4. 答：正截面承载力计算的4个基本假定如下。

（1）截面应变保持平面，即认为截面平均应变符合平截面假定。

（2）不考虑混凝土的抗拉强度。

（3）混凝土受压的应力-应变关系曲线按下图取用。

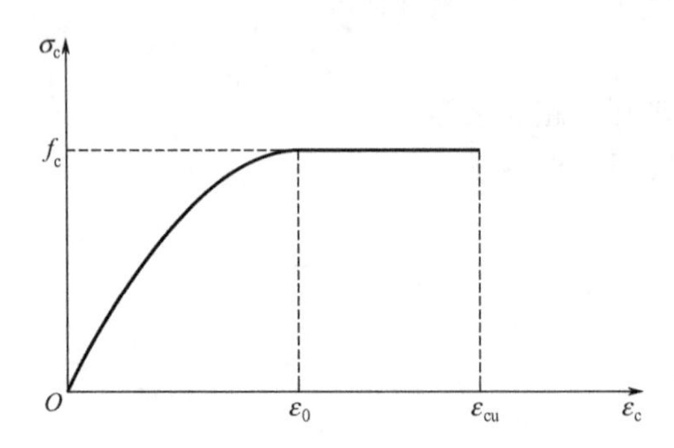

当$\varepsilon_c \leqslant \varepsilon_0$时，上升段简化为抛物线；当$\varepsilon_0 < \varepsilon_c \leqslant \varepsilon_{cu}$时，下降段简化为水平段。

（4）钢筋的应力-应变关系曲线按下图取用。

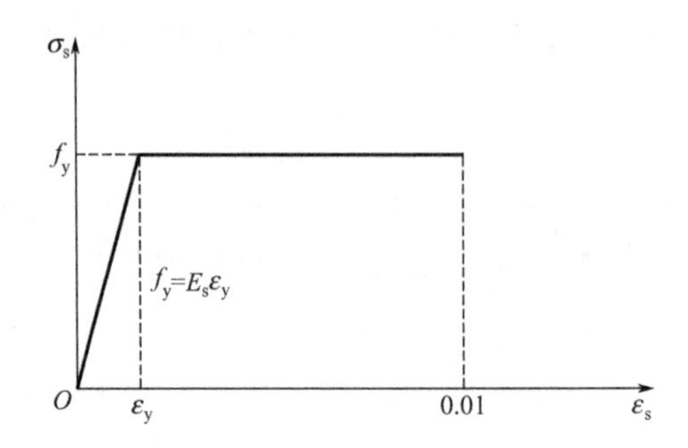

5. 答：符合正截面承载力计算4个基本假定的截面、截面应变分布图和截面应力分布图如下。

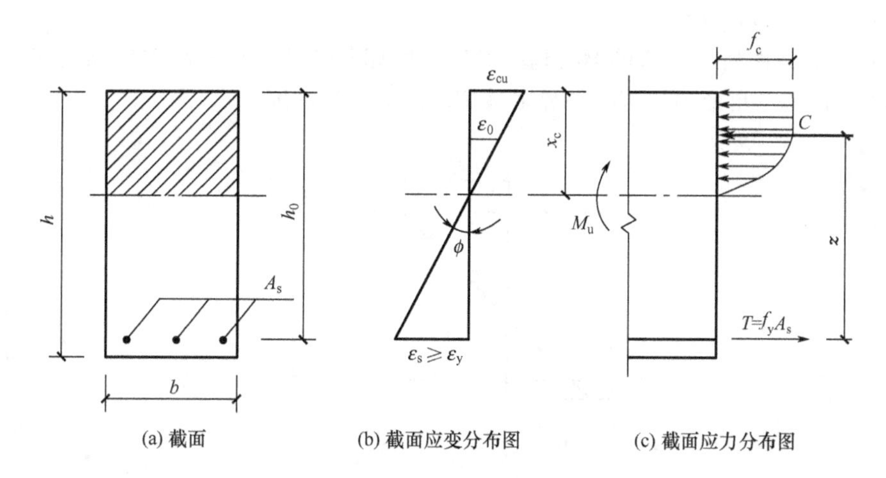

(a) 截面　　(b) 截面应变分布图　　(c) 截面应力分布图

6. 答：单筋矩形截面正截面受弯承载力的计算简图如下。

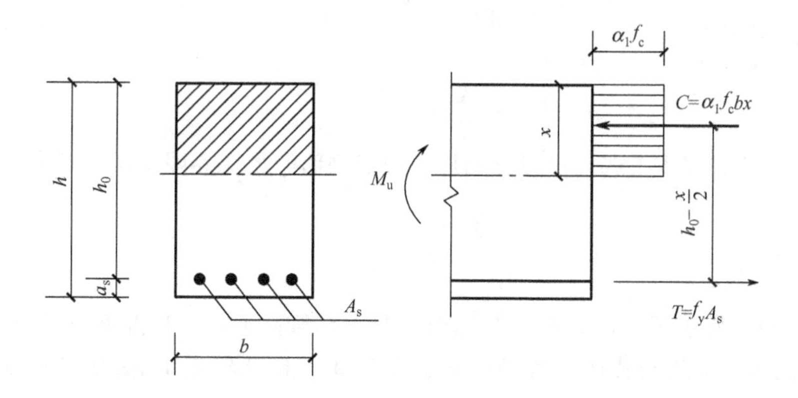

单筋矩形截面正截面受弯承载力的计算公式如下。

$$\begin{cases}\alpha_1 f_c bx = f_y A_s \\ M \leqslant \alpha_1 f_c bx(h_0 - x/2) \quad 或 \quad M \leqslant f_y A_s(h_0 - x/2)\end{cases}$$

7. 答：等效矩形应力图系数α_1是矩形应力图中受压区混凝土的应力值与混凝土轴心抗压强度设计值的比值，系数β_1是矩形应力图的受压区高度与中和轴高度的比值。

α_1、β_1的值是根据“等效前后受压区混凝土合力的大小相等”与“作用位置不变”两个条件，列出两个方程后经分析得到的。

当混凝土强度等级≤C50时，$\alpha_1=1.0$，$\beta_1=0.8$。

8. 答：适筋梁正截面受弯承载力计算公式的适用条件如下。

(1) 公式条件之一。$\xi \leqslant \xi_b$或$\rho \leqslant \rho_{max}$，是为了避免超筋破坏。

(2) 公式条件之二。$A_s \geqslant A_{s,min} = \rho_{min} bh$，也可用$\rho \geqslant \rho_{min}$近似表示，是为了避免少筋破坏。

9. 答：受弯构件的最大、最小配筋率的确定原则如下。

(1) 最大配筋率是根据受拉钢筋屈服与受压边缘混凝土达到极限压应变同时发生确定

的，$\rho_{max}=\xi_b\alpha_1 f_c/f_y$。

(2) 最小配筋率是根据开裂弯矩与极限弯矩相等，并考虑长期工程经验后确定的，$\rho_{min}=(0.002, 0.45f_t/f_y)_{max}$。

10. 答：如下图所示为适筋梁与超筋梁界限破坏时的应变图，图中钢筋的屈服应变为 $\varepsilon_y=f_y/E_s$，根据三角形相似可推得界限破坏时的受压区高度 x_{cb}。

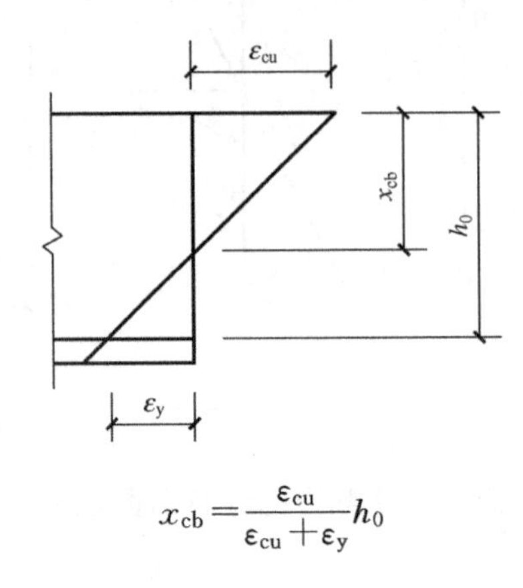

$$x_{cb}=\frac{\varepsilon_{cu}}{\varepsilon_{cu}+\varepsilon_y}h_0$$

由 ξ_b 的定义可得

$$\xi_b=\frac{x_b}{h_0}=\frac{\beta_1 x_{cb}}{h_0}$$

将 x_{cb} 的表达式代入上式即可得有明显屈服点钢筋的相对界限受压区高度 ξ_b 的公式

$$\xi_b=\frac{\beta_1}{1+\frac{f_y}{E_s\varepsilon_{cu}}}$$

11. 答：(1) 对于图①，即在 $\rho<\rho_{min}$ 时，其破坏特征是：一旦混凝土开裂，钢筋立刻强化，甚至拉断，梁即刻破坏，属于少筋脆性破坏。其极限弯矩 M_u 等于开裂弯矩 M_{cr}。在工程中该类梁不应使用。

(2) 对于图②，即在 $\rho=\rho_{min}$ 时，其破坏特征是：一旦混凝土开裂，钢筋立刻屈服，随后受压区混凝土压碎而破坏，属于延性破坏。其极限弯矩 M_u 等于开裂弯矩 M_{cr}。在工程中该类梁可以使用。

(3) 对于图③，即在 $\rho_{min}<\rho<\rho_{max}$ 时，其破坏特征是：一旦混凝土开裂，钢筋没有屈服，继续加载，钢筋先屈服，然后受压区混凝土压碎而破坏，属于延性破坏。其极限弯矩 $M_u=\alpha_s\alpha_1 f_c bh_0^2$。在工程中该类梁使用最广泛。

(4) 对于图④，即在 $\rho=\rho_{max}$ 时，其破坏特征是：一旦混凝土开裂，钢筋没有屈服，继续加载，最后钢筋屈服与受压区混凝土压碎同时发生，构件破坏，属于延性破坏。其极限弯矩 $M_u=\alpha_{s,max}\alpha_1 f_c bh_0^2$。在工程中该类梁可以使用。

(5) 对于图⑤，即在 $\rho>\rho_{max}$ 时，其破坏特征是：一旦混凝土开裂，钢筋应力的增量较小，裂缝细而密，继续加载，钢筋始终没有屈服，最后受压区混凝土压碎而破坏，属于超筋脆性破坏。其极限弯矩 $M_u=\alpha_{s,max}\alpha_1 f_c bh_0^2$。在工程中该类梁不宜使用。

12. 答：4 种情况的 $M/M_u-\sigma_s$ 关系曲线见下图。

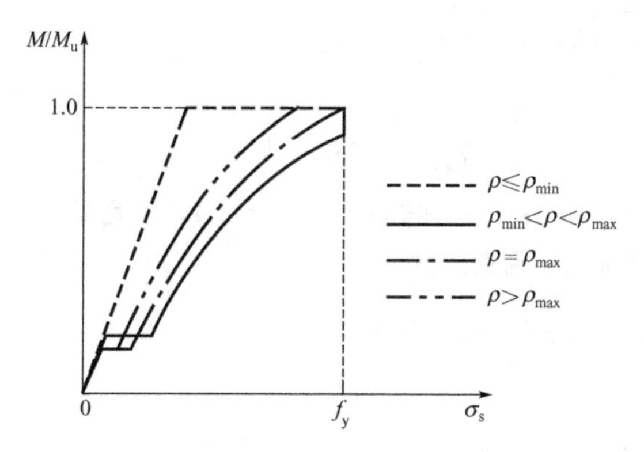

(1) 当$\rho \leqslant \rho_{min}$时，开裂弯矩与破坏弯矩相等，且一旦开裂，钢筋立刻屈服甚至强化或拉断，并近似地认为开裂前，两者的关系为线性关系。

(2) 当$\rho_{min} < \rho < \rho_{max}$时，开裂时钢筋应力突增，钢筋先屈服，然后达到极限弯矩。

(3) 当$\rho = \rho_{max}$时，极限弯矩比适筋梁的大，而开裂弯矩与适筋梁的相近，故M_{cr}/M_u比适筋梁的小。由于配筋率比适筋梁的大，故开裂时钢筋应力的增量比适筋梁的小。钢筋屈服时，刚好达到极限弯矩。

(4) 当$\rho > \rho_{max}$时，规律与$\rho = \rho_{max}$时基本相同，但破坏时钢筋没有屈服。

13. 答：受弯构件正截面设计时在下列3种情况下采用双筋截面。

(1) 按单筋截面计算出现$\xi > \xi_b$，而截面尺寸和混凝土强度等级又不能提高时。

(2) 在不同荷载组合作用下（如风荷载、地震作用），梁截面承受异号弯矩时。

(3) 由于构造、延性等方面的需要，在截面受压区已配有截面面积较大的纵向钢筋时。

14. 答：第二类T形截面正截面受弯承载力计算公式如下。

$$\begin{cases}\alpha_1 f_c bx + \alpha_1 f_c (b_f' - b) h_f' = f_y A_s \\ M \leqslant \alpha_1 f_c bx (h_0 - 0.5x) + \alpha_1 f_c (b_f' - b) h_f' (h_0 - 0.5h_f')\end{cases}$$

双筋矩形截面正截面受弯承载力计算公式如下。

$$\begin{cases}\alpha_1 f_c bx + f_y' A_s' = f_y A_s \\ M \leqslant \alpha_1 f_c bx (h_0 - 0.5x) + f_y' A_s' (h_0 - a_s')\end{cases}$$

可见，第二类T形截面的正截面受弯承载力计算公式与双筋矩形截面的正截面受弯承载力计算公式相仿。两者计算公式的第1式中的$\alpha_1 f_c (b_f' - b) h_f'$项与$f_y' A_s'$项相仿，两者计算公式的第2式中的$\alpha_1 f_c (b_f' - b) h_f' (h_0 - 0.5h_f')$项与$f_y' A_s' (h_0 - a_s')$项相仿。

(五) 计算题

1. 解：(1) 查相关表格可得：C40混凝土的$f_c = 19.1\text{N/mm}^2$，$f_t = 1.71\text{N/mm}^2$；HRB400钢筋的$f_y = 360\text{N/mm}^2$；$\alpha_1 = 1.0$，$\xi_b = 0.518$，箍筋的混凝土保护层厚度$c = 20\text{mm}$。

(2) 计算x并判别适用条件。

$a_s = c + d_v + 0.5d = 20 + 8 + 0.5 \times 20 = 38(\text{mm})$，$h_0 = h - a_s = 700 - 38 = 662(\text{mm})$

由基本公式可得：

$$x = h_0\left(1-\sqrt{1-\frac{2M}{\alpha_1 f_c b h_0^2}}\right)$$

$$=662\times\left(1-\sqrt{1-\frac{2\times250\times10^6}{1.0\times19.1\times300\times662^2}}\right)$$

$\approx 69.6(\text{mm}) < \xi_b h_0 = 0.518\times662\approx342.9(\text{mm})$，满足要求。

（3）计算钢筋截面面积并判别条件。

$$\rho_{min}=0.45\frac{f_t}{f_y}=0.45\times\frac{1.71}{360}\approx0.214\%>0.2\%$$

由基本公式可得：

$$A_s=\frac{\alpha_1 f_c b x}{f_y}=\frac{1.0\times19.1\times300\times69.6}{360}$$

$=1107.8(\text{mm}^2) > \rho_{min}bh=0.214\%\times300\times700=449.4(\text{mm}^2)$，满足要求。

因此，该梁所需纵向受拉钢筋截面面积 $A_s=1107.8\text{mm}^2$。

2. 解：（1）查相关表格可得：C30 混凝土的 $f_c=14.3\text{N/mm}^2$，$f_t=1.43\text{N/mm}^2$；HRB400 钢筋的 $f_y=360\text{N/mm}^2$；$\alpha_1=1.0$，$\xi_b=0.518$，箍筋的混凝土保护层厚度 $c=25\text{mm}$，$A_s=942\text{mm}^2$。

（2）验算最小配筋率。

$$\rho_{min}=0.2\%>0.45\frac{f_t}{f_y}=0.45\times\frac{1.43}{360}\approx0.179\%$$

$A_s=942\text{mm}^2>\rho_{min}bh=0.2\%\times300\times600=360(\text{mm}^2)$，满足要求。

（3）计算 x 并判别适用条件。

$a_s=c+d_v+d/2=25+8+20/2=43(\text{mm})$，$h_0=h-a_s=600-43=557(\text{mm})$

由基本公式可得：

$x=\frac{f_y A_s}{\alpha_1 f_c b}=\frac{360\times942}{1.0\times14.3\times300}\approx79.0(\text{mm})<\xi_b h_0=0.518\times557\approx288.5(\text{mm})$，满足要求。

（4）计算截面所能承受的极限弯矩并复核截面的安全性。

由基本公式可得：

$$M_u=\alpha_1 f_c b x\left(h_0-\frac{x}{2}\right)=1.0\times14.3\times300\times79.0\times\left(557-\frac{79.0}{2}\right)$$

$$\approx175.4\times10^6(\text{N}\cdot\text{mm})=175.4\text{kN}\cdot\text{m}>M=160\text{kN}\cdot\text{m}$$

因此，该截面安全。

3. 解：（1）查相关表格可得：C30 混凝土的 $f_c=14.3\text{N/mm}^2$，$f_t=1.43\text{N/mm}^2$；HRB400 钢筋的 $f_y=f_y'=360\text{N/mm}^2$；$\alpha_1=1.0$，$\xi_b=0.518$，箍筋的混凝土保护层厚度 $c=20\text{mm}$，$A_s'=628\text{mm}^2$。

（2）求 x 并判别适用条件。

$a_s=20+8+20+25/2=60.5(\text{mm})$，$a_s'=20+8+20/2=38(\text{mm})$，$h_0=500-60.5=439.5(\text{mm})$。

由基本公式可得：

$$x = h_0\left(1-\sqrt{1-\frac{2[M-f'_y A'_s(h_0-a'_s)]}{\alpha_1 f_c b h_0^2}}\right)$$

$$=439.5\times\left(1-\sqrt{1-\frac{2\times[250\times10^6-360\times628\times(439.5-38)]}{1.0\times14.3\times250\times439.5^2}}\right)\approx116.9(\text{mm})$$

$x<\xi_b h_0=0.518\times439.5\approx227.7(\text{mm})$，且 $x>2a'_s=2\times38=76(\text{mm})$，所以满足公式条件。

(3) 计算受拉钢筋截面面积。

由基本公式可得：

$$A_s=\frac{\alpha_1 f_c bx+f'_y A'_s}{f_y}=\frac{1.0\times14.3\times250\times116.9+360\times628}{360}\approx1788.9(\text{mm}^2)$$

因此，该梁所需纵向受拉钢筋截面面积 $A_s=1788.9\text{mm}^2$。

4. 解：(1) 查相关表格可得：C30 混凝土的 $f_c=14.3\text{N/mm}^2$，$f_t=1.43\text{N/mm}^2$；HRB400 钢筋的 $f_y=360\text{N/mm}^2$；$\alpha_1=1.0$，$\xi_b=0.518$，箍筋的混凝土保护层厚度 $c=25\text{mm}$，$A_s=2281\text{mm}^2$，$A'_s=1140\text{mm}^2$。

(2) 验算最小配筋率。

$$\rho_{\min}=0.2\%>0.45\frac{f_t}{f_y}=0.45\times\frac{1.43}{360}\approx0.179\%$$

$A_s=2281\text{mm}^2>\rho_{\min}bh=0.2\%\times250\times600=300(\text{mm}^2)$，满足要求。

(3) 计算 x 并判别适用条件。

$a_s=c+d_v+d+e/2=25+8+22+25/2=67.5(\text{mm})$

$a'_s=c+d_v+d/2=25+8+22/2=44(\text{mm})$

$h_0=h-a_s=600-67.5=532.5(\text{mm})$

由基本公式可得：

$$x=\frac{f_y A_s-f'_y A'_s}{\alpha_1 f_c b}=\frac{360\times2281-360\times1140}{1.0\times14.3\times250}\approx114.9(\text{mm})$$

$x<\xi_b h_0=0.518\times532.5\approx275.8(\text{mm})$，且 $x\geqslant2a'_s=88\text{mm}$，满足要求。

(4) 计算截面所能承受的极限弯矩并复核截面的安全性。

由基本公式可得：

$$\begin{aligned}M_u&=\alpha_1 f_c bx(h_0-0.5x)+f'_y A'_s(h_0-a'_s)\\&=1.0\times14.3\times250\times114.9\times(532.5-0.5\times114.9)+360\times1140\times(532.5-44)\\&\approx395.6\times10^6(\text{N}\cdot\text{mm})=395.6\text{kN}\cdot\text{m}>350\text{kN}\cdot\text{m}\end{aligned}$$

因此，该截面安全。

5. 解：(1) 查相关表格可得：C30 混凝土的 $f_c=14.3\text{N/mm}^2$，$f_t=1.43\text{N/mm}^2$；HRB400 钢筋的 $f_y=360\text{N/mm}^2$；$\alpha_1=1.0$，$\xi_b=0.518$，箍筋的混凝土保护层厚度 $c=20\text{mm}$。

(2) 判别截面类型。

$a_s=20+8+20/2=38(\text{mm})$，$h_0=h-a_s=600-38=562(\text{mm})$

当 $x=h'_f$ 时，有

$$\begin{aligned}\alpha_1 f_c b'_f h'_f\left(h_0-\frac{h'_f}{2}\right)&=1.0\times14.3\times500\times100\times\left(562-\frac{100}{2}\right)\\&\approx366.1\times10^6(\text{N}\cdot\text{mm})=366.1\text{kN}\cdot\text{m}<M=400\text{kN}\cdot\text{m}\end{aligned}$$

因此，该截面属于第二类T形截面。

(3) 求x并判别适用条件。

由基本公式可得：

$$x=h_0\left(1-\sqrt{1-\frac{2[M-\alpha_1 f_c(b_f'-b)h_f'(h_0-0.5h_f')]}{\alpha_1 f_c bh_0^2}}\right)$$

$$=562\times\left(1-\sqrt{1-\frac{2\times[400\times10^6-1.0\times14.3\times(500-250)\times100\times(562-0.5\times100)]}{1.0\times14.3\times250\times562^2}}\right)$$

$$\approx121.0(\text{mm})<\xi_b h_0=0.518\times562\approx291.1(\text{mm})$$

因此，满足公式条件。

(4) 计算受拉钢筋截面面积。

由基本公式可得：

$$A_s=\frac{\alpha_1 f_c bx+\alpha_1 f_c(b_f'-b)h_f'}{f_y}$$

$$=\frac{1.0\times14.3\times250\times121.0+1.0\times14.3\times(500-250)\times100}{360}$$

$$\approx2194.7(\text{mm}^2)$$

因此，该梁所需纵向受拉钢筋截面面积$A_s=2194.7\text{mm}^2$。

6. 解：(1) 查相关表格可得：C30混凝土的$f_c=14.3\text{N/mm}^2$，$f_t=1.43\text{N/mm}^2$；HRB400钢筋的$f_y=360\text{N/mm}^2$；$\alpha_1=1.0$，$\xi_b=0.518$，箍筋的混凝土保护层厚度$c=25\text{mm}$，$A_s=2281\text{mm}^2$。

(2) 判别截面类型。

$$a_s=c+d_v+d+e/2=25+8+22+25/2=67.5(\text{mm}),\ h_0=h-a_s=550-67.5=482.5(\text{mm})$$

$$f_y A_s=360\times2281=821160(\text{N})>\alpha_1 f_c b_f' h_f'=1.0\times14.3\times500\times100=715000(\text{N})$$

因此，该截面为第二类T形截面梁。

(3) 求x并判别适用条件。

$$x=\frac{f_y A_s-\alpha_1 f_c(b_f'-b)h_f'}{\alpha_1 f_c b}=\frac{360\times2281-1.0\times14.3\times(500-200)\times100}{1.0\times14.3\times200}$$

$$\approx137.1(\text{mm})<\xi_b h_0=0.518\times482.5\approx249.9(\text{mm})$$

(4)计算M_u并复核梁截面安全性。

$$M_u=\alpha_1 f_c bx(h_0-0.5x)+\alpha_1 f_c(b_f'-b)h_f'(h_0-0.5h_f')$$

$$=1.0\times14.3\times200\times137.1\times(482.5-0.5\times137.1)+$$
$$1.0\times14.3\times(500-200)\times100\times(482.5-0.5\times100)$$

$$\approx347.9\times10^6(\text{N}\cdot\text{mm})=347.9\text{kN}\cdot\text{m}<M=350\text{kN}\cdot\text{m}$$

因此，该梁截面不安全。

第5章

受弯构件斜截面的受力性能与设计

知识点及学习要求：通过本章学习，学生应熟悉斜截面受剪承载力的试验研究、影响因素及其基本假定，掌握斜截面受剪承载力计算，掌握保证斜截面受弯承载力的构造措施。

一、习题

（一）填空题

1. 钢筋混凝土受弯构件在主要承受剪力作用或剪力和弯矩共同作用的区段，通常出现斜裂缝，有可能发生斜截面________破坏或斜截面________破坏。

2. 钢筋混凝土受弯构件中的________和弯起钢筋统称为腹筋或横向钢筋。

3. 钢筋混凝土受弯构件的斜裂缝通常有________和________两类。

4. 剪跨比实质上反映了截面上________和________的相对关系。

5. 影响无腹筋梁受剪承载力的主要因素有________、________和纵筋配筋率 ρ 及其强度。

6. ________是表示沿梁轴线方向单位水平截面面积内所含有的箍筋截面面积。

7. 梁斜截面受剪破坏的3种主要形态为________、________和________。

8. 影响梁斜截面受剪承载力的因素很多，其中4个主要因素是________、________、________和纵筋的配筋率。

9. 有腹筋梁的受剪承载力随着剪跨比的增大而________。

10. 《设计规范》（GB 50010）规定：对集中荷载作用下（包括作用有多种荷载，其中集中荷载对支座截面或节点边缘所产生的剪力值占总剪力的________%以上的情况）的独立梁，斜截面混凝土受剪承载力系数 α_{cv} 取 $1.75/(\lambda+1)$。

11. 梁中弯起钢筋与梁纵向轴线的夹角，一般为________；当梁截面高度超过800mm时，取________。

12. 当梁中配有按计算需要的纵向受压钢筋时，箍筋间距不应大于 $15d$（d 为纵向受压钢筋的最________直径）和________mm。

13. 箍筋的形式有封闭式和开口式两种，对于配有计算需要的纵向受压钢筋的梁必须采用________箍筋。

14. 箍筋的肢数有单肢、双肢、三肢和四肢等。当梁宽不大于400mm时，一般采用________箍筋。

15. 受弯构件的斜截面承载力包括斜截面________承载力和斜截面________承载力。

16. 梁若利用纵向受拉钢筋弯起受剪，则钢筋弯起点的位置应同时满足正截面受弯、________和________3个方面的要求。

(二) 判断题（对的在括号内写T，错的在括号内写F）

1. 钢筋混凝土受弯构件的斜截面受剪承载力设计计算主要是解决梁中箍筋与弯起钢筋的配置问题。（ ）

2. 对于I形截面等薄腹梁，由于截面中部的剪应力大，因而可能先在截面腹部出现斜裂缝而形成腹剪斜裂缝。（ ）

3. 剪跨比仅影响无腹筋梁的斜截面受剪承载力。（ ）

4. 计算截面的剪跨比计算公式（$\lambda=a/h_0$）只适用于计算集中荷载作用下的梁距支座最近的集中荷载作用截面的剪跨比。（ ）

5. 无腹筋梁斜截面受剪的3种破坏形态（斜拉破坏、剪压破坏、斜压破坏）均为脆性破坏。（ ）

6. 受弯构件中配置的箍筋，在斜裂缝出现前后均作用明显，而且对斜裂缝出现的影响大。（ ）

7. 有腹筋梁斜截面受剪3种破坏形态（斜拉破坏、剪压破坏、斜压破坏）均为脆性破坏，而《设计规范》(GB 50010）中有关斜截面受剪承载力的计算公式仅适用于剪压破坏情况。（ ）

8. 简支梁的斜截面受剪机理中，通常将临界斜裂缝形成后的无腹筋梁比拟为一个拉杆拱。（ ）

9. 集中荷载作用下的有腹筋梁的斜截面受剪破坏形态仅由剪跨比决定。（ ）

10. 剪跨比对有腹筋梁受剪承载力的影响程度与配箍率有关：配箍率较低时影响较大；随着配箍率的增大，其影响逐渐减小。（ ）

11. 增加箍筋的配置量总能提高梁的斜截面受剪承载力。（ ）

12. 整体现浇楼盖中某根承受集中荷载为主的梁，其斜截面受剪承载力设计计算时应考虑剪跨比λ的影响。（ ）

13. 《设计规范》(GB 50010）规定：矩形、T形和I形截面受弯构件的斜截面受剪承载力计算公式中，对集中荷载作用下的独立梁，其斜截面混凝土受剪承载力系数α_{cv}取$1.75/(\lambda+1)$。（ ）

14. 当$V>0.7f_tbh_0$时，梁中箍筋除应满足最大间距和最小直径要求外，还应满足箍筋的最小配筋率（$\rho_{sv,min}=0.24f_t/f_{yv}$）要求。（ ）

15. 当梁中配有按计算需要的纵向受压钢筋时，箍筋应做成封闭式。（ ）

16. 设计梁时，要求抵抗弯矩图包住设计弯矩图，其目的仅是保证斜截面受弯承载力。（ ）

17. 钢筋混凝土梁支座截面负弯矩纵向受拉钢筋的实际截断点位置应按“与正截面受弯承载力计算不需要该钢筋截面的距离l_{d2}”和“与该钢筋强度充分利用截面的距离l_{d1}”两个条件确定。（ ）

18. 《设计规范》(GB 50010）规定：钢筋混凝土梁宜采用箍筋作为承受剪力的钢筋。（ ）

（三）单项选择题

1. 有关无腹筋梁斜裂缝形成前后的应力重分布，下列说法中，（　　）是错误的。

A. 斜裂缝形成后，斜裂缝两侧混凝土的应力降为零

B. 斜裂缝形成后，斜裂缝上端混凝土残余面承受的剪应力和压应力将显著增大

C. 斜裂缝形成后，斜裂缝处纵向钢筋的应力突然增大

D. 斜裂缝形成后，剪力由纵筋销栓力和骨料咬合力共同承担

2. 有关集中荷载作用下无腹筋梁的斜截面受剪破坏形态，下列说法中，（　　）是正确的。

A. $\lambda<1$ 时发生斜压破坏，$1\leqslant\lambda\leqslant3$ 时发生剪压破坏，$\lambda>3$ 时发生斜拉破坏

B. $\lambda<1$ 时发生剪压破坏，$1\leqslant\lambda\leqslant3$ 时发生斜压破坏，$\lambda>3$ 时发生斜拉破坏

C. $\lambda<1$ 时发生斜压破坏，$1\leqslant\lambda\leqslant3$ 时发生斜拉破坏，$\lambda>3$ 时发生剪压破坏

D. $\lambda<1$ 时发生斜拉破坏，$1\leqslant\lambda\leqslant3$ 时发生剪压破坏，$\lambda>3$ 时发生斜压破坏

3. 条件相同的 3 根无腹筋简支梁，跨中作用 2 个对称的集中力，仅集中力的作用位置不同而分别发生剪压破坏、斜压破坏和斜拉破坏，则梁实际的斜截面受剪承载力的大致关系是（　　）。

A. V_u（斜压破坏）$>V_u$（剪压破坏）$>V_u$（斜拉破坏）

B. V_u（剪压破坏）$>V_u$（斜压破坏）$>V_u$（斜拉破坏）

C. V_u（斜压破坏）$>V_u$（斜拉破坏）$>V_u$（剪压破坏）

D. V_u（斜拉破坏）$>V_u$（剪压破坏）$>V_u$（斜压破坏）

4. 承受集中荷载作用的钢筋混凝土悬臂梁，在剪切破坏的情况下，图（　　）所示的裂缝形态是正确的。

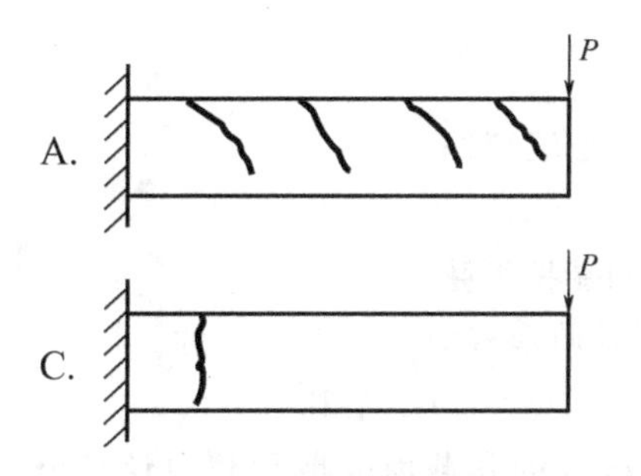

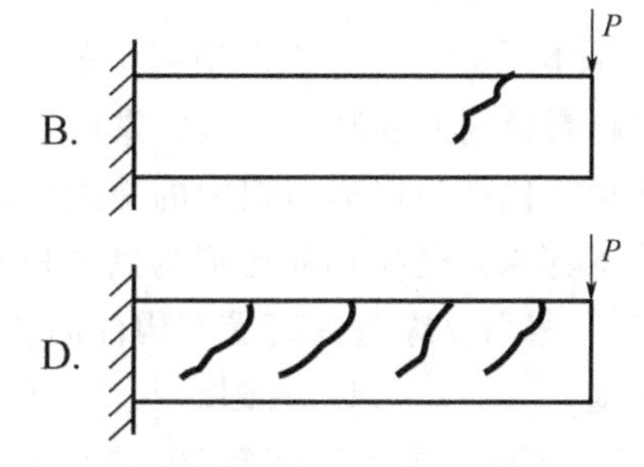

5. 承受均布荷载作用的钢筋混凝土悬臂梁，在剪切破坏的情况下，图（　　）所示的裂缝形态是正确的。

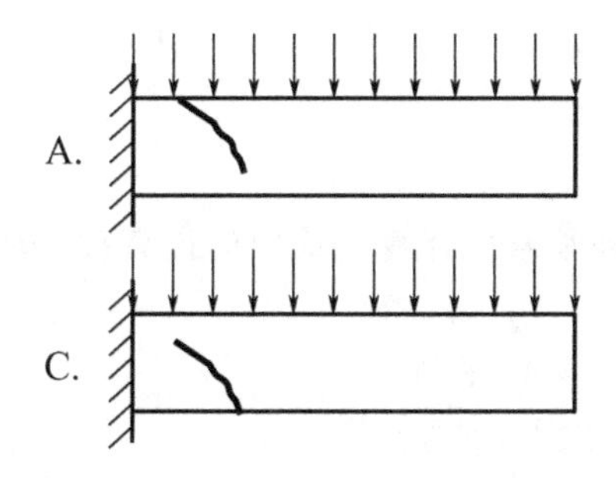

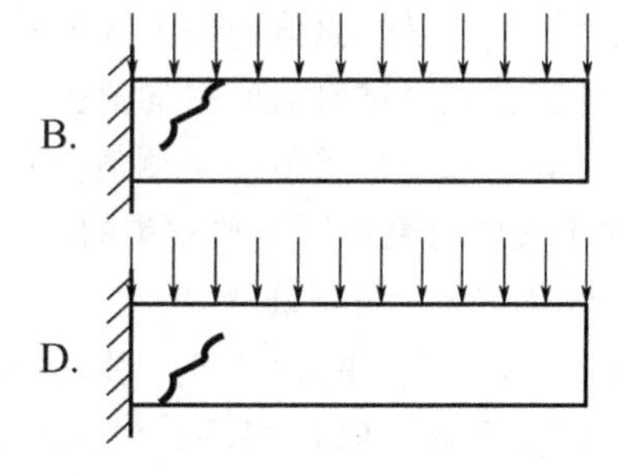

6. 有关钢筋混凝土梁中箍筋的作用，下列说法中，（　　）是错误的。

A. 承担剪力，直接提高梁的受剪承载力；抑制斜裂缝的开展，间接提高梁的受剪承载力

B. 约束混凝土，提高混凝土的强度和变形能力，改善梁破坏时的脆性性能

C. 承担弯矩，提高梁的正截面受弯承载力

D. 固定纵筋位置，形成钢筋骨架

7. 有关箍筋的配筋率计算公式 $\rho_{sv}=nA_{sv1}/(bs)$ 中各参数的含义，下列说法中，（　　）是错误的。

A. n 表示箍筋个数

B. A_{sv1} 表示单肢箍筋的截面面积

C. b 表示矩形截面宽度，T 形或 I 形截面的腹板宽度

D. s 表示沿构件长度方向的箍筋间距

8. 通常将腹筋比拟为“临界斜裂缝形成后有腹筋梁拱形桁架模型”中的受拉腹杆，有关受拉腹杆，下列说法中，（　　）是正确的。

A. 当受拉腹杆过弱时一般发生剪压破坏，当受拉腹杆合适时一般发生斜拉破坏，当受拉腹杆过强时一般发生斜压破坏

B. 当受拉腹杆过弱时一般发生斜拉破坏，当受拉腹杆合适时一般发生斜压破坏，当受拉腹杆过强时一般发生剪压破坏

C. 当受拉腹杆过弱时一般发生斜压破坏，当受拉腹杆合适时一般发生剪压破坏，当受拉腹杆过强时一般发生斜拉破坏

D. 当受拉腹杆过弱时一般发生斜拉破坏，当受拉腹杆合适时一般发生剪压破坏，当受拉腹杆过强时一般发生斜压破坏

9. 通常将临界斜裂缝形成后的有腹筋梁比拟为一个拱形桁架，有关拱形桁架，下列说法中，（　　）是错误的。

A. 将基本拱体比拟为拱形桁架中的下弦拉杆

B. 将斜裂缝间的混凝土比拟为拱形桁架中的受压腹杆

C. 将腹筋比拟为拱形桁架中的受拉腹杆

D. 将下部纵向受拉钢筋比拟为拱形桁架中的受拉下弦杆

10. T 形截面翼缘对提高受弯构件的斜截面受剪承载力是（　　）的。

A. 显著　　B. 有限　　C. 无效　　D. 不利

11. 对于《设计规范》（GB 50010）中受弯构件的斜截面受剪承载力计算公式，下列说法中，（　　）是正确的。

A. 该计算公式是试验值的偏下限公式

B. 该计算公式是试验值的偏上限公式

C. 该计算公式是试验值的平均值公式

D. 该计算公式是试验值的实测值公式

12. 对于集中荷载作用下独立梁的斜截面受剪承载力计算公式中的计算截面剪跨比 λ，下列说法中，（　　）是正确的。

A. 当 $\lambda<1.0$ 时，取 $\lambda=1.0$；当 $\lambda>3.0$ 时，取 $\lambda=3.0$

B. 当 $\lambda<1.5$ 时，取 $\lambda=1.5$；当 $\lambda>3.5$ 时，取 $\lambda=3.5$

C. 当$\lambda<1.5$时，取$\lambda=1.5$；当$\lambda>3.0$时，取$\lambda=3.0$

D. 当$\lambda<1.0$时，取$\lambda=1.0$；当$\lambda>3.5$时，取$\lambda=3.5$

13. 有关受弯构件的受剪截面限制条件，下列说法中，(　　)是错误的。

A. 是为防止斜压破坏和限制梁在使用阶段的裂缝宽度

B. 也是构件斜截面受剪破坏的最大配箍率条件

C. 当$h_w/b\leqslant4$时，$V\leqslant0.25\beta_c f_c bh_0$；当$h_w/b\geqslant6$时，$V\leqslant0.2\beta_c f_c bh_0$

D. β_c是矩形应力图的受压区高度x与中和轴高度x_c的比值

14. 对于均布荷载作用下简支梁的斜截面受剪承载力计算时计算截面的选取，下列说法中，(　　)是错误的。

A. 支座边缘截面　　B. 受拉区弯起钢筋弯起点处截面

C. 跨中截面　　D. 腹板宽度改变处截面

15. 有关受弯构件斜截面受剪承载力计算时计算截面处剪力设计值的取法，下列说法中，(　　)是错误的。

A. 计算支座边缘截面时，取支座边缘截面的剪力设计值

B. 计算第一排（对支座而言）弯起钢筋时，取弯起钢筋弯起点处截面的剪力设计值

C. 计算箍筋截面面积或间距改变处截面时，取箍筋截面面积或间距改变处截面的剪力设计值

D. 计算截面尺寸改变处截面时，取截面尺寸改变处截面的剪力设计值

16. 有关抵抗弯矩图，下列说法中，(　　)是正确的。

A. 是根据实际配置的纵向受力钢筋所确定的梁各正截面所能抵抗的弯矩而绘制的图形

B. 是作用效应图

C. 是根据实际配置的横向受力钢筋所确定的梁各斜截面所能抵抗的剪力而绘制的图形

D. 是荷载作用下的内力图

17. 纵向受拉钢筋弯起时，弯起钢筋与梁中心线的交点应位于不需要该钢筋的截面之外，是为了(　　)。

A. 保证正截面受弯承载力　　B. 保证斜截面受剪承载力

C. 控制斜裂缝宽度　　D. 保证斜截面受弯承载力

18. 在梁的受拉区，弯起钢筋弯起点与按计算充分利用该钢筋强度的截面之间的距离d不应小于$h_0/2$，原因是(　　)。

A. 保证正截面受弯承载力　　B. 保证斜截面受剪承载力

C. 控制斜裂缝宽度　　D. 保证斜截面受弯承载力

19. 有关深受弯构件（短梁），下列说法中，(　　)是正确的。

A. 是指$l_0/h>2$的简支梁和$l_0/h>2.5$的连续梁

B. 是指跨高比$l_0/h\geqslant5$的梁

C. 是指跨高比$l_0/h<5$的梁

D. 是指$l_0/h\leqslant2$的简支梁和$l_0/h\leqslant2.5$的连续梁

20. 某钢筋混凝土矩形截面梁，安全等级为二级，截面尺寸$b\times h=300\text{mm}\times600\text{mm}$ ($h_0=560\text{mm}$)，选用C30混凝土（$f_c=14.3\text{N/mm}^2$，$f_{ck}=20.1\text{N/mm}^2$，$\beta_c=1.0$），则其剪压破坏时受剪承载力的上限$V_{u,max}=$(　　)kN。

A. 600.6　　B. 480.5　　C. 675.4　　D. 844.2

(四) 问答题

1. 为什么钢筋混凝土构件通常首先在与最大主拉应力相垂直的方向出现裂缝?

2. 如何分析钢筋混凝土构件第一条裂缝出现的位置与方向?

3. 简述钢筋混凝土受弯构件正裂缝与斜裂缝出现的一般规律。

4. 简述剪跨比和计算剪跨比的概念。

5. 简述无腹筋梁斜截面受剪 3 种破坏形态的发生条件与主要破坏特征。

6. 简述有腹筋梁斜截面受剪 3 种破坏形态的发生条件与主要破坏特征。

7. 简述混凝土强度影响无腹筋梁斜截面受剪承载力的原因。

8. 简述混凝土强度与无腹筋梁斜截面受剪承载力的关系。

9. 为什么箍筋的配筋率与箍筋强度影响有腹筋梁的斜截面受剪承载力?

10. 为什么纵筋配筋率影响有腹筋梁的斜截面受剪承载力?

11. 为什么《设计规范》(GB 50010) 以剪压破坏的受力特征为依据来建立受弯构件的斜截面受剪承载力计算公式?

12. 简述《设计规范》(GB 50010) 建立有腹筋梁斜截面受剪承载力计算公式时的两个基本假定。

13. 受弯构件斜截面受剪承载力计算时，通常选取哪些截面作为计算截面?

14. 满足什么条件时受弯构件可以直接按构造要求配置箍筋?

15. 简述受弯构件斜截面受剪承载力截面设计的计算步骤。

(五) 计算题

1. 下图所示为某承受集中荷载作用的钢筋混凝土 T 形截面外伸梁，梁上部和下部均通长配置 3Φ22 的纵向钢筋，且沿梁全长腹筋配置相同。请指出梁中最危险的正截面和斜截面的位置，并说明原因。

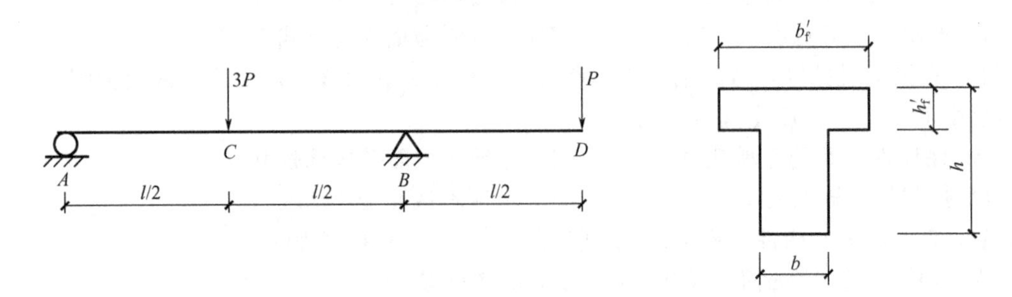

2. 某受剪承载力试验的钢筋混凝土简支梁 (如下图所示)，跨度 $l=2.5$m，矩形截面尺寸为 150mm×300mm，纵向受拉钢筋为 2Φ18 ($A_s=509\text{mm}^2$)，实测受拉钢筋平均屈服强度 $f_y=415\text{N/mm}^2$，弹性模量 $E_s=2\times10^5\text{N/mm}^2$；受压钢筋为 2Φ8 ($A_s'=101\text{mm}^2$)，实测受压钢筋平均屈服强度 $f_y'=280\text{N/mm}^2$；箍筋双肢 Φ6@120 ($A_{sv1}=28.3\text{mm}^2$)，实测箍筋平均屈服强度 $f_{yv}=280\text{N/mm}^2$。纵向钢筋的保护层厚度为 20mm，实测混凝土立方体强度 $f_{cu}=32.4\text{N/mm}^2$ ($\alpha_1=1.0$、$\beta_1=0.8$、$\beta_c=1.0$)，2 根纵向受拉钢筋在梁端锚固可

靠，采用两点加荷。试分析能否保证这根试验梁不发生剪压破坏。（附注：因箍筋为封闭式，且箍筋间距和直径符合配有计算受压钢筋的要求，所以应按双筋矩形截面计算该梁的正截面受弯承载力；钢筋混凝土的自重 γ 取 25kN/m^3；混凝土的轴心抗压强度按公式 $f_c=0.76f_{cu}$ 计算；混凝土的轴心抗拉强度按公式 $f_t=0.395f_{cu}^{0.55}$ 计算）

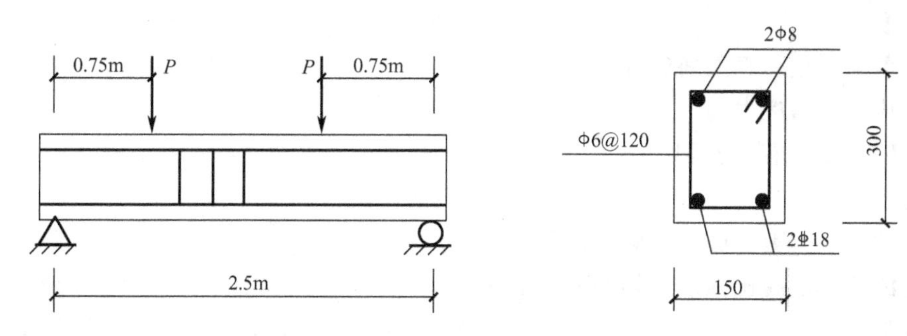

3. 某钢筋混凝土矩形截面简支梁，净跨 $l_n=5000$mm，如下图所示，环境类别为一类，安全等级为二级，承受均布荷载设计值 $q=150$kN/m（包括自重），混凝土强度等级为 C30，箍筋为直径 8mm 的 HRB400 钢筋，纵筋为直径 20mm 的 HRB400 钢筋。计算斜截面受剪所需箍筋 A_{sv}/s。

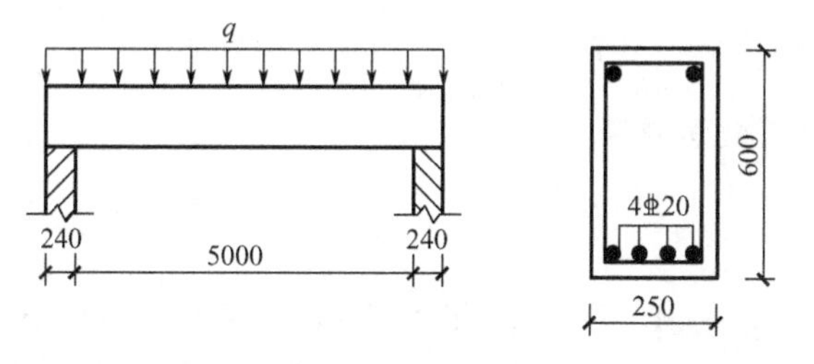

4. 某受均布荷载作用的钢筋混凝土 T 形截面简支梁，净跨 $l_n=6000$mm，梁截面尺寸 $b\times h=250\text{mm}\times600\text{mm}$，$b_f'=800$mm，$h_f'=200$mm。环境类别为一类，安全等级为二级，混凝土强度等级为 C30，纵筋和箍筋均为 HRB400 钢筋。受拉纵筋直径为 20mm，且单排布置，沿梁全长配置 Φ8@200 的双肢箍筋，求梁的斜截面受剪承载力 V_u，并求该梁由斜截面受剪承载力控制的均布荷载设计值 q（包括梁自重）。

5. 下图所示的钢筋混凝土矩形截面简支梁，跨度 $l=5000$mm，梁截面尺寸 $b\times h=200\text{mm}\times600\text{mm}$，梁跨中作用有集中荷载设计值 $F=200$kN，环境类别为一类，安全等级为二级，混凝土强度等级为 C35，箍筋为直径 6mm 的 HRB400 钢筋，纵筋为直径 25mm 的 HRB400 钢筋。不计梁的自重及架立钢筋的作用，且受拉纵筋为单排布置，计算该梁正截面受弯所需受拉纵筋截面面积 A_s 和斜截面受剪所需箍筋 A_{sv}/s。

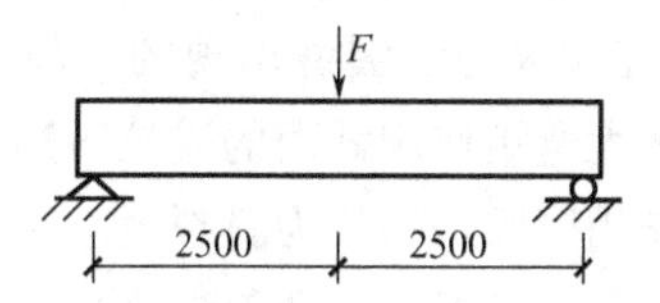

二、答案

(一) 填空题

1. 受剪　受弯
2. 箍筋
3. 弯剪斜裂缝　腹剪斜裂缝
4. 正应力　剪应力
5. 剪跨比λ　混凝土强度
6. 配箍率
7. 斜拉破坏　剪压破坏　斜压破坏
8. 剪跨比　混凝土强度　箍筋的配筋率
9. 降低
10. 75
11. 45°　60°
12. 小　400
13. 封闭式
14. 双肢
15. 受剪　受弯
16. 斜截面受剪　斜截面受弯

(二) 判断题

1. T　2. T　3. F　4. T　5. T　6. F　7. T　8. T　9. F　10. T
11. F　12. F　13. T　14. T　15. T　16. F　17. T　18. T

(三) 单项选择题

1. D　2. A　3. A　4. D　5. B　6. C　7. A　8. D　9. A　10. B
11. A　12. C　13. D　14. C　15. B　16. A　17. A　18. D　19. C　20. A

(四) 问答题

1. 答：这是因为混凝土的抗压强度较高，而抗拉强度很低，所以钢筋混凝土构件通常首先在与最大主拉应力相垂直的方向出现裂缝。

2. 答：在混凝土开裂之前，可近似假定其为连续均匀的线弹性材料并按材料力学的方法分析其主拉应力与主压应力，通常在与最大主拉应力相垂直的方向首先出现裂缝。

3. 答：钢筋混凝土受弯构件正裂缝与斜裂缝出现的一般规律是：在纯弯矩作用区段，一般为正裂缝，正裂缝通常首先在最大弯矩作用截面的受拉区边缘出现，然后逐步向内发展。在剪力作用区段或剪力与弯矩共同作用区段，一般为斜裂缝；对于一般梁通常首先在截面的受拉区边缘出现斜裂缝，然后逐步向内斜向发展，这种斜裂缝称为弯剪斜裂缝；而对于薄腹梁通常首先在截面中部出现斜裂缝，然后逐步向梁上下斜向发展，这种斜裂缝称为腹剪斜裂缝。

4. 答：剪跨比是作用在构件某截面上的弯矩与剪力和截面有效高度乘积的比值，用λ表示，即$\lambda=M/(Vh_0)$。剪跨比也称广义剪跨比，其实质是反映截面上正应力和剪应力的相对关系。

对于集中荷载作用下简支梁距支座最近的集中荷载作用截面的剪跨比可表示为$\lambda=a/h_0$，称a/h_0为计算截面的剪跨比，简称计算剪跨比，也称狭义剪跨比。其中，a为集中荷载作用点至支座或节点边缘的距离，简称剪跨。

5. 答：无腹筋梁斜截面受剪3种破坏形态的发生条件与主要破坏特征如下。

(1) 当$\lambda<1$时，发生斜压破坏，其主要破坏特征为被斜裂缝分割成的斜压短柱的混凝土被压碎，梁破坏，承载力取决于混凝土的抗压强度，属于脆性破坏。

(2) 当$1\leqslant\lambda\leqslant3$时，发生剪压破坏，其主要破坏特征为临界斜裂缝上端剪压区混凝土被压碎，梁破坏，承载力取决于剪压区混凝土的强度，属于脆性破坏。

(3) 当$\lambda>3$时，发生斜拉破坏，其主要破坏特征为一旦斜裂缝出现，很快就形成临界斜裂缝，承载力急剧下降，梁破坏，承载力取决于混凝土的抗拉强度，脆性显著。

6. 答：有腹筋梁斜截面受剪3种破坏形态的发生条件与主要破坏特征如下。

(1) 当$\lambda<1$或$\lambda\geqslant1$且腹筋配置过多时，发生斜压破坏，其主要破坏特征为被斜裂缝分割成的斜压短柱的混凝土被压碎，梁破坏，破坏时与斜裂缝相交的腹筋没有屈服，属于脆性破坏。

(2) 当$1\leqslant\lambda\leqslant3$且腹筋配置不过多，或$\lambda>3$且腹筋配置适量时，发生剪压破坏，其主要破坏特征为与临界斜裂缝相交的腹筋先屈服，最后临界斜裂缝上端剪压区混凝土被压碎，梁破坏，属于脆性破坏。

(3) 当$\lambda>3$且腹筋配置又过少时，发生斜拉破坏，其主要破坏特征为一旦斜裂缝出现，很快就形成临界斜裂缝，与临界斜裂缝相交的腹筋很快屈服甚至被拉断，承载力急剧下降，梁破坏，脆性显著。

7. 答：梁的斜截面剪切破坏都是由于混凝土达到相应应力状态下的极限强度而发生的。斜压破坏时的承载力取决于混凝土的抗压强度，斜拉破坏时的承载力取决于混凝土的抗拉强度，剪压破坏时的承载力取决于剪压区混凝土的复合受力强度。因此，混凝土强度对无腹筋梁的斜截面受剪承载力影响很大。

8. 答：试验表明，梁的斜截面受剪承载力随混凝土强度的提高而增大；且梁的名义剪应力$[V_c/(bh_0)]$随混凝土立方体抗压强度f_{cu}的增大而呈非线性增长，随混凝土轴心抗拉强度f_t的增大而近似呈线性增长，如下图所示。

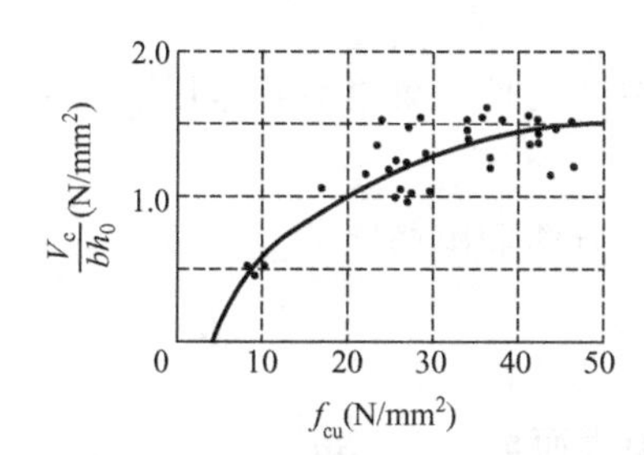

(a) 梁的名义剪应力与混凝土抗压强度的关系

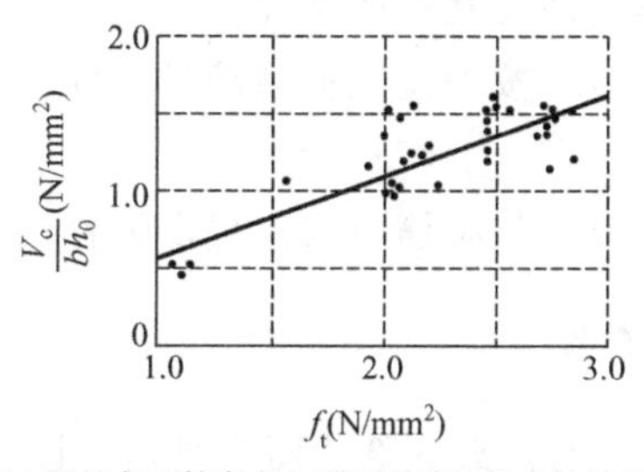

(b) 梁的名义剪应力与混凝土抗拉强度的关系

9. 答：这是因为有腹筋梁出现斜裂缝后，箍筋不仅直接分担部分剪力，而且还能有效地抑制斜裂缝的开展，间接提高梁的受剪承载力。

10. 答：这是因为纵筋能抑制斜裂缝的开展，提高剪压区混凝土的抗剪能力，同时增加纵筋配筋率可提高纵筋的销栓作用。试验表明，梁的受剪承载力随纵筋配筋率的提高而增大。

11. 答：这是因为：对于斜拉破坏，斜裂缝一旦出现腹筋马上屈服甚至拉断，斜截面受剪承载力接近于无腹筋梁斜裂缝产生时的受剪承载力，配置的腹筋未起到提高承载力的作用，不经济；对于斜压破坏，与斜裂缝相交的腹筋未屈服，混凝土先压碎，腹筋强度未得到充分利用，也不经济；对于剪压破坏，与斜裂缝相交的腹筋先屈服，然后剪压区混凝土压碎，钢筋和混凝土的强度都得到充分利用。同时剪压破坏时的脆性相对斜压破坏、斜拉破坏时的弱一些，所以《设计规范》（GB 50010）以剪压破坏的受力特征为依据来建立受弯构件的斜截面受剪承载力计算公式。

12. 答：两个基本假定如下。

（1）假定剪压破坏时，梁的斜截面受剪承载力由剪压区混凝土、箍筋和弯起钢筋三部分承载力组成，忽略纵筋的销栓作用和斜裂缝交界面上骨料的咬合作用。

（2）假定剪压破坏时，与斜裂缝相交的箍筋和弯起钢筋都已屈服。

13. 答：通常选择作用效应大而抗力小或抗力发生突变的截面作为斜截面受剪承载力的计算截面，具体有以下几种。

（1）支座边缘处截面。

（2）受拉区弯起钢筋弯起点处截面。

（3）箍筋截面面积或间距改变处截面。

（4）截面尺寸改变处截面。

14. 答：对于矩形、T形和I形截面的一般受弯构件，当满足 $V\leqslant 0.7f_tbh_0$ 时，以及对于集中荷载作用下的独立梁，当满足 $V\leqslant 1.75f_tbh_0/(\lambda+1)$ 时，可直接按梁中箍筋的最大间距和最小直径两个构造要求配置箍筋。

15. 答：一般先进行受弯构件正截面受弯承载力的截面设计，再进行受弯构件斜截面受剪承载力的截面设计，此时截面尺寸与材料强度等级已选定。因此，受弯构件斜截面受剪承载力截面设计的计算步骤如下。

（1）确定斜截面受剪承载力的计算截面和截面的剪力设计值。

（2）验算受剪截面限制条件。

（3）验算构造配置箍筋条件。

（4）当不能仅按构造配置箍筋时，分一般受弯构件和集中荷载作用下的独立梁按计算确定腹筋数量。

（5）按计算所需腹筋与构造规定配置腹筋，并绘制配筋图。

（五）计算题

1. 解：（思路：最危险截面应是内力设计值大而抗力小的截面）

（1）求内力设计值。

弯矩设计值：计算结果见下图（a），其中 $M_C=M_B=0.5Pl$。

剪力设计值：计算结果见下图（b）。

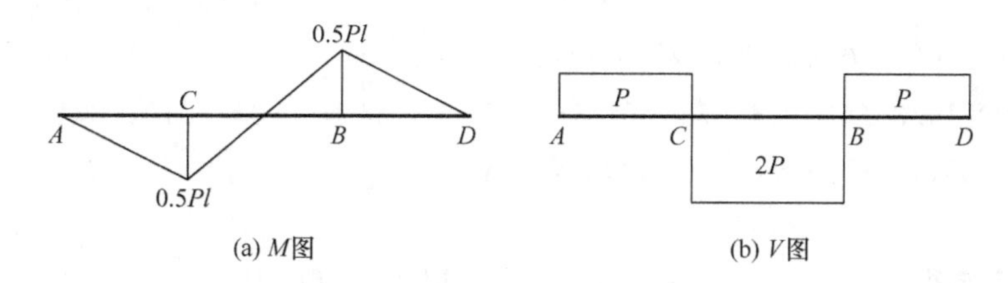

(a) M图　　(b) V图

（2）依据抗力、内力设计值确定最危险截面。

① 正截面最危险截面的位置。

截面 C 与截面 B 的截面尺寸、配筋均相同。但截面 C 的翼缘位于受压区，可提高正截面受弯承载力，而截面 B 的翼缘位于受拉区，不能提高正截面受弯承载力。故截面 C 的正截面受弯承载力大于截面 B 的正截面受弯承载力，而两者的弯矩设计值相等。

因此，截面 B 是正截面的最危险截面。

② 斜截面最危险截面的位置。

根据题意，梁全长的受剪承载力相同，而 CB 段的剪力设计值最大。

因此，CB 段是斜截面受剪承载力的最危险区段。

2. 解：（思路：该梁为试验梁，其计算特点是材料强度、几何尺寸应采用实测值，荷载应采用实际值）

（1）求控制内力 M、V。

梁自重产生的均布荷载 $q=bh\gamma=0.15\times0.3\times25=1.125(\text{kN/m})$

正截面控制截面在跨中，其控制内力 $M=0.75P+ql^2/8=0.75P+\frac{1}{8}\times1.125\times2.5^2=0.75P+0.88(\text{kN}\cdot\text{m})$

斜截面控制截面在2个支座内侧，其控制内力 $V=P+ql/2=P+\frac{1}{2}\times1.125\times2.5/2=P+1.41(\text{kN})$

（2）计算 f_c、f_t。

$f_c=0.76f_{cu}=0.76\times32.4\approx24.62(\text{N/mm}^2)$

$f_t=0.395f_{cu}^{0.55}=0.395\times32.4^{0.55}\approx2.68(\text{N/mm}^2)$

（3）求由正截面承载力 M_u 控制的 P_m。

① 求 M_u。

验算最小配筋率。

$$\rho_{min}=\max(0.002, 0.45f_t/f_y)=\max\left(0.002, 0.45\times\frac{2.68}{415}\right)\approx0.0029$$

$A_s=509\text{mm}^2>\rho_{min}bh=130.5\text{mm}^2$（满足）

$$\xi_b=\frac{\beta_1}{1+\frac{f_y}{0.0033E_s}}=\frac{0.8}{1+\frac{415}{0.0033\times2\times10^5}}\approx0.491$$

$h_0=h-a_s=300-20-18/2=271(\text{mm})$

$$x=\frac{f_yA_s-f_y'A_s'}{\alpha_1 f_c b}=\frac{415\times509-280\times101}{1.0\times24.62\times150}\approx49.54(\text{mm})\begin{cases}>2a_s'=48\text{mm}\\<\xi_b h_0\approx133.06\text{mm}\end{cases}$$

$$\begin{aligned}M_u&=\alpha_1 f_c bx(h_0-0.5x)+f_y'A_s'(h_0-a_s')\\&=1.0\times14.3\times150\times49.54\times(271-0.5\times49.54)+280\times101\times(271-24)\\&\approx52.03\times10^6(\text{N}\cdot\text{mm})=52.03\text{kN}\cdot\text{m}\end{aligned}$$

② 求 P_m。

由 $M=M_u$ 推得：$0.75P_m+0.88=52.03$，所以 $P_m=68.2\text{kN}$。

(4) 求由斜截面承载力 V_u 控制的 P_v。

① 验算箍筋间距、直径和配箍率是否满足要求。

假定 $V_u>0.7f_tbh_0\approx76.26\times10^3\text{N}=76.26\text{kN}$，则有

$\rho_{sv,min}=0.24f_t/f_{yv}\approx0.23\%$，$s_{max}=150\text{mm}$

$\rho_{sv}=A_{sv}/(bs)\approx0.314\%>\rho_{sv,min}$(满足)

$s=120\text{mm}<s_{max}=150\text{mm}$(满足)

$d=d_{min}=6\text{mm}$(满足)

② 求由受剪截面条件控制的 P_{v1}。

$h_w/b=1.81<4$

$V_u=0.25\beta_c f_c bh_0\approx250.2\times10^3\text{N}=250.2\text{kN}$

由 $V=V_u\Rightarrow1.41+P_{v1}=250.2\Rightarrow P_{v1}=248.79\text{kN}$

③ 求由斜截面受剪承载力 V_{cs} 控制的 P_{v2}。

(根据题意，选用集中荷载作用下独立梁的公式计算)

$$\lambda=a/h_0=2.77\begin{cases}>1.5\\<3\end{cases}$$

$$V_{cs}=\frac{1.75}{\lambda+1}f_tbh_0+f_{yv}\frac{A_{sv}}{s}h_0\approx86.36\times10^3\text{N}=86.36\text{kN}$$

由 $V=V_{cs}\Rightarrow P_{v2}+1.41=86.36\Rightarrow P_{v2}=84.95\text{kN}$

($P_{v2}/V=0.98$，可见选用集中荷载作用下独立梁的公式计算是正确的)

④ 确定 P_v。

$P_v=\min(P_{v1},P_{v2})=84.95\text{kN}$

(5) 梁的破坏荷载 P。

$P=\min(P_v,P_m)=68.2\text{kN}$

可见该梁最后是发生正截面受弯破坏，而不会发生斜截面剪压破坏。

3. 解：(1) 查相关表格可得：C30 混凝土的 $f_c=14.3\text{N/mm}^2$，$f_t=1.43\text{N/mm}^2$，$\beta_c=1.0$；HRB400 钢筋的 $f_{yv}=f_y=360\text{N/mm}^2$；箍筋的混凝土保护层厚度 $c=20\text{mm}$；⌀8 箍筋的 $A_{sv1}=50.3\text{mm}^2$。

(2) 求剪力设计值。

支座边缘截面的剪力最大，其设计值为：

$V=0.5ql_n=0.5\times150\times5=375(\text{kN})$

(3) 验算受剪截面限制条件。

$a_s = c + d_v + d/2 = 20 + 8 + 20/2 = 38(\text{mm})$

$h_0 = h - a_s = 600 - 38 = 562(\text{mm})$

$h_w = h_0 = 562\text{mm}$

$h_w / b = 562/250 = 2.248 < 4$

$0.25\beta_c f_c b h_0 = 0.25 \times 1.0 \times 14.3 \times 250 \times 562 = 502287.5(\text{N}) \approx 502.3\text{kN} > V = 375\text{kN}$

所以截面限制条件满足。

(4) 验算是否按计算配置箍筋。

$0.7 f_t b h_0 = 0.7 \times 1.43 \times 250 \times 562 = 140640.5(\text{N}) \approx 140.6\text{kN} < V = 375\text{kN}$

所以应按计算配置箍筋。

(5) 配置箍筋。

由于仅受均布荷载作用，故应选一般受弯构件的公式计算箍筋。

由 $V \leqslant 0.7 f_t b h_0 + f_{yv} \dfrac{A_{sv}}{s} h_0$ 得：

$$\frac{A_{sv}}{s} \geqslant \frac{V - 0.7 f_t b h_0}{f_{yv} h_0} = \frac{375 \times 10^3 - 0.7 \times 1.43 \times 250 \times 562}{360 \times 562} \approx 1.158(\text{mm}^2/\text{mm})$$

因此，$A_{sv}/s = 1.158\text{mm}^2/\text{mm}$。

验算箍筋的最小配筋率如下。

$$\rho_{sv,\min} = 0.24 \frac{f_t}{f_{yv}} = 0.24 \times \frac{1.43}{360} \approx 0.095\%$$

$\rho_{sv} = \dfrac{A_{sv}}{bs} = \dfrac{1.158}{250} \approx 0.463\% > \rho_{sv,\min} \approx 0.095\%$，所以满足最小配箍率要求。

选 ⌀8 的双肢箍，则箍筋间距 s 为：

$$s \leqslant \frac{A_{sv}}{1.158} = \frac{n A_{sv1}}{1.158} = \frac{2 \times 50.3}{1.158} \approx 86.9(\text{mm})$$

因此，箍筋选配 ⌀8@85 的双肢箍，且所选箍筋的间距和直径满足构造要求。

4. 解：(1) 查相关表格可得：C30 混凝土的 $f_c = 14.3\text{N/mm}^2$，$f_t = 1.43\text{N/mm}^2$，$\beta_c = 1.0$；HRB400 钢筋的 $f_{yv} = f_y = 360\text{N/mm}^2$；箍筋的混凝土保护层厚度 $c = 20\text{mm}$；⌀8 箍筋的 $A_{sv1} = 50.3\text{mm}^2$。

(2) 复核箍筋的直径、间距及配筋率是否满足要求。

箍筋直径为 8mm，大于 6mm；间距为 200mm，小于 250mm；均符合构造要求。

$$\rho_{sv,\min} = 0.24 \frac{f_t}{f_{yv}} = 0.24 \times \frac{1.43}{360} \approx 0.095\%$$

$\rho_{sv} = \dfrac{n A_{sv1}}{bs} = \dfrac{2 \times 50.3}{250 \times 200} \approx 0.201\% > \rho_{sv,\min}$，满足要求。

(3) 求 V_u。

$a_s = 20 + 8 + 20/2 = 38(\text{mm})$，$h_0 = 600 - 38 = 562(\text{mm})$

因为简支梁承担均布荷载，所以选用一般受弯构件的计算公式。

$$\begin{aligned} V_u &= 0.7 f_t b h_0 + f_{yv} \frac{A_{sv}}{s} h_0 = 0.7 \times 1.43 \times 250 \times 562 + 360 \times \frac{100.6}{200} \times 562 \\ &\approx 242407(\text{N}) \approx 242.4\text{kN} \end{aligned}$$

验算截面限制条件如下。

$h_w = h_0 - h'_f = 562 - 200 = 362(\text{mm})$

$\frac{h_w}{b} = \frac{362}{250} = 1.448 < 4$

$0.25\beta_c f_c bh_0 = 0.25 \times 1.0 \times 14.3 \times 250 \times 562 = 502287.5(\text{N}) \approx 502.3\text{kN} > V_u = 242.4\text{kN}$，满足要求。

所以取 $V_u = 242.4\text{kN}$。

(4) 求 q_u。

由 $V_u = \frac{1}{2} q_u l_n$ 得到：

$q_u = \frac{2V_u}{l_n} = \frac{2 \times 242.4}{6} = 80.8(\text{kN/m})$

所以该梁的斜截面受剪承载力 $V_u = 242.4\text{kN}$，梁能承担的均布荷载设计值 $q = 80.8\text{kN/m}$。

5. 解：(1) 查相关表格可得：C35 混凝土的 $f_c = 16.7\text{N/mm}^2$，$f_t = 1.57\text{N/mm}^2$，$\alpha_1 = 1.0$，$\beta_c = 1.0$；HRB400 钢筋的 $f_{yv} = f_y = 360\text{N/mm}^2$；$\xi_b = 0.518$；箍筋的混凝土保护层厚度 $c = 20\text{mm}$；⌀6 箍筋的 $A_{sv1} = 28.3\text{mm}^2$；1 根 ⌀25 纵筋的截面面积为 490.9mm^2。

(2) 求弯矩设计值 M、剪力设计值 V。

$M = 0.25Fl = 0.25 \times 200 \times 5 = 250(\text{kN} \cdot \text{m})$；$V = 0.5F = 0.5 \times 200 = 100(\text{kN})$

(3) 计算正截面受弯所需受拉纵筋截面面积 A_s。

① 计算 x 并判别条件。

$a_s = c + d_v + d/2 = 20 + 6 + 25/2 = 38.5(\text{mm})$，$h_0 = h - a_s = 600 - 38.5 = 561.5(\text{mm})$

由单筋矩形截面正截面受弯承载力的基本公式可得：

$$x = h_0\left(1 - \sqrt{1 - \frac{2M}{\alpha_1 f_c bh_0^2}}\right)$$

$$= 561.5 \times \left(1 - \sqrt{1 - \frac{2 \times 250 \times 10^6}{1.0 \times 16.7 \times 200 \times 561.5^2}}\right)$$

$\approx 154.6(\text{mm}) < \xi_b h_0 = 0.518 \times 561.5 \approx 290.9(\text{mm})$，满足要求。

② 计算钢筋截面面积 A_s 并判别条件。

$\rho_{min} = 0.45\frac{f_t}{f_y} = 0.45 \times \frac{1.57}{360} \approx 0.196\% < 0.2\%$

由单筋矩形截面正截面受弯承载力的基本公式可得：

$$A_s = \frac{\alpha_1 f_c bx}{f_y} = \frac{1.0 \times 16.7 \times 200 \times 154.6}{360}$$

$\approx 1434.3(\text{mm})^2 > \rho_{min} bh = 0.2\% \times 200 \times 600 = 240(\text{mm}^2)$，满足要求。

因此，该梁所需纵向受拉钢筋截面面积 $A_s = 1434.3\text{mm}^2$，可配 3⌀25，$3 \times 490.9 = 1472.7(\text{mm}^2)$。

(4) 计算斜截面受剪所需箍筋 A_{sv}/s。

① 验算截面限制条件。

$h_w = h_0 = 561.5\text{mm}$

$h_w/b = 561.5/200 \approx 2.81 < 4$

$0.25\beta_c f_c bh_0 = 0.25 \times 1.0 \times 16.7 \times 200 \times 561.5 = 468852.5(\text{N}) = 468.9\text{kN} > V = 100\text{kN}$

所以截面满足条件。

② 计算箍筋数量 A_{sv}/s。

集中荷载在支座产生的剪力占支座总剪力的比例在75%以上，故应选集中荷载作用下独立梁的受剪承载力计算公式计算箍筋。

$$\lambda=\frac{a}{h_0}=\frac{2500}{561.5}\approx4.45>3\text{，故取 }\lambda=3$$

③ 验算是否按计算配置箍筋。

$$\frac{1.75}{\lambda+1}f_t bh_0=\frac{1.75}{3+1}\times1.57\times200\times561.5\approx77136.1(\text{N})\approx77.1\text{kN}<V=100\text{kN}$$

所以应按计算配置箍筋。

由 $V\leqslant\frac{1.75}{\lambda+1}f_t bh_0+f_{yv}\frac{A_{sv}}{s}h_0$ 得到：

$$\frac{A_{sv}}{s}\geqslant\frac{V-\frac{1.75}{\lambda+1}f_t bh_0}{f_{yv}h_0}=\frac{100\times10^3-77136}{360\times561.5}\approx0.113(\text{mm}^2/\text{mm})$$

因此，$A_{sv}/s=0.113\text{mm}^2/\text{mm}$。

④ 验算箍筋的最小配筋率条件。

$$0.7f_t bh_0=0.7\times1.57\times200\times561.5=123417.7(\text{N})\approx123.4\text{kN}>V=100\text{kN}$$

所以不需验算箍筋的最小配筋率要求。

⑤ 配置箍筋。

选 ф6 的双肢箍，则箍筋间距 s 为：

$$s\leqslant\frac{A_{sv}}{0.113}=\frac{nA_{sv1}}{0.113}=\frac{2\times28.3}{0.113}\approx501(\text{mm})$$

因此，箍筋选配 ф6@350 的双肢箍，所选箍筋的间距和直径满足构造要求。

第6章

受压构件的受力性能与设计

知识点及学习要求：通过本章学习，学生应掌握受压构件的一般构造、轴心受压构件正截面的承载力计算、偏心受压构件正截面的承载力计算及正截面承载力 N_u - M_u 相关曲线及其应用，熟悉偏心受压构件斜截面受剪承载力的计算。

一、习题

（一）填空题

1. 承受________为主的构件称为受压构件。

2. 按照轴向压力作用位置的不同，受压构件可分为________受压构件和________受压构件。

3. 当轴向压力的作用点只与构件截面的一个主轴有偏心距时为________偏心受压构件。

4. 当偏心受压柱的截面高度大于或等于 600mm 时，在侧面应设置直径大于或等于 10mm 的纵向构造钢筋，并相应地设置复合________或拉筋。

5. 柱中纵向钢筋的净间距不应小于________ mm，且不宜大于________ mm。

6. 柱中箍筋直径不应小于 $d/4$，且不应小于 6mm，d 为纵向钢筋的________直径。

7. 当柱中全部纵向受力钢筋的配筋率大于________%时，箍筋直径不应小于 8mm，间距不应大于 $10d$，且不应大于 200mm。

8. 按照箍筋配置方式的不同，轴心受压构件可分为________的轴心受压构件和________的轴心受压构件两类。

9. 钢筋混凝土轴心受压构件的受压承载力 N_u 随长细比 l_0/b 的增大而________，稳定系数 φ 随长细比 l_0/b 的增大而________。

10. 钢筋混凝土偏心________可等效为压弯构件，两者的受力性能与设计计算方法相同。

11. 由于长细比不同，在荷载作用下偏心受压构件的破坏形态有________、________和失稳破坏。

12. 大偏心受压破坏的破坏过程和破坏特征与受弯构件正截面的________破坏类似。

13. 小偏心受压破坏的特征是________、________、________。

14. 大偏心受压破坏的特征是________、________、________。

15. 小偏心受压构件为避免发生 A_s 所在一侧的混凝土先压碎而破坏的“反向受压破坏”情形，《设计规范》（GB 50010）规定：矩形截面非对称配筋的小偏心受压构件，当________时，应验算“反向受压破坏”。

16. 矩形截面非对称配筋大偏心受压构件正截面受压承载力计算公式的条件 $x \leqslant \xi_b h_0$ 不能满足，表示受拉钢筋 A_s________，受压钢筋 A_s'________。

17. 矩形截面非对称配筋大偏心受压构件正截面受压承载力计算公式的条件 $x \geqslant 2a_s'$ 不能满足，表示受拉钢筋 A_s________，受压钢筋 A_s'________。

18. 偏心受压构件的截面复核可分为"________"和"已知 N 求 M_u（或 M_2）"两种情况。

19. 矩形截面偏心受压构件的对称配筋是指对称截面两侧的配筋相同，即 $A_s=$________，$f_y=$________。

20. 对称配筋的矩形截面偏心受压构件，界限破坏时的轴向压力 $N_b=$________。

21. 钢筋混凝土偏心受压构件的斜截面受剪承载力计算公式中的 N 取值不能超过________。

（二）判断题（对的在括号内写 T，错的在括号内写 F）

1. 钢筋混凝土轴心受压构件的截面一般采用矩形，单向偏心受压构件的截面一般采用正方形。（ ）

2. 为了减小钢筋混凝土柱的截面尺寸和节省钢材，宜采用强度等级适中的混凝土。（ ）

3. 钢筋混凝土柱中的纵向受力钢筋宜优先采用 HRB335 钢筋。（ ）

4. 为保证钢筋混凝土柱中钢筋骨架的刚度，柱中纵向受力钢筋的直径不宜小于 12mm，且宜选择直径较小的钢筋。（ ）

5. 受压构件全部纵向钢筋的配筋率不宜大于 5%。（ ）

6. 受压构件一侧纵向钢筋的最小配筋百分率不应小于 0.20 和 $45f_t/f_y$ 中的较大值。（ ）

7. 为了能箍住纵筋，防止纵筋压曲，柱中的周边箍筋应为封闭式。（ ）

8. 柱中箍筋间距不应大于 400mm 及构件截面的短边尺寸，且不应大于 $15d$（d 为纵向钢筋的最大直径）。（ ）

9. 对于截面形状复杂的构件，应采用内折角箍筋。（ ）

10. 配螺旋箍筋的轴心受压构件和配焊接环式箍筋的轴心受压构件，这两种配箍方式轴心受压构件的受力性能和设计计算方法相同。（ ）

11. 螺旋箍筋可提高混凝土的强度与变形性能，所以配螺旋箍筋柱是工程中最常采用的轴心受压构件。（ ）

12. 试验及理论分析表明，钢筋混凝土轴心受压构件的稳定系数 φ 值主要与柱的长细比有关。长细比越大，φ 值越小。（ ）

13. 轴心受压构件正截面受压承载力计算公式中的系数 0.9 是考虑长细比的影响。（ ）

14. 对于配制螺旋箍筋的轴心受压构件，其正截面受压承载力均应按 $0.9(f_c A_{cor}+f_y' A_s'+2\alpha f_{yv} A_{ss0})$ 计算。（ ）

15. 为了保证配置螺旋箍筋的轴心受压构件在使用荷载作用下不发生混凝土保护层脱落，《设计规范》(GB 50010) 规定按"配置螺旋式箍筋轴心受压构件的正截面受压承载力计算公式"算得的承载力不应大于按"配普通箍筋轴心受压构件的正截面受压承载力计算公式"算得的承载力的 1.5 倍。（ ）

16. 钢筋混凝土单向偏心受压构件的纵向受力钢筋通常布置在轴向力偏心方向的两侧，离偏心压力较近一侧的钢筋称为受压钢筋，用 A_s' 表示，其实际受力一定为受压。（ ）

17. 钢筋混凝土单向偏心受压构件的纵向受力钢筋通常布置在轴向力偏心方向的两侧，离偏心压力较远一侧的钢筋称为受拉钢筋，用 A_s 表示，其实际受力一定为受拉。（ ）

18. 从正截面的受力性能来看，可以把偏心受压看作轴心受压与受弯之间的过渡状态。（ ）

19. 小偏心受压破坏的破坏过程和破坏特征与受弯构件正截面的超筋梁破坏类似。（ ）

20. 受拉钢筋达到屈服应变 ε_y 与受压区边缘混凝土达到极限压应变 ε_{cu} 同时发生为大偏心受压破坏和小偏心受压破坏的界限破坏。（ ）

21. 对于单向偏心受压短柱，当偏心距 e_0 很小，且纵向受拉钢筋 A_s 配置较少，而纵向受压钢筋 A_s' 配置较多时，则可能会发生 A_s 所在一侧的混凝土先压碎而破坏的情况，通常称其为反向受压破坏。（ ）

22. 不论是大偏心受压破坏还是小偏心受压破坏，受压钢筋 A_s' 总能达到受压屈服强度 f_y'。（ ）

23. 偏心受压构件，若 $e_i > 0.3h_0$，则一定为大偏心受压构件。（ ）

24. 偏心受压构件设计时，考虑荷载作用位置的不定性等因素，引入附加偏心距 e_a，同时 e_a 值均取 20mm。（ ）

25. 当大偏心受压构件正截面受压承载力计算中出现 $x < 2a_s'$ 时，可近似取 $x = 2a_s'$，并对纵向受压钢筋 A_s' 的合力点取矩，得到公式 $Ne' \leqslant f_y A_s (h_0' - a_s)$。（ ）

26.《设计规范》(GB 50010) 规定：偏心受压构件除应计算弯矩作用平面的偏心受压承载力外，尚应按轴心受压构件验算垂直于弯矩作用平面的轴心受压承载力。（ ）

27. 轴心受压构件的 φ 与偏心受压构件的 η_{ns} 都是仅考虑 l_0/h 的影响，所以两者的概念是相同的。（ ）

28. 无论是大偏心受压破坏还是小偏心受压破坏，最终都是由于混凝土被压碎而使构件破坏。（ ）

29. 矩形截面偏心受压构件采用对称配筋的目的主要是改善构件的受力性能。（ ）

30. 实际工程中的偏心受压构件，绝大多数采用对称配筋。（ ）

31. 对称配筋的小偏心受压构件，当 $N > f_c bh$ 时，由于 $A_s = A_s'$，A_s 的配筋量较大，所以不需做反向受压破坏验算。（ ）

32. 矩形截面对称配筋小偏心受压构件在破坏时，离偏心压力较远一侧的钢筋 A_s 达不到屈服。（ ）

33. 矩形截面对称配筋的偏心受压构件，无论在截面设计还是截面复核时，均可用 $\xi = \xi_b$ 作为区分大小偏心受压的判别条件。（ ）

34. I形截面与矩形截面的偏心受压构件的破坏特征、计算方法有本质区别。（ ）

35. 对称配筋的矩形截面偏心受压构件，界限破坏时的轴向压力 N_b 只与材料强度等级和截面尺寸有关，而与配筋率无关。（ ）

36. 通常偏心受压构件所受的剪力较大，所以其截面尺寸与混凝土强度等级等参数通常由斜截面受剪承载力控制。（ ）

37. 对柱（受压构件）中的箍筋，《设计规范》（GB 50010）从箍筋直径、间距、封闭式箍筋和复合箍筋等方面进行了规定，但没有最小配箍率的规定。（　　）

（三）单项选择题

1. 有关钢筋混凝土柱的截面边长，下列叙述中，（　　）是正确的。

A. 当柱截面边长小于或等于 800mm 时，应为 50mm 的倍数；大于 800mm 时，应为 100mm 的倍数

B. 当柱截面边长小于或等于 1000mm 时，应为 50mm 的倍数；大于 1000mm 时，应为 100mm 的倍数

C. 均为 50mm 的倍数

D. 均为 100mm 的倍数

2. 下列叙述中，（　　）不是轴心受压构件中纵向钢筋的作用。

A. 直接受压，提高柱的受压承载力或减小截面尺寸

B. 直接受弯，提高柱的受弯承载力或减小截面尺寸

C. 改善混凝土的变形能力，防止构件发生突然的脆性破坏

D. 减小混凝土的收缩和徐变变形

3. 下列叙述中，（　　）不是轴心受压构件中箍筋的作用。

A. 固定纵筋，形成钢筋骨架

B. 约束混凝土，改善混凝土的性能

C. 给纵筋提供侧向支承，防止纵筋压屈

D. 直接受剪，提高柱的受剪承载力

4. 根据破坏时特征的不同，轴心受压构件的破坏形态有（　　）。

A. 少筋破坏、适筋破坏和超筋破坏

B. 斜拉破坏、剪压破坏和斜压破坏

C. 短柱破坏、长柱破坏和失稳破坏

D. 大偏心受压破坏和小偏心受压破坏

5. 轴心受压构件正截面受压承载力计算公式 $N \leqslant 0.9\varphi(f_c A + f'_y A'_s)$ 中的系数 0.9 的含义是（　　）。

A. 荷载分项系数　　B. 荷载组合系数

C. 材料强度分项系数　　D. 可靠度调整系数

6. 对于配置螺旋箍筋轴心受压构件的正截面受压承载力计算，当遇到下列（　　）种情况时，不应计入间接钢筋的影响，而应按“配置普通箍筋轴心受压构件的正截面受压承载力计算公式”计算构件的轴心受压承载力。

A. 当长细比 $l_0/d > 12$ 时

B. 当按“配置螺旋箍筋轴心受压构件的正截面受压承载力计算公式”算得的受压承载力大于按“配置普通箍筋轴心受压构件的正截面受压承载力计算公式”算得的受压承载力时

C. 当螺旋箍筋的间距在 40mm 至“80mm 及 $d_{cor}/5$”中的较小值之间时

D. 当间接钢筋的换算截面面积 A_{ss0} 大于纵筋全部截面面积的 25%时

7. 对称配筋的矩形截面偏心受压构件（C30，HRB400级钢筋），若经计算 $e_i>0.3h_0$，$\xi=0.55$，则应按（　　）构件计算。

A. 大偏心受压　　B. 小偏心受压　　C. 界限破坏　　D. 无法判定

8. 对于弯矩作用平面内截面对称的偏心受压构件，下列（　　）不是《设计规范》(GB 50010) 规定的考虑二阶效应影响的条件。

A. 杆端弯矩比 $M_1/M_2>0.9$　　B. 轴压比 $N/(f_cA)>0.9$

C. $\xi>\xi_b$　　D. 长细比 $l_c/i>34-12(M_1/M_2)$

9. 对于偏心受压构件考虑轴向压力在挠曲杆件中产生的二阶效应后控制截面的弯矩设计值 M 的计算，下列叙述中，（　　）是不正确的。

A. 只要"杆端弯矩比、轴压比、长细比"3个条件中有1个条件不满足，就需要考虑轴向压力在挠曲杆件中产生的附加弯矩的影响

B. $M=C_m\eta_{ns}M_2$

C. 当 $C_m\eta_{ns}<1.0$ 时取1.0

D. 当构件端截面偏心距调节系数 $C_m>0.7$ 时取0.7

10. 对于单向偏心受压构件的截面设计，在对弯矩作用平面按偏心受压进行配筋计算后，尚应做的计算不包括下列的（　　）。

A. 正截面受弯承载力计算

B. 垂直于弯矩作用平面的轴心受压承载力复核

C. 对于小偏心受压当 $N>f_cbh$ 时，尚应做"反向受压破坏"承载力复核

D. 斜截面受剪承载力计算

11. 偏心受压构件截面设计时，小偏心受压的判别条件是（　　）。

A. 对称配筋 $\xi>\xi_b$，不对称配筋 $e_i\leqslant0.3h_0$

B. 对称配筋 $\xi>\xi_b$，不对称配筋 $e_i>0.3h_0$

C. 对称配筋 $e_i\leqslant0.3h_0$，不对称配筋 $\xi>\xi_b$

D. 对称配筋 $e_i>0.3h_0$，不对称配筋 $\xi>\xi_b$

12. 对于 $e_i\leqslant0.3h_0$ 的矩形截面非对称配筋偏心受压构件的截面设计，根据求出的 x 值，可分成下列（　　）求解。

A. "$x\leqslant\xi_bh_0$""$\xi_bh_0<x<\xi_{cy}h_0$""$\xi_{cy}h_0\leqslant x<h$""$x\geqslant h$"4种情形

B. "$x\leqslant\xi_bh_0$""$\xi_bh_0<x<\xi_{cy}h_0$""$\xi_{cy}h_0\leqslant x<h$"3种情形

C. "$x\leqslant\xi_bh_0$""$\xi_bh_0<x<\xi_{cy}h_0$"2种情形

D. "$x<2a_s'$""$2a_s'\leqslant x\leqslant\xi_bh_0$""$\xi_bh_0<x<\xi_{cy}h_0$""$\xi_{cy}h_0\leqslant x<h$""$x\geqslant h$"5种情形

13. 对于矩形截面非对称配筋的偏心受压构件，当求出的 $x<2a_s'$ 时，有关受拉钢筋 A_s 与受压钢筋 A_s' 的应力状态，下列说法中，（　　）是正确的。

A. 受拉钢筋 A_s 受拉屈服，受压钢筋 A_s' 受压屈服

B. 受拉钢筋 A_s 受拉不屈服，受压钢筋 A_s' 受压不屈服

C. 受拉钢筋 A_s 受拉屈服，受压钢筋 A_s' 受压不屈服

D. 受拉钢筋 A_s 受拉不屈服，受压钢筋 A_s' 受压屈服

14. 对于矩形截面非对称配筋的偏心受压构件，当求出的 $2a_s'\leqslant x\leqslant\xi_bh_0$ 时，有关受拉钢筋 A_s 与受压钢筋 A_s' 的应力状态，下列说法中，（　　）是正确的。

A. 受拉钢筋 A_s受拉屈服，受压钢筋 A_s'受压屈服

B. 受拉钢筋 A_s受拉不屈服，受压钢筋 A_s'受压不屈服

C. 受拉钢筋 A_s受拉屈服，受压钢筋 A_s'受压不屈服

D. 受拉钢筋 A_s受拉不屈服，受压钢筋 A_s'受压屈服

15. 对于矩形截面非对称配筋的偏心受压构件，当求出的 $\xi_b h_0 < x < \xi_{cy} h_0$时，有关受拉钢筋 A_s与受压钢筋 A_s'的应力状态，下列说法中，(　　) 是正确的。

A. 受拉钢筋 A_s受拉屈服，受压钢筋 A_s'受压屈服

B. 受拉钢筋 A_s受拉不屈服，受压钢筋 A_s'受压不屈服

C. 受拉钢筋 A_s受拉屈服，受压钢筋 A_s'受压不屈服

D. 受拉钢筋 A_s受拉或受压不屈服，受压钢筋 A_s'受压屈服

16. 对于矩形截面非对称配筋的偏心受压构件，当求出的 $\xi_{cy} h_0 \leqslant x < h$ 时，有关受拉钢筋 A_s与受压钢筋 A_s'的应力状态，下列说法中，(　　) 是正确的。

A. 受拉钢筋 A_s受压屈服，受压钢筋 A_s'受压屈服

B. 受拉钢筋 A_s受拉不屈服，受压钢筋 A_s'受压不屈服

C. 受拉钢筋 A_s受拉屈服，受压钢筋 A_s'受压不屈服

D. 受拉钢筋 A_s受拉不屈服，受压钢筋 A_s'受压屈服

17. 对于 $e_i > 0.3h_0$的矩形截面非对称配筋偏心受压构件 A_s'已知、A_s未知时的截面设计，根据求出的 x 值，可分成下列（　　）求解。

A. “$x \leqslant \xi_b h_0$”“$\xi_b h_0 < x < \xi_{cy} h_0$”“$\xi_{cy} h_0 \leqslant x < h$” 3 种情形

B. “$\xi_b h_0 < x < \xi_{cy} h_0$”“$\xi_{cy} h_0 \leqslant x < h$”“$x \geqslant h$” 3 种情形

C. “$x \leqslant \xi_b h_0$”“$\xi_b h_0 < x < \xi_{cy} h_0$” 2 种情形

D. “$x < 2a_s'$”“$2a_s' \leqslant x \leqslant \xi_b h_0$”“$x > \xi_b h_0$” 3 种情形

18. 对于矩形截面对称配筋的小偏心受压构件破坏时，有关受拉钢筋 A_s与受压钢筋 A_s'的应力状态，下列说法中，(　　) 是正确的。

A. 受拉钢筋 A_s受拉屈服，受压钢筋 A_s'受压屈服

B. 受拉钢筋 A_s受拉不屈服，受压钢筋 A_s'受压不屈服

C. 受拉钢筋 A_s受拉屈服，受压钢筋 A_s'受压不屈服

D. 受拉钢筋 A_s受拉或受压不屈服，受压钢筋 A_s'受压屈服

19. 矩形截面对称配筋的偏心受压构件，发生界限破坏时，下列叙述中，（　　）是正确的。

A. N_b与配筋率有关

B. N_b与钢筋级别无关

C. N_b与混凝土强度等级无关

D. N_b与钢筋级别、混凝土强度等级和截面尺寸有关

20. 对于偏心受压构件的 N_u-M_u相关曲线，下列叙述中，(　　) 是错误的。

A. 若某组内力（N，M）刚好位于 N_u-M_u相关曲线上，则表示构件在该组内力作用下恰好处于正常使用极限状态

B. 若某组内力（N，M）刚好位于 N_u-M_u相关曲线上，则表示构件在该组内力作用下恰好处于承载能力极限状态

C. 若某组内力（N，M）位于 N_u-M_u 相关曲线的内侧，则表示构件在该组内力作用下未达到承载能力极限状态

D. 若某组内力（N，M）位于 N_u-M_u 相关曲线的外侧，则表示构件承载力不足，承受不了该组内力的作用

21. 对于偏心受压构件的 N_u-M_u 相关曲线，下列叙述中，（　　）是错误的。

A. 在小偏心受压范围内，当弯矩 M 为某一定值时，轴向压力 N 越大越不安全

B. 在小偏心受压范围内，当弯矩 M 为某一定值时，轴向压力 N 越小越不安全

C. 在大偏心受压范围内，当弯矩 M 为某一定值时，轴向压力 N 越小越不安全

D. 无论大偏心受压还是小偏心受压，当轴向压力 N 为某一定值时，始终是弯矩 M 越大越不安全

22. 对截面尺寸、材料强度等均相同的大偏心受压构件，若已知 $M_2>M_1$、$N_2>N_1$，则在下面四组内力中要求配筋最多的一组内力是（　　）。

A.（M_1，N_2）　　B.（M_2，N_1）　　C.（M_2，N_2）　　D.（M_1，N_1）

23. 对截面尺寸、材料强度等均相同的小偏心受压构件，若已知 $M_2>M_1$、$N_2>N_1$，则在下面四组内力中要求配筋最多的一组内力是（　　）。

A.（M_1，N_2）　　B.（M_2，N_1）　　C.（M_2，N_2）　　D.（M_1，N_1）

24. 有 3 个对称配筋的矩形截面偏心受压构件 A、B 和 C，它们除配筋不同外，其余条件均相同。其横截面配置的纵筋分别为：A 构件 4⌀16，B 构件 4⌀18，C 构件 4⌀20。在 N_u-M_u 相关曲线上相应于界限破坏点的压力分别记为：N_b^A、N_b^B 及 N_b^C。则下列 4 种结果中，（　　）是正确的。

A. $N_b^A>N_b^B>N_b^C$　　B. $N_b^C>N_b^B>N_b^A$

C. $N_b^A=N_b^B=N_b^C$　　D. $N_b^A<N_b^B=N_b^C$

25. 某矩形截面偏心受压构件，安全等级为二级，截面尺寸为 $b\times h=400\text{mm}\times600\text{mm}$，承受的轴向压力设计值 $N=800\text{kN}$，计算截面的剪跨比 $\lambda=2.5$，混凝土选用 C30（$f_t=1.43\text{N/mm}^2$），纵筋和箍筋均选用 HRB400 钢筋（$f_{yv}=f_y=360\text{N/mm}^2$），箍筋为⌀8@200 的双肢箍筋（$A_{sv1}=50.3\text{mm}^2$），$a_s=a_s'=40\text{mm}$，则该偏心受压构件的斜截面受剪承载力为（　　）。

A. 317.6kN　　B. 261.6kN

C. 325.6kN　　D. 381.6kN

26. 某钢筋混凝土受压构件，截面尺寸为 $b\times h=400\text{mm}\times500\text{mm}$（$h_0=460\text{mm}$），选用 C30 混凝土和 HRB400 钢筋，则其由最小配筋率和最大配筋率控制的全部纵向钢筋的截面面积为（　　）。

A. 1012mm^2，9200mm^2　　B. 1100mm^2，10000mm^2

C. 1012mm^2，10000mm^2　　D. 1100mm^2，9200mm^2

（四）问答题

1. 简述配置普通箍筋的钢筋混凝土轴心受压短柱的破坏特征。

2. 简述配置普通箍筋的钢筋混凝土轴心受压长柱的破坏特征。

3. 简述螺旋箍筋提高轴心受压柱正截面受压承载力的机理。

4. 对于受压构件纵向弯曲的影响，轴心受压构件与偏心受压构件设计计算时分别是怎样考虑的？

5. 简述钢筋混凝土短柱大偏心受压破坏的破坏特征。

6. 简述钢筋混凝土短柱小偏心受压破坏的破坏特征。

7. 大偏心受压和小偏心受压的破坏特征有何区别？它们的分界条件是什么？

8. 在偏心受压 $N-M$ 相关曲线的基础上，以小偏心受压为例，画出从加载到破坏，偏心受压短柱、长柱和细长柱的 $N-M$ 全过程曲线，并说明曲线的特征。

9. 画出矩形截面非对称配筋大偏心受压构件正截面受压承载力的计算简图，写出其计算公式和公式条件。

10. 画出矩形截面非对称配筋小偏心受压构件正截面受压承载力的计算简图，写出其计算公式和公式条件。

11. 写出矩形截面偏心受压构件在设计计算开始时判别大小偏心受压的条件。应分非对称配筋截面设计、非对称配筋截面复核（已知 e_0 求 N_u）、非对称配筋截面复核（已知 N 求 M_u）、对称配筋截面设计、对称配筋截面复核（已知 e_0 求 N_u）、对称配筋截面复核（已知 N 求 M_u）六种情况分别说明。

12. 下图所示为对称配筋矩形截面偏心受力构件的 N_u-M_u 相关曲线，试解释图中 A、B、C、D 各点的含义；并解释当弯矩为某一值时，曲线上 E、F 两点的含义。

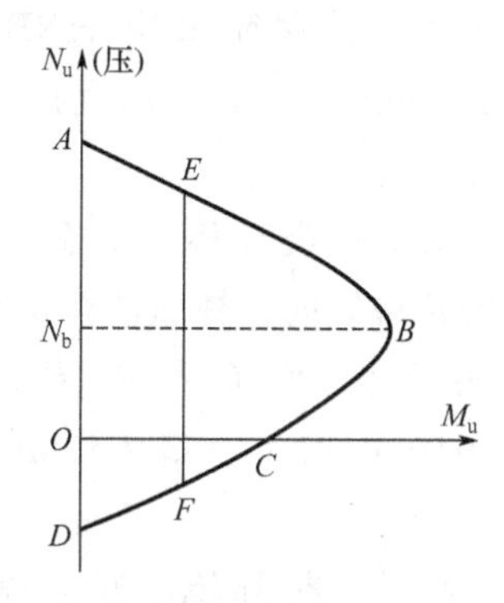

13. 简述偏心受压构件的 N_u-M_u 相关曲线的变化规律。

14. 简述轴向压力提高斜截面受剪承载力的原因。

(五) 计算题

1. 某钢筋混凝土轴心受压短柱，处于一类环境，安全等级为二级，截面尺寸为 600mm×600mm，轴向压力设计值 $N=7150$kN，混凝土选用 C30，纵筋和箍筋均选用 HRB400 钢筋。试配置该柱的纵筋和箍筋。

2. 某配置螺旋箍筋的轴心受压圆形截面柱，计算长度 $l_0=5250$mm，截面直径 $d=500$mm，处于一类环境，安全等级为二级，混凝土选用 C30，纵筋和箍筋均选用 HRB400 钢筋，纵筋为 10⏀25，箍筋为 ⏀10@50。试计算该柱的轴心受压承载力 N_u。

3. 某矩形截面偏心受压柱，处于一类环境，安全等级为二级，截面尺寸为 300mm×

400mm，柱的计算长度 $l_c=l_0=3.6$m，选用 C30 混凝土和 HRB400 钢筋，承受轴力设计值 $N=450$kN，弯矩设计值 $M_1=100$kN·m，$M_2=200$kN·m。若箍筋直径 $d_v=6$mm，采用不对称配筋，求该柱的截面配筋 A_s及 A'_s。

4. 某矩形截面偏心受压柱，处于一类环境，安全等级为二级，截面尺寸 $b\times h=$400mm×500mm，柱的计算长度 $l_c=l_0=4.5$m，选用 C30 混凝土和 HRB400 钢筋，承受轴力设计值 $N=750$kN，弯矩设计值 $M_1=150$kN·m，$M_2=300$kN·m。若箍筋直径 $d_v=$10mm，采用不对称配筋，求该柱的截面配筋 A_s及 A'_s。

5. 某矩形截面偏心受压柱，处于一类环境，安全等级为二级，截面尺寸 $b\times h=$300mm×500mm，柱的计算长度 $l_c=l_0=6.0$m，选用 C30 混凝土和 HRB400 钢筋，承受轴力设计值 $N=1500$kN，弯矩设计值 $M_1=M_2=120$kN·m。若箍筋直径 $d_v=10$mm，采用不对称配筋，求该柱的截面配筋 A_s及 A'_s。

6. 某矩形截面偏心受压柱，处于一类环境，安全等级为二级，截面尺寸 $b\times h=$500mm×700mm，弯矩作用于柱的长边方向，柱的计算长度 $l_c=l_0=12.25$m，轴向力的偏心距 $e_0=600$mm（e_0已考虑二阶效应的影响），混凝土强度等级为 C35，钢筋采用 HRB400级，A'_s采用 4⌀25（$A'_s=1964\text{mm}^2$），A_s采用 6⌀25（$A_s=2945\text{mm}^2$）。箍筋直径 $d_v=$10mm，求该柱所能承担的极限轴向压力设计值 N_u。

7. 某矩形截面偏心受压柱，处于一类环境，安全等级为二级，截面尺寸 $b\times h=$400mm×600mm，弯矩作用于柱的长边方向，柱的计算长度 $l_c=l_0=4.0$m。轴向力设计值 $N=1200$kN，混凝土强度等级为 C40，钢筋采用 HRB400 级，A'_s采用 4⌀22（$A'_s=$1520mm²），A_s采用 4⌀20（$A_s=1256\text{mm}^2$）。若箍筋直径 $d_v=10$mm，$M_1/M_2=0.85$，求该柱端截面所能承受的弯矩设计值 M_2。

8. 某矩形截面偏心受压柱，处于一类环境，安全等级为二级，截面尺寸 $b\times h=$300mm×600mm，弯矩作用于柱的长边方向，柱的计算长度 $l_c=l_0=5.4$m。轴向力设计值 $N=2400$kN，混凝土强度等级为 C30，钢筋采用 HRB400 级，A'_s采用 4⌀25（$A'_s=$1964mm²），A_s采用 4⌀16（$A_s=804\text{mm}^2$）。$a_s=a'_s=40$mm，$M_1/M_2=1.0$，求该柱截面 h 方向所能承受的弯矩设计值 M。

9. 某矩形截面偏心受压柱，处于一类环境，安全等级为二级，截面尺寸 $b\times h=$300mm×400mm，柱的计算长度 $l_c=l_0=3.6$m，选用 C30 混凝土和 HRB400 钢筋，承受轴力设计值 $N=450$kN，弯矩设计值 $M_1=100$kN·m，$M_2=200$kN·m。若箍筋直径 $d_v=$6mm，采用对称配筋，求该柱的截面配筋 A_s及 A'_s。

10. 某矩形截面偏心受压柱，处于一类环境，安全等级为二级，截面尺寸 $b\times h=$300mm×500mm，柱的计算长度 $l_c=l_0=6.0$m，选用 C30 混凝土和 HRB400 钢筋，承受轴力设计值 $N=1500$kN，弯矩设计值 $M_1=M_2=120$kN·m。若箍筋直径 $d_v=10$mm，采用对称配筋，求该柱的截面配筋 A_s及 A'_s。

11. 某矩形截面偏心受压柱，处于一类环境，安全等级为二级，截面尺寸 $b\times h=$500mm×800mm，弯矩作用于柱的长边方向，偏心距 $e_0=100$mm（e_0已考虑二阶效应的影响），柱的计算长度 $l_c=l_0=10$m，混凝土强度等级为 C30，钢筋采用 HRB400 级，采用对称配筋，每侧配筋为 4⌀20（$A'_s=A_s=1256\text{mm}^2$）。箍筋直径 $d_v=8$mm，求该柱所能承担

的轴向压力设计值 N_u。

12. 某矩形截面偏心受压柱，处于一类环境，安全等级为二级，截面尺寸 $b\times h=400mm\times600mm$，弯矩作用于柱的长边方向，柱的计算长度 $l_c=l_0=4.0m$。轴向力设计值 $N=850kN$，混凝土强度等级为C30，钢筋采用HRB400级，对称配筋，每侧配筋为4Φ20（$A'_s=A_s=1256mm^2$）。若箍筋直径 $d_v=10mm$，$M_1/M_2=0.7$，求该柱端截面所能承受的最大弯矩设计值 M_2。

二、答案

（一）填空题

1. 轴向压力
2. 轴心　偏心
3. 单向
4. 箍筋
5. 50　300
6. 最大
7. 3
8. 配普通箍筋　配螺旋箍筋
9. 减小　减小
10. 受压构件
11. 短柱破坏　长柱破坏
12. 适筋梁
13. A_s不屈服　混凝土压碎　脆性破坏
14. A_s先屈服　混凝土后压碎　延性破坏
15. $N>f_cbh$
16. 不屈服　屈服
17. 屈服　不屈服
18. 已知 e_0 求 N_u
19. A'_s　f'_y
20. $\xi_b\alpha_1 f_cbh_0$
21. $0.3f_cA$

（二）判断题

1. F　2. F　3. F　4. F　5. T　6. F　7. T　8. F　9. F　10. T
11. F　12. T　13. F　14. F　15. T　16. T　17. F　18. T　19. T　20. T
21. T　22. F　23. F　24. F　25. T　26. T　27. F　28. T　29. F　30. T
31. T　32. T　33. T　34. F　35. T　36. F　37. T

（三）单项选择题

1. A　2. B　3. D　4. C　5. D　6. A　7. B　8. C　9. D　10. A
11. A　12. A　13. C　14. A　15. D　16. A　17. D　18. D　19. D　20. A
21. B　22. B　23. C　24. C　25. A　26. B

（四）问答题

1. 答：短柱在荷载作用下，由于偶然因素造成的荷载初始偏心距对短柱的受压承载力和破坏特征影响很小，引起的侧向挠度也很小，故可忽略不计。受力时，钢筋与混凝土的应变基本一致，两者共同变形、共同抵御外荷载。短柱破坏时，柱四周出现明显的纵向裂缝，混凝土压碎，纵筋压屈、外鼓呈灯笼状。

2. 答：长柱在荷载作用下，由于偶然因素造成的荷载初始偏心距对长柱的受压承载力和破坏特征影响较大，引起的侧向挠度也较大，故应予以考虑。受力时，荷载的初始偏心距使得长柱产生侧向挠度和附加弯矩，而侧向挠度又增大了荷载的偏心距。最后长柱在轴心压力和附加弯矩的共同作用下，向内凹一侧的混凝土出现纵向裂缝，混凝土被压碎，构件破坏。长柱的承载力低于其他条件相同的短柱的承载力，长细比越大，降低越多。

3. 答：对于配置螺旋箍筋的轴心受压柱，当竖向荷载增至混凝土的压应力达到 $0.8f_c$ 以后，混凝土的横向变形将急剧增大，但混凝土急剧增大的横向变形将受到螺旋箍筋的约束，螺旋箍筋内产生拉应力，从而使箍筋所包围的核心混凝土受到螺旋箍筋的被动约束，使箍筋以内的核心混凝土处于三向受压状态，有效地提高了核心混凝土的抗压强度和变形能力，从而提高轴心受压柱的正截面受压承载力。

4. 答：由于轴心受压构件的纵向弯曲主要是由长细比引起的，所以在轴心受压构件设计计算时采用构件的稳定系数来考虑长细比所引起的纵向弯曲的影响。但是在偏心受压构件中，其纵向弯曲的影响因素有荷载作用位置的不定性、混凝土的不均匀性、施工偏差、长细比和偏心距等，所以在偏心受压构件设计计算时采用弯矩增大系数来考虑这些因素所引起的纵向弯曲的影响。

5. 答：当偏心距 e_0 较大，且受拉钢筋 A_s 配置不太多时，在荷载作用下，构件截面离轴向压力较近一侧受压，较远一侧受拉。随着荷载增加，受拉钢筋先屈服，受压区混凝土后压碎（受压区边缘混凝土达到极限压应变 ε_{cu}）而宣告构件破坏，此种破坏形态称为大偏心受压破坏。大偏心受压破坏在破坏前有明显征兆，属延性破坏。

6. 答：当偏心距 e_0 较小或偏心距 e_0 虽然较大，但受拉钢筋 A_s 配置太多时，在荷载作用下，构件截面大部分受压或全部受压。随着荷载增加，受压区混凝土压碎（受压区边缘混凝土达到极限压应变 ε_{cu}）而宣告构件破坏，而此时受拉钢筋尚未屈服，此种破坏形态称为小偏心受压破坏。小偏心受压破坏在破坏前无明显征兆，属脆性破坏。

7. 答：大偏心受压破坏时，其破坏始于远侧钢筋的受拉屈服，然后近侧混凝土受压破坏；小偏心受压破坏时，近侧混凝土受压破坏，但远侧钢筋并未屈服。它们的分界条件是相对受压区高度等于界限相对受压区高度（即 $\xi=\xi_b$）。

8. 答：从加载到破坏，偏心受压短柱、长柱和细长柱的 $N-M$ 全过程曲线见下图。

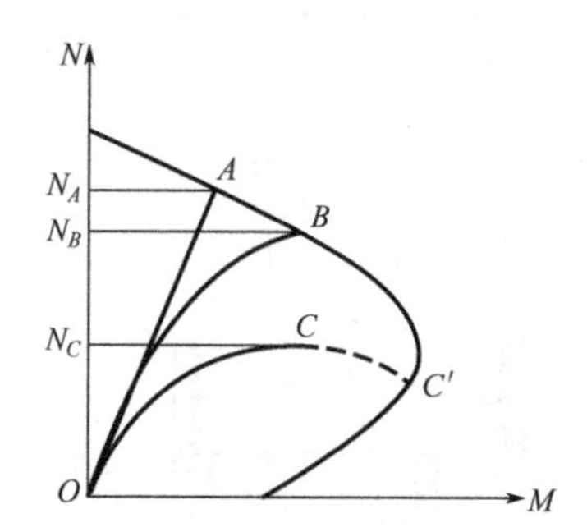

图中直线 OA 为偏心受压短柱的 $N-M$ 全过程曲线，可见加载过程中短柱的 M 随 N 线性增长，最后到达 A 点，构件破坏，属于材料破坏。

曲线 OB 为偏心受压长柱的 $N-M$ 全过程曲线，可见加载过程中长柱的 M 比 N 增长快，二者不再呈线性关系，最后到达 B 点，构件破坏，仍属于材料破坏。

曲线 OC 为偏心受压细长柱的 $N-M$ 全过程曲线，可见加载过程中细长柱的 M 比 N 增长更快，到达 C 点时，细长柱的侧向挠度 f 已出现不收敛的增长，构件因纵向弯曲失去平衡而破坏，此时钢筋尚未屈服，混凝土尚未压碎，称之为“失稳破坏”。

9. 答：计算简图见下图。

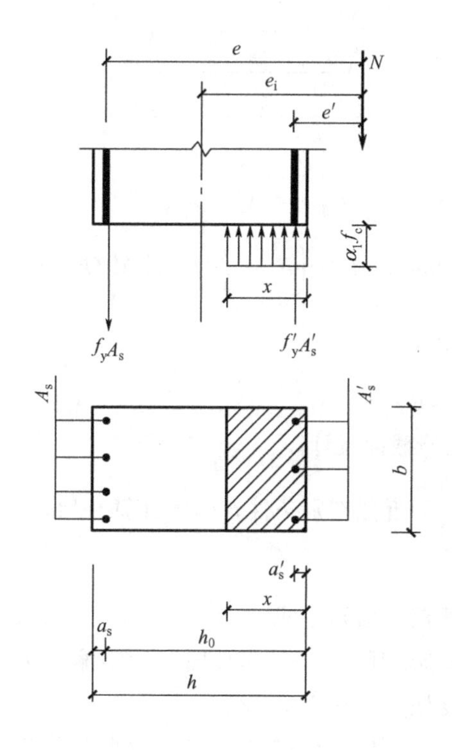

计算公式如下。

$$
\begin{cases}
N \leqslant \alpha_1 f_c b x + f'_y A' - f_y A_s \\
Ne \leqslant \alpha_1 f_c b x \left(h_0 - \dfrac{x}{2} \right) + f'_y A'_s (h_0 - a'_s)
\end{cases}
$$

公式条件为：$x \leqslant \xi_b h_0$，$x \geqslant 2a'_s$。

10. 答：计算简图见下图。

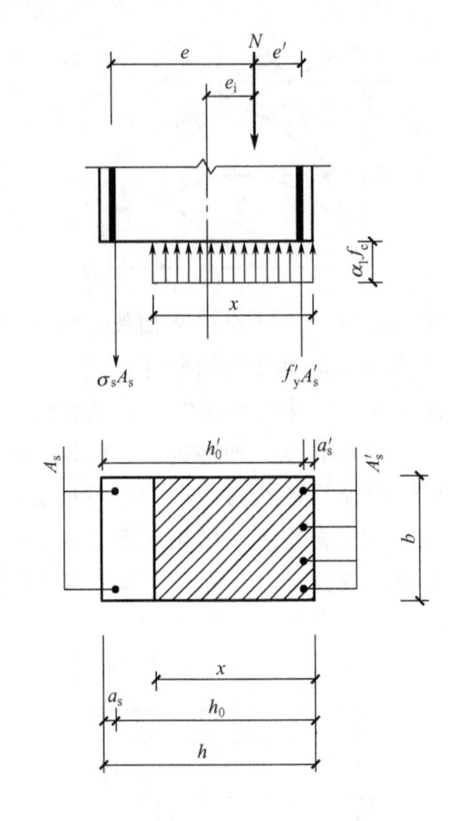

计算公式如下。

$$\begin{cases} N \leqslant \alpha_1 f_c bx + f'_y A'_s - \sigma_s A_s \\ Ne \leqslant \alpha_1 f_c bx\left(h_0 - \dfrac{x}{2}\right) + f'_y A'_s (h_0 - a'_s) \end{cases}$$

其中，$\sigma_s = \dfrac{f_y}{\xi_b - \beta_1}(\xi - \beta_1)$

公式条件为：$\xi_b h_0 < x \leqslant h$。

11. 答：(1) 非对称配筋截面设计。

以 $e_i \begin{cases} > 0.3h_0(\text{大偏心}) \\ \leqslant 0.3h_0(\text{小偏心}) \end{cases}$ 为近似判别条件，因为计算开始时 x 尚待求，待求出 x 后再正确区分大小偏心受压。

(2) 非对称配筋截面复核（已知 e_0 求 N_u）。

当 $x \leqslant \xi_b h_0$ 时，为大偏心受压；当 $x > \xi_b h_0$ 时，为小偏心受压。

(3) 非对称配筋截面复核（已知 N 求 M_u）。

当 $x \leqslant \xi_b h_0$ 时，为大偏心受压；当 $x > \xi_b h_0$ 时，为小偏心受压。

也可用：当 $N \leqslant N_b$ 时，为大偏心受压；当 $N > N_b$ 时，为小偏心受压。

(4) 对称配筋截击设计、对称配筋截面复核（已知 e_0 求 N_u）、对称配筋截面复核（已知 N 求 M_u）。

对称配筋截面设计、对称配筋截面复核（已知 e_0 求 N_u）、对称配筋截面复核（已知 N

求 M_u）均可用以下 ξ 与 ξ_b 的关系判别大小偏心受压。

① 当 $\xi \leqslant \xi_b$ 时，为大偏心受压；

② 当 $\xi > \xi_b$ 时，为小偏心受压。

12. 答：A 点对应于构件轴心受压时的极限承载力；B 点对应于构件大小偏心受压界限时的极限承载力；C 点对应于构件纯弯时的极限承载力；D 点对应于构件轴心受拉时的极限承载力。

当构件作用有某一弯矩时，E 点表示随着压力的增大，最后在该点发生偏心受压破坏；F 点表示随着拉力的增大，最后在该点发生偏心受拉破坏。

13. 答：大偏心受压（即 $N \leqslant N_b$），当 M 相近时，N 越小越不安全；小偏心受压（即 $N > N_b$），当 M 相近时，N 越大越不安全；无论大小偏心受压，当 N 相近时，始终是 M 越大越不安全。

14. 答：轴向压力的作用，使得正截面裂缝的出现推迟，也延缓了斜裂缝的出现和发展，斜裂缝的倾角变小，混凝土剪压区高度增大，从而提高受压构件的斜截面受剪承载力。

（五）计算题

1. 解：(1) 查相关表格可得：C30 混凝土的 $f_c = 14.3\text{N/mm}^2$；HRB400 钢筋的 $f'_y = 360\text{N/mm}^2$；全部纵向钢筋的最小配筋率 $\rho_{min} = 0.55\%$；箍筋的混凝土保护层厚度 $c = 20\text{mm}$；1 根 ⌀25 纵筋的截面面积为 490.9mm^2；由于是轴心受压短柱，所以 $\varphi = 1.0$。

(2) 计算受压纵筋面积、验算纵筋配筋率和选配纵向钢筋。

由公式 $N \leqslant 0.9\varphi(f_c A + f'_y A'_s)$ 可得：

$$A'_s = \frac{\dfrac{N}{0.9\varphi} - f_c A}{f'_y} = \frac{\dfrac{7150 \times 10^3}{0.9 \times 1.0} - 14.3 \times 600 \times 600}{360} \approx 7768(\text{mm}^2)$$

验算纵筋配筋率：

$$\rho' = A'_s / A = 7768/360000 \approx 2.16\% \begin{cases} > 0.55\% \\ < 5\% \end{cases}，所以满足配筋率要求。$$

选配纵向钢筋 16⌀25，$A'_s = 7854.4\text{mm}^2$。$(7854.4 - 7768)/7768 \approx 0.011 = 1.1\%$。

(3) 根据构造要求配置箍筋，并画截面配筋图。

按照柱中箍筋的构造规定：箍筋直径不应小于 $d/4$，且不应小于 6mm，其中 $d/4 = 6.25\text{mm}$；箍筋间距不应大于 400mm 及截面的短边尺寸，且不应大于 $15d$，其中 $15d = 375\text{mm}$。

因此，可选配箍筋为 ⌀8@350。

截面配筋如下图所示。

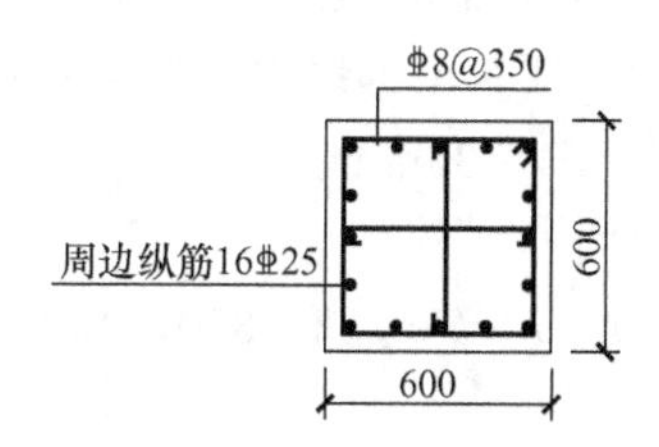

2. 解：(1) 查相关表格可得：C30 混凝土的 $f_c=14.3\text{N/mm}^2$，$\alpha=1.0$；HRB400 钢筋的 $f'_y=f_{yv}=360\text{N/mm}^2$；全部纵向钢筋的最小配筋率 $\rho_{min}=0.55\%$；箍筋的混凝土保护层厚度 $c=20\text{mm}$；1 根 ⌀25 纵筋的截面面积为 490.9mm^2，1 根 ⌀10 箍筋的截面面积 $A_{ss1}=78.5\text{mm}^2$；由 $l_0/d=5250/500=10.5$，查表得 $\varphi=0.95$。

(2) 按配普通箍筋柱计算其轴心受压承载力 N_{u1}。

$$A'_s=4909\text{mm}^2;\ A=\frac{\pi d^2}{4}=\frac{3.14\times500^2}{4}=196250(\text{mm}^2)$$

$$\frac{A'_s}{A}=\frac{4909}{196250}=0.025=2.5\%\begin{cases}>0.55\%\\<3\%\end{cases}$$

由配普通箍筋的基本公式可得：

$$N_{u1}=0.9\varphi(f_cA+f'_yA'_s)=0.9\times0.95\times(14.3\times196250+360\times4909)$$
$$\approx3910441(\text{N})\approx3910\text{kN}$$

(3) 按配螺旋箍筋柱计算其轴心受压承载力 N_{u2}。

混凝土核心截面直径为：

$$d_{cor}=d-2(c+d_v)=500-2\times(20+10)=440(\text{mm})$$

混凝土核心截面面积为：

$$A_{cor}=\frac{\pi d_{cor}^2}{4}=\frac{3.14\times440^2}{4}=151976(\text{mm}^2)$$

① 验算配螺旋箍筋轴心受压构件正截面受压承载力计算公式的适用条件。

$$A_{ss0}=\frac{\pi d_{cor}A_{ss1}}{s}=\frac{3.14\times440\times78.5}{50}\approx2169(\text{mm}^2)>0.25A'_s=0.25\times4909\approx1227$$

(mm^2)，满足要求。

$l_0/d=5250/500=10.5<12$，满足要求。

且螺旋箍筋的直径 10mm 满足“不应小于 $d/4$（$d/4=6.25\text{mm}$），且不应小于 6mm”的构造规定；间距 50mm 满足“不应大于 80mm 及 $d_{cor}/5$（$d_{cor}/5=88\text{mm}$），且不宜小于 40mm”的构造规定。

因此，其计算公式的适用条件满足。

② 按配螺旋箍筋柱计算其轴心受压承载力 N_{u2}。

$$N_{u2}=0.9(f_cA_{cor}+f'_yA'_s+2\alpha f_{yv}A_{ss0})$$
$$=0.9\times(14.3\times151976+360\times4909+2\times1.0\times360\times2169)$$
$$\approx4951959(\text{N})\approx4952\text{kN}\begin{cases}>N_{u1}=3910\text{kN}\\<1.5N_{u1}=5865\text{kN}\end{cases}，满足要求。$$

因此，该柱的轴心受压承载力 $N_u=N_{u2}=4952\text{kN}$。

3. 解：(1) 查相关表格可得：C30 混凝土的 $f_c=14.3\text{N/mm}^2$，$\alpha_1=1.0$；HRB400 钢筋的 $f'_y=f_y=360\text{N/mm}^2$，$\xi_b=0.518$；全部纵向钢筋的最小配筋率 $\rho_{min}=0.55\%$；箍筋的混凝土保护层厚度 $c=20\text{mm}$；$a'_s=a_s=35\text{mm}$。

(2) 判别考虑二阶效应的条件。

$$A=300\times400=120000(\text{mm}^2),\ I=bh^3/12=300\times400^3/12=1.6\times10^9(\text{mm}^4)$$

$$i=\sqrt{\frac{I}{A}}\approx115.5\text{mm}$$

$M_1/M_2=100/200=0.5\leqslant 0.9$

$l_c/i=3600/115.5\approx 31.2$，$34-12M_1/M_2=28$，所以 $l_c/i>34-12M_1/M_2$

$N/(f_cA)=450000/(14.3\times 120000)\approx 0.26<0.9$

故需考虑二阶效应。

（3）求考虑二阶效应的弯矩设计值 M。

$C_m=0.7+0.3M_1/M_2=0.7+0.3\times 0.5=0.85$

$\zeta_c=0.5f_cA/N=0.5\times 14.3\times 120000/450000\approx 1.91>1.0$，所以取 $\zeta_c=1.0$

$h_0=h-a_s=400-35=365(\text{mm})$

$$e_a=\max\left\{\frac{h}{30},\ 20\right\}=\max\left\{\frac{400}{30},\ 20\right\}=20\text{mm}$$

$$\eta_{ns}=1+\frac{1}{1300(M_2/N+e_a)/h_0}\left(\frac{l_c}{h}\right)^2\zeta_c$$

$$=1+\frac{1}{1300\left(\dfrac{200\times 10^6}{450\times 10^3}+20\right)/365}\times\left(\frac{3600}{400}\right)^2\times 1.91\approx 1.049$$

$C_m\eta_{ns}=0.85\times 1.049\approx 0.89<1.0$，所以取 $C_m\eta_{ns}=1.0$，则 $M=C_m\eta_{ns}M_2=1.0\times 200=200(\text{kN}\cdot\text{m})$

（4）计算 e_i，并判断偏心受压类型。

$$e_0=\frac{M}{N}=\frac{200\times 10^6}{450\times 10^3}\approx 444.4(\text{mm})$$

$e_i=e_0+e_a=444.4+20=464.4(\text{mm})$

$e_i=464.4\text{mm}>0.3h_0=0.3\times 365=109.5(\text{mm})$

因此，可先按大偏心受压构件计算。

（5）计算 A_s' 和 A_s。

为使配筋（A_s+A_s'）最小，令 $\xi=\xi_b$

$$e=e_i+\frac{h}{2}-a_s=464.4+200-35=629.4(\text{mm})$$

则由基本公式可得：

$$A_s'=\frac{Ne-\alpha_1 f_c bh_0^2\xi_b(1-0.5\xi_b)}{f_y'(h_0-a_s')}$$

$$=\frac{450\times 10^3\times 629.4-1.0\times 14.3\times 300\times 365^2\times 0.518\times(1-0.5\times 0.518)}{360\times(365-35)}$$

$$\approx 537(\text{mm}^2)>0.2\%\times 300\times 400=240(\text{mm}^2)$$

由基本公式可得：

$$A_s=\frac{\alpha_1 f_c b\xi_b h_0+f_y'A_s'-N}{f_y}$$

$$=\frac{1.0\times 14.3\times 300\times 0.518\times 365+360\times 537-450\times 10^3}{360}$$

$$\approx 1540(\text{mm}^2)>0.2\%\times 300\times 400=240(\text{mm}^2)$$

（6）验算垂直于弯矩作用平面的轴心受压承载能力。

由 $l_c/b=3600/300=12$，查表得 $\varphi=0.95$

则轴心受压承载能力为：

$N_u = 0.9\varphi[f_c A + f'_y(A'_s + A_s)]$

$= 0.9 \times 0.95 \times [14.3 \times 300 \times 400 + 360 \times (537 + 1540)]$

$\approx 2106 \times 10^3 (\text{N}) = 2106\text{kN} > N = 450\text{kN}$

满足要求。

(7) 验算全部纵筋的配筋率。

$\rho = \dfrac{A'_s + A_s}{A} \times 100\% = \dfrac{537 + 1540}{120000} \times 100\% \approx 1.73\% \begin{cases} > 0.55\% \\ < 5\% \end{cases}$，所以满足要求。

(8) 选配钢筋。

受拉钢筋选用 4Φ22($A_s = 1520\text{mm}^2$)，受压钢筋选用 3Φ16 ($A'_s = 603\text{mm}^2$)。

满足配筋面积和构造要求。

截面配筋如下图所示。

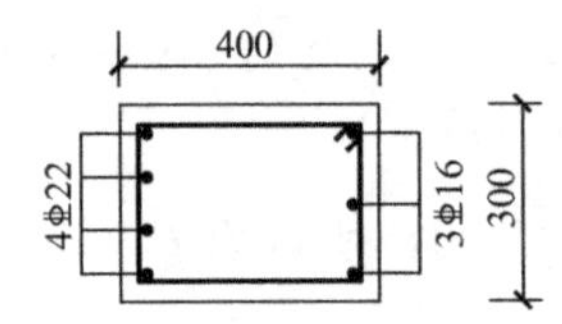

4. 解：(1) 查相关表格可得：C30 混凝土的 $f_c = 14.3\text{N/mm}^2$，$\alpha_1 = 1.0$；HRB400 钢筋的 $f'_y = f_y = 360\text{N/mm}^2$；$\xi_b = 0.518$；全部纵向钢筋的最小配筋率 $\rho_{min} = 0.55\%$；箍筋的混凝土保护层厚度 $c = 20\text{mm}$；$a'_s = a_s = 40\text{mm}$。

(2) 判别考虑二阶效应的条件。

$A = 400 \times 500 = 200000(\text{mm}^2)$，$I = bh^3/12 = 400 \times 500^3/12 \approx 4.17 \times 10^9 (\text{mm}^4)$

$i = \sqrt{\dfrac{I}{A}} \approx 144.3\text{mm}$

$M_1/M_2 = 150/300 = 0.5 \leqslant 0.9$

$l_c/i = 4500/144.3 \approx 31.2$，$34 - 12M_1/M_2 = 28$，所以 $l_c/i > 34 - 12M_1/M_2$

$N/(f_c A) = 750000/(14.3 \times 200000) \approx 0.26 < 0.9$

故需考虑二阶效应。

(3) 求考虑二阶效应的弯矩设计值 M。

$C_m = 0.7 + 0.3M_1/M_2 = 0.7 + 0.3 \times 0.5 = 0.85$

$\zeta_c = 0.5 f_c A/N = 0.5 \times 14.3 \times 200000/750000 \approx 1.91 > 1.0$，所以取 $\zeta_c = 1.0$

$h_0 = h - a_s = 500 - 40 = 460(\text{mm})$

$e_a = \max\left\{\dfrac{h}{30}, 20\right\} = \max\left\{\dfrac{500}{30}, 20\right\} = 20\text{mm}$

$$\eta_{ns} = 1 + \frac{1}{1300(M_2/N + e_a)/h_0}\left(\frac{l_c}{h}\right)^2 \zeta_c$$

$$= 1 + \frac{1}{1300\left(\dfrac{300 \times 10^6}{750 \times 10^3} + 20\right)/460} \times \left(\frac{4500}{500}\right)^2 \times 1.91 \approx 1.07$$

$C_m \eta_{ns} = 0.85 \times 1.07 \approx 0.91 < 1.0$，所以取 $C_m \eta_{ns} = 1.0$，则 $M = C_m \eta_{ns} M_2 = 1.0 \times 300 = 300(\text{kN} \cdot \text{m})$

(4) 计算 e_i，并判断偏心受压类型。

$$e_0=\frac{M}{N}=\frac{300\times10^6}{750\times10^3}=400(\mathrm{mm})$$

$e_i=e_0+e_a=400+20=420(\mathrm{mm})>0.3h_0=138\mathrm{mm}$

因此，可先按大偏心受压构件计算。

(5) 计算 A_s' 和 A_s。

为使配筋 (A_s+A_s') 最小，令 $\xi=\xi_b$

$$e=e_i+\frac{h}{2}-a_s=420+250-40=630(\mathrm{mm})$$

则由基本公式可得：

$$A_s'=\frac{Ne-\alpha_1 f_c bh_0^2\xi_b(1-0.5\xi_b)}{f_y'(h_0-a_s')}$$

$$=\frac{750\times10^3\times630-1.0\times14.3\times400\times460^2\times0.518\times(1-0.5\times0.518)}{360\times(460-40)}$$

$$\approx52(\mathrm{mm}^2)<0.2\%\times400\times500=400(\mathrm{mm}^2)$$

故取 $A_s'=400\mathrm{mm}^2$，再结合构造要求配置受压钢筋 3⌀14（实际 $A_s'=461\mathrm{mm}^2$）。

接下来按 $A_s'=461\mathrm{mm}^2$ 来计算 A_s。

由基本公式可得：

$$x=h_0\left(1-\sqrt{1-\frac{2[Ne-f_y'A_s'(h_0-a_s')]}{\alpha_1 f_c bh_0^2}}\right)$$

$$=460\times\left(1-\sqrt{1-\frac{2\times[750\times10^3\times630-360\times461\times(460-40)]}{1.0\times14.3\times400\times460^2}}\right)$$

$\approx194(\mathrm{mm})<\xi_b h_0=0.518\times460=238.28(\mathrm{mm})$，且 $x>2a_s'=2\times40=80(\mathrm{mm})$，满足大偏心受压计算公式的适用条件。

由基本公式可得：

$$A_s=\frac{\alpha_1 f_c bx+f_y'A_s'-N}{f_y}=\frac{1.0\times14.3\times400\times194+360\times461-750\times10^3}{360}$$

$$\approx1460(\mathrm{mm}^2)>0.2\%\times400\times500=400(\mathrm{mm}^2)$$

(6) 验算垂直于弯矩作用平面的轴心受压承载能力。

由 $l_c/b=4500/400=11.25$，查表得 $\varphi=0.96$，则

$$N_u=0.9\varphi[f_cA+f_y'(A_s'+A_s)]$$

$$=0.9\times0.96\times[14.3\times400\times500+360\times(461+1460)]$$

$$\approx3069\times10^3(\mathrm{N})=3069\mathrm{kN}>N=750\mathrm{kN}$$

满足要求。

(7) 验算全部纵筋的配筋率。

$$\rho=\frac{A_s'+A_s}{A}\times100\%=\frac{461+1460}{200000}\times100\%\approx0.96\%\begin{cases}>0.55\%\\<5\%\end{cases}$$，所以满足要求。

(8) 选配钢筋。

受拉钢筋选用 2⌀25+2⌀18（$A_s=1491\mathrm{mm}^2$），受压钢筋选用 3⌀14（$A_s'=461\mathrm{mm}^2$）。

满足配筋面积和构造要求。

截面配筋如下图所示。

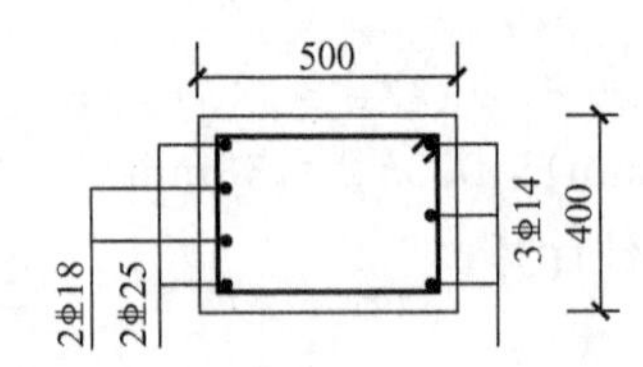

5. 解：(1) 查相关表格可得：C30 混凝土的 $f_c=14.3\text{N/mm}^2$，$\alpha_1=1.0$；HRB400 钢筋的 $f'_y=f_y=360\text{N/mm}^2$；$\xi_b=0.518$；全部纵向钢筋的最小配筋率 $\rho_{min}=0.55\%$；箍筋的混凝土保护层厚度 $c=20\text{mm}$；$a'_s=a_s=40\text{mm}$。

(2) 判别考虑二阶效应的条件。

$A=300\times500=150000(\text{mm}^2)$，$I=bh^3/12=300\times500^3/12=3.125\times10^9(\text{mm}^4)$，

$i=\sqrt{\dfrac{I}{A}}\approx144.3\text{mm}$

$M_1/M_2=120/120=1.0>0.9$

$l_c/i=6000/144.3\approx41.6$，$34-12M_1/M_2=22$，所以 $l_c/i>34-12M_1/M_2$

$N/(f_cA)=1500000/(14.3\times150000)\approx0.699<0.9$

故需考虑二阶效应。

(3) 求考虑二阶效应的弯矩设计值 M。

$C_m=0.7+0.3M_1/M_2=0.7+0.3\times1.0=1.0$

$\zeta_c=0.5f_cA/N=0.5\times14.3\times150000/1500000=0.715$

$h_0=h-a_s=500-40=460(\text{mm})$

$$e_a=\max\left\{\frac{h}{30},\ 20\right\}=\max\left\{\frac{500}{30},\ 20\right\}=20\text{mm}$$

$$\eta_{ns}=1+\frac{1}{1300(M_2/N+e_a)/h_0}\left(\frac{l_c}{h}\right)^2\zeta_c$$

$$=1+\frac{1}{1300\left(\dfrac{120\times10^6}{1500\times10^3}+20\right)/460}\times\left(\frac{6000}{500}\right)^2\times0.715\approx1.36$$

$C_m\eta_{ns}=1.0\times1.36=1.36$，则 $M=C_m\eta_{ns}M_2=1.36\times120=163.2(\text{kN}\cdot\text{m})$

(4) 计算 e_i，并判断偏心受压类型。

$$e_0=\frac{M}{N}=\frac{163.2\times10^6}{1500\times10^3}=108.8(\text{mm})$$

$e_i=e_0+e_a=108.8+20=128.8(\text{mm})<0.3h_0=138\text{mm}$

因此，可先按小偏心受压构件计算。

(5) 计算 A_s 和 A'_s。

① 判别是否需要考虑“反向受压破坏”。

$f_cbh=14.3\times300\times500=2145\times10^3(\text{N})=2145\text{kN}>N=1500\text{kN}$，故不需考虑“反向受压破坏”。

② 计算 A_s。

小偏心受压远离轴向力一侧的钢筋不屈服，故令

$A_s=0.002\times300\times500=300(mm^2)$

受拉钢筋选配 2Φ14（$A_s=308mm^2$）。

③ 计算 x，并判别 x 的范围。

$e'=0.5h-e_i-a_s'=0.5\times500-128.8-40=81.2(mm)$

$$\lambda_1=a_s'+\frac{f_yA_s(h_0-a_s')}{\alpha_1f_cbh_0(\xi_b-\beta_1)}=40+\frac{360\times308\times(460-40)}{1.0\times14.3\times300\times460\times(0.518-0.8)}\approx-43.68(mm)$$

$$\lambda_2=\frac{Ne'}{\alpha_1f_cb}-\frac{\beta_1f_yA_s(h_0-a_s')}{\alpha_1f_cb(\xi_b-\beta_1)}$$

$$=\frac{1500\times10^3\times81.2}{1.0\times14.3\times300}-\frac{0.8\times360\times308\times(460-40)}{1.0\times14.3\times300\times(0.518-0.8)}\approx59187(mm^2)$$

$x=\lambda_1+\sqrt{\lambda_1^2+2\lambda_2}=-43.68+\sqrt{(-43.68)^2+2\times59187}\approx303.1(mm)$

$\xi_bh_0=0.518\times460\approx238.3(mm)$

$\xi_{cy}h_0=(2\times0.8-0.518)\times460\approx497.7(mm)$

所以满足条件 $\xi_bh_0<x<\xi_{cy}h_0$。

④ 计算 A_s'。

$e=e_i+0.5h-a_s=128.8+0.5\times500-40=338.8(mm)$

$$A_s'=\frac{Ne-\alpha_1f_cbx\left(h_0-\frac{x}{2}\right)}{f_y'(h_0-a_s')}$$

$$=\frac{1500\times10^3\times338.8-1.0\times14.3\times300\times303.1\times(460-0.5\times303.1)}{360\times(460-40)}$$

$$\approx708(mm^2)\geqslant0.002bh=0.002\times300\times500=300(mm^2)$$

(6) 验算垂直于弯矩作用平面的轴心受压承载能力。

由 $l_0/b=6000/300=20$，查表得 $\varphi=0.75$

$$N_u=0.9\varphi[f_cA+f_y'(A_s'+A_s)]$$

$$=0.9\times0.75\times[14.3\times300\times500+360\times(708+308)]$$

$$\approx1694.8\times10^3(N)=1694.8kN>N=1500kN$$

满足要求。

(7) 验算全部纵筋的配筋率

$$\rho=\frac{A_s'+A_s}{A}\times100\%=\frac{708+308}{150000}\times100\%\approx0.68\%\begin{cases}>0.55\%\\<5\%\end{cases}$$，所以满足要求。

(8) 选配钢筋。

受拉钢筋选配 2Φ14（$A_s=308mm^2$），受压钢筋选配 2Φ16+1Φ20（$A_s'=716.2mm^2$）。满足配筋面积和构造要求。

截面配筋如下图所示。

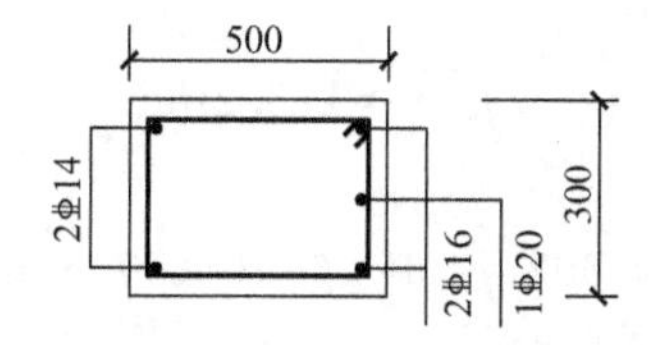

6. 解：(1) 查相关表格可得：C35 混凝土的 $f_c=16.7N/mm^2$，$\alpha_1=1.0$，$\beta_1=0.8$；HRB400 钢筋的 $f_y=f_y'=360N/mm^2$；$\xi_b=0.518$；箍筋的混凝土保护层厚度 $c=20mm$。

则 $a_s=a_s'=c+d_v+d/2=20+10+25/2=42.5(mm)$

$h_0=h-a_s=700-42.5=657.5(mm)$

$e_a=\max\{700/30，20\}\approx 23mm$

$e_i=e_0+e_a=600+23=623(mm)$

$e=e_i+0.5h-a_s=623+350-42.5=930.5(mm)$

(2) 验算纵筋配筋率。

$A_s'=1964mm^2>0.002bh=0.002\times500\times700=700(mm^2)$，满足要求。

$A_s=2945mm^2>0.002bh=0.002\times500\times700=700(mm^2)$，满足要求。

$(A_s'+A_s)/A\times100\%=(1964+2945)/(500\times700)\times100\%\approx1.4\%\begin{cases}>0.55\%\\<5\%\end{cases}$，满足要求。

(3) 求 x，并判别截面类型。

由大偏心受压的两个计算公式，消去 N 求 x。

$$\begin{cases}N=1.0\times16.7\times500x+360\times1964-360\times2945\\930.5N=1.0\times16.7\times500x\left(657.5-\dfrac{x}{2}\right)+360\times1964\times(657.5-42.5)\end{cases}$$

解得 $x\approx234.3mm$

$x>2a_s'=85mm$，且 $x<\xi_b h_0=0.518\times657.5\approx340.6(mm)$，为大偏心受压。

(4) 求 N_u。

由大偏心受压的第一个计算公式得：

$$\begin{aligned}N_u&=\alpha_1 f_c bx+f_y'A_s'-f_yA_s\\&=1\times16.7\times500\times234.3+360\times1964-360\times2945\approx1603.2\times10^3(N)=1603.2kN\end{aligned}$$

(5) 计算垂直于弯矩作用平面的轴心受压承载力 N_{uz}。

由 $l_0/b=12250/500=24.5$，查表得 $\varphi=0.638$，则

$$\begin{aligned}N_{uz}&=0.9\varphi[f_cA+f_y'(A_s'+A_s)]\\&=0.9\times0.638\times[16.7\times500\times700+360\times(1964+2945)]\\&\approx4370.9\times10^3(N)=4370.9kN>N_u=1603.2kN\end{aligned}$$

由计算结果可知该柱所能承担的极限轴向压力设计值 $N_u=1603.2kN$。

7. 解：(1) 查相关表格可得：C40 混凝土的 $f_c=19.1N/mm^2$，$\alpha_1=1.0$，$\beta_1=0.8$；HRB400 钢筋的 $f_y=f_y'=360N/mm^2$；$\xi_b=0.518$；箍筋的混凝土保护层厚度 $c=20mm$。

则 $a_s=c+d_v+d/2=20+10+20/2=40(mm)$，$h_0=h-a_s=600-40=560(mm)$

$a_s'=c+d_v+d/2=20+10+22/2=41(mm)$

$e_a=\max\{600/30，20\}=20mm$

$I=bh^3/12\approx7.2\times10^9mm^4$，$i=\sqrt{I/A}\approx173.2mm$

(2) 验算纵筋配筋率。

$A_s'=1520mm^2>0.002bh=0.002\times400\times600=480(mm^2)$，满足要求。

$A_s=1256mm^2>0.002bh=0.002\times400\times600=480(mm^2)$，满足要求。

$(A'_s+A_s)/A\times100\%=(1520+1256)/(400\times600)\times100\%\approx1.16\%\begin{cases}>0.55\%\\<5\%\end{cases}$，满足要求。

(3) 验算垂直于弯矩作用平面的轴心受压承载能力。

由 $l_0/b=4\times10^3/400=10$，查表得 $\varphi=0.98$

$N_u=0.9\varphi[f_cA+f'_y(A'_s+A_s)]$

$=0.9\times0.98\times[19.1\times400\times600+360\times(1520+1256)]$

$\approx4924.5\times10^3(\text{N})=4924.5\text{kN}>N=1200\text{kN}$，满足要求。

(4) 求受压区高度 x，判别截面类型。

将已知数据代入大偏心受压的第一个计算公式得：

$1200\times10^3=1.0\times19.1\times400\times x+360\times1520-360\times1256$

求得 $x\approx144.6\text{mm}$

$x>2a'_s=82\text{mm}$，且 $x<\xi_bh_0=0.518\times560=290.08(\text{mm})$，故属于大偏心受压。

(5) 求 e、e_i、e_0。

$e=[\alpha_1f_cbx(h_0-x/2)+f'_yA'_s(h_0-a'_s)]/N$

$=[1.0\times19.1\times400\times144.6\times(560-144.6/2)+360\times1520\times(560-41)]/1200000$

$\approx685.7(\text{mm})$

$e_i=e-0.5h+a_s=685.7-300+40=425.7(\text{mm})$

$e_0=e_i-e_a=425.7-20=405.7(\text{mm})$

(6) 求 M。

$M=Ne_0=1200\times10^3\times405.7\approx486.8\times10^6(\text{N}\cdot\text{mm})=486.8\text{kN}\cdot\text{m}$

(7) 求 M_2。

$M_1/M_2=0.85<0.9$

$l_0/i=4000/173.2\approx23.1<34-12M_1/M_2=23.8$

$N/(f_cA)=1200000/(19.1\times400\times600)\approx0.26<0.9$

因为以上 3 个条件同时满足，所以不需考虑二阶效应的影响。

因此，$M_2=M=486.8\text{kN}\cdot\text{m}$

所以该柱端截面所能承受的弯矩设计值 $M_2=486.8\text{kN}\cdot\text{m}$。

8. 解：(1) 查相关表格可得：C30 混凝土的 $f_c=14.3\text{N/mm}^2$，$\alpha_1=1.0$，$\beta_1=0.8$；HRB400 钢筋的 $f_y=f'_y=360\text{N/mm}^2$；$\xi_b=0.518$；箍筋的混凝土保护层厚度 $c=20\text{mm}$。

则 $h_0=h-a_s=600-40=560(\text{mm})$

$e_a=\max\{600/30, 20\}=20\text{mm}$

(2) 验算纵筋配筋率。

$A'_s=1964\text{mm}^2>0.002bh=0.002\times300\times600=360(\text{mm}^2)$，满足要求。

$A_s=804\text{mm}^2>0.002bh=0.002\times300\times600=360(\text{mm}^2)$，满足要求。

$(A'_s+A_s)/A\times100\%=(1964+804)/(300\times600)\times100\%\approx1.54\%\begin{cases}>0.55\%\\<5\%\end{cases}$，满足要求。

(3) 验算垂直于弯矩作用平面的轴心受压承载能力。

由 $l_0/b=5400/300=18$，查表得 $\varphi=0.81$

$$N_u=0.9\varphi[f_cA+f'_y(A'_s+A_s)]$$
$$=0.9\times0.81\times[14.3\times300\times600+360\times(1964+804)]$$
$$\approx2603\times10^3(\text{N})=2603\text{kN}>N=2400\text{kN}，满足要求。$$

(4) 求受压区高度 x，判别截面类型。

将已知数据代入大偏心受压的第一个计算公式得：

$2400\times10^3=1.0\times14.3\times400\times x+360\times1964-360\times804$

求得：$x\approx346.6>\xi_bh_0=0.518\times560=290.08(\text{mm})$

属于小偏心受压，故应按小偏心受压计算公式重新求 x。

$$x=\left(\frac{N-f'_yA'_s-\dfrac{0.8}{\xi_b-0.8}f_yA_s}{\alpha_1f_cbh_0-\dfrac{1}{\xi_b-0.8}f_yA_s}\right)h_0$$

$$=\left(\frac{2400000-360\times1964-\dfrac{0.8}{0.518-0.8}\times360\times804}{1.0\times14.3\times300\times560-\dfrac{1}{0.518-0.8}\times360\times804}\right)\times560$$

$$\approx410.6(\text{mm})<\xi_{cy}h_0=(2\times0.8-0.518)\times560\approx605.9(\text{mm})$$

(5) 求 e、e_i、e_0。

$$e=\frac{\alpha_1f_cbx(h_0-0.5x)+f'_yA'_s(h_0-a'_s)}{N}$$

$$=\frac{1.0\times14.3\times300\times410.6\times(560-0.5\times410.6)+360\times1964\times(560-40)}{2400\times10^3}\approx413.5(\text{mm})$$

$e_i=e-h/2+a_s=413.5-300+40=153.5(\text{mm})$

$e_0=e_i-e_a=153.5-20=133.5(\text{mm})$

(6) 求 M。

$M=Ne_0=2400\times133.5\times10^{-3}=320.4(\text{kN}\cdot\text{m})$

因此，该柱截面 h 方向所能承受的弯矩设计值 $M=320.4\text{kN}\cdot\text{m}$。

9. 解：(1) 查相关表格可得：C30 混凝土的 $f_c=14.3\text{N/mm}^2$，$\alpha_1=1.0$；HRB400 钢筋的 $f_y'=f_y=360\text{N/mm}^2$；$\xi_b=0.518$；全部纵向钢筋的最小配筋率 $\rho_{min}=0.55\%$；箍筋的混凝土保护层厚度 $c=20\text{mm}$；$a'_s=a_s=35\text{mm}$。

(2) 判别考虑二阶效应的条件。

$A=300\times400=120000(\text{mm}^2)$，$I=bh^3/12=300\times400^3/12=1.6\times10^9(\text{mm}^4)$

$$i=\sqrt{\frac{I}{A}}\approx115.5\text{mm}$$

$M_1/M_2=100/200=0.5\leqslant0.9$

$l_c/i=3600/115.5\approx31.2$，$34-12M_1/M_2=28$，所以 $l_c/i>34-12M_1/M_2$

$N/(f_cA)=450000/(14.3\times120000)\approx0.26<0.9$

故需考虑二阶效应。

(3) 求考虑二阶效应的弯矩设计值 M。

$C_m = 0.7 + 0.3M_1/M_2 = 0.7 + 0.3 \times 0.5 = 0.85$

$\zeta_c = 0.5 f_c A/N = 0.5 \times 14.3 \times 120000/450000 \approx 1.91 > 1.0$，所以取 $\zeta_c = 1.0$

$h_0 = h - a_s = 400 - 35 = 365(\text{mm})$

$$e_a = \max\left\{\frac{h}{30},\ 20\right\} = \max\left\{\frac{400}{30},\ 20\right\} = 20\text{mm}$$

$$\eta_{ns} = 1 + \frac{1}{1300(M_2/N + e_a)/h_0}\left(\frac{l_c}{h}\right)^2 \zeta_c$$

$$= 1 + \frac{1}{1300\left(\dfrac{200 \times 10^6}{450 \times 10^3} + 20\right)/365} \times \left(\frac{3600}{400}\right)^2 \times 1.0 \approx 1.049$$

$C_m \eta_{ns} = 0.85 \times 1.049 \approx 0.89 < 1.0$，所以取 $C_m \eta_{ns} = 1.0$，则 $M = C_m \eta_{ns} M_2 = 1.0 \times 200 = 200(\text{kN} \cdot \text{m})$

(4) 计算 e_0、e_i。

$$e_0 = \frac{M}{N} = \frac{200 \times 10^6}{450 \times 10^3} \approx 444.4(\text{mm})$$

$e_i = e_0 + e_a = 444.4 + 20 = 464.4(\text{mm})$

(5) 计算 ξ，并判断偏心受压类型。

$$\xi = \frac{N}{\alpha_1 f_c b h_0} = \frac{450 \times 10^3}{1.0 \times 14.3 \times 300 \times 365} \approx 0.287 < \xi_b = 0.518$$

所以可按大偏心受压构件计算。

(6) 计算 A_s 和 A_s'

$$\xi = 0.287 > \frac{2a_s'}{h_0} = \frac{70}{365} \approx 0.192$$

$$e = e_i + \frac{h}{2} - a_s = 464.4 + 200 - 35 = 629.4(\text{mm})$$

$$A_s = A_s' = \frac{Ne - \xi(1 - 0.5\xi)\alpha_1 f_c b h_0^2}{f_y'(h_0 - a_s')}$$

$$= \frac{450 \times 10^3 \times 629.4 - 0.287 \times (1 - 0.5 \times 0.287) \times 1.0 \times 14.3 \times 300 \times 365^2}{360 \times (365 - 35)}$$

$$\approx 1201(\text{mm}^2) > 0.2\% \times 300 \times 400 = 240(\text{mm}^2)$$

(7) 验算垂直于弯矩作用平面的轴心受压承载能力。

由 $l_c/b = 3600/300 = 12$，查表得 $\varphi = 0.95$

则轴心受压承载能力为：

$$N_u = 0.9\varphi[f_c A + f_y'(A_s' + A_s)]$$

$$= 0.9 \times 0.95 \times [14.3 \times 300 \times 400 + 360 \times (1201 + 1201)]$$

$$\approx 2206.5 \times 10^3(\text{N}) = 2206.5\text{kN} > N = 450\text{kN}$$

满足要求。

(8) 验算全部纵筋的配筋率。

$$\rho = \frac{A_s' + A_s}{A} \times 100\% = \frac{1201 + 1201}{120000} \times 100\% \approx 2.0\% \begin{cases} > 0.55\% \\ < 5\% \end{cases}$$，所以满足要求。

(9) 选配钢筋。

受拉钢筋、受压钢筋均选用 4Φ20 ($A_s=A_s'=1256\text{mm}^2$)。

满足配筋面积和构造要求。

截面配筋如下图所示。

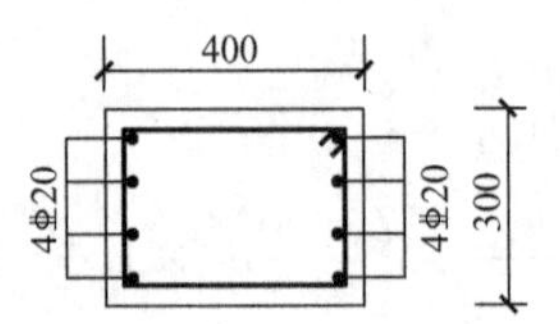

10. 解：(1) 查相关表格可得：C30 混凝土的 $f_c=14.3\text{N/mm}^2$，$\alpha_1=1.0$；HRB400 钢筋的 $f_y'=f_y=360\text{N/mm}^2$；$\xi_b=0.518$；全部纵向钢筋的最小配筋率 $\rho_{min}=0.55\%$；箍筋的混凝土保护层厚度 $c=20\text{mm}$；$a_s'=a_s=40\text{mm}$。

(2) 判别考虑二阶效应的条件。

$A=300\times500=150000(\text{mm}^2)$，$I=bh^3/12=300\times500^3/12=3.125\times10^9(\text{mm}^4)$

$$i=\sqrt{\frac{I}{A}}\approx144.3\text{mm}$$

$M_1/M_2=120/120=1.0>0.9$

$l_c/i=6000/144.3\approx41.6$，$34-12M_1/M_2=22$，所以 $l_c/i>34-12M_1/M_2$

$N/(f_cA)=1500000/(14.3\times150000)\approx0.699<0.9$

故需考虑二阶效应。

(3) 求考虑二阶效应的弯矩设计值 M。

$C_m=0.7+0.3M_1/M_2=0.7+0.3\times1.0=1.0$

$\zeta_c=0.5f_cA/N=0.5\times14.3\times150000/1500000=0.715$

$h_0=h-a_s=500-40=460(\text{mm})$

$$e_a=\max\left\{\frac{h}{30},\ 20\right\}=\max\left\{\frac{500}{30},\ 20\right\}=20\text{mm}$$

$$\eta_{ns}=1+\frac{1}{1300\ (M_2/N+e_a)\ /h_0}\left(\frac{l_c}{h}\right)^2\zeta_c$$

$$=1+\frac{1}{1300\left(\frac{120\times10^6}{1500\times10^3}+20\right)/460}\times\left(\frac{6000}{500}\right)^2\times0.715\approx1.36$$

$C_m\eta_{ns}=1.0\times1.36=1.36$，则 $M=C_m\eta_{ns}M_2=1.36\times120=163.2(\text{kN}\cdot\text{m})$

(4) 计算 e_0、e_i。

$$e_0=\frac{M}{N}=\frac{163.2\times10^6}{1500\times10^3}=108.8(\text{mm})$$

$e_i=e_0+e_a=108.8+20=128.8(\text{mm})$

(5) 计算 ξ，并判断偏心受压类型。

$$\xi=\frac{N}{\alpha_1f_cbh_0}=\frac{1500\times10^3}{1.0\times14.3\times300\times460}\approx0.760>\xi_b=0.518$$

所以可按小偏心受压构件计算。

(6) 按小偏心受压重新计算 ξ。

$e=e_i+\frac{h}{2}-a_s=128.8+250-40=338.8(\text{mm})$

$$\xi=\frac{N-\xi_b\alpha_1 f_c bh_0}{\frac{Ne-0.43\alpha_1 f_c bh_0^2}{(\beta_1-\xi_b)(h_0-a_s')}+\alpha_1 f_c bh_0}+\xi_b$$

$$=\frac{1500\times10^3-0.518\times1.0\times14.3\times300\times460}{\frac{1500\times10^3\times338.8-0.43\times1.0\times14.3\times300\times460^2}{(0.8-0.518)\times(460-40)}+1.0\times14.3\times300\times460}+0.518$$

≈0.679

(7) 计算 A_s 和 A_s'。

$\xi=0.679<\xi_{cy}=2\times0.8-0.518=1.082$

$$A_s=A_s'=\frac{Ne-\xi(1-0.5\xi)\alpha_1 f_c bh_0^2}{f_y'(h_0-a_s')}$$

$$=\frac{1500\times10^3\times338.8-0.679\times(1-0.5\times0.679)\times1.0\times14.3\times300\times460^2}{360\times(460-40)}$$

$\approx668.6(\text{mm}^2)>0.2\%\times300\times500=300(\text{mm}^2)$

(8) 验算垂直于弯矩作用平面的轴心受压承载能力。

由 $l_0/b=6000/300=20$，查表得 $\varphi=0.75$

则轴心受压承载能力为：

$$N_u=0.9\varphi[f_cA+f_y'(A_s'+A_s)]$$

$$=0.9\times0.75\times[14.3\times300\times500+360\times(668.6+668.6)]$$

$$\approx1772.8\times10^3(\text{N})=1772.8\text{kN}>N=1500\text{kN}$$

满足要求。

(9) 验算全部纵筋的配筋率。

$\rho=\frac{A_s'+A_s}{A}\times100\%=\frac{668.6+668.6}{150000}\times100\%\approx0.89\%\begin{cases}>0.55\%\\<5\%\end{cases}$，所以满足要求。

(10) 选配钢筋。

受拉钢筋、受压钢筋均选用 2⏀18+1⏀14（$A_s=A_s'=662.9\text{mm}^2$）。

满足配筋面积和构造要求。

截面配筋如下图所示。

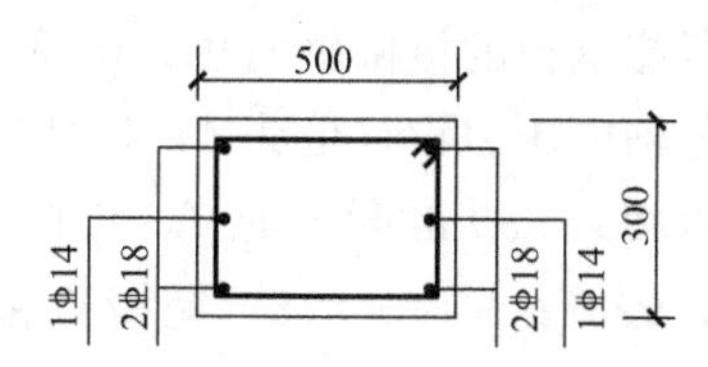

11. 解：(1) 查相关表格可得：C30 混凝土的 $f_c=14.3\text{N/mm}^2$，$\alpha_1=1.0$，$\beta_1=0.8$；HRB400 钢筋的 $f_y=f_y'=360\text{N/mm}^2$；$\xi_b=0.518$；箍筋的混凝土保护层厚度 $c=20\text{mm}$。

则 $a_s=a_s'=c+d_v+d/2=20+8+20/2=38(\text{mm})$

$h_0=h-a_s=800-38=762(\text{mm})$

$e_a=\max\{800/30, 20\}\approx26.7\text{mm}$

$e_i = e_0 + e_a = 100 + 26.7 = 126.7(mm)$

$e = e_i + 0.5h - a_s = 126.7 + 400 - 38 = 488.7(mm)$

（2）验算纵筋配筋率。

$A_s' = A_s = 1256mm^2 > 0.002bh = 0.002 \times 500 \times 800 = 800(mm^2)$，满足要求。

$(A_s' + A_s)/A \times 100\% = (1256 + 1256)/(500 \times 800) \times 100\% = 0.628\% \begin{cases} > 0.55\% \\ < 5\% \end{cases}$，满足要求。

（3）求 ξ，并判别截面类型。

将已知数据代入大偏心受压公式组，联立方程求出 ξ。

$$\begin{cases} N_u = 1.0 \times 14.3 \times 500 \times 762\xi \\ 488.7N_u = 1.0 \times 14.3 \times 500 \times 762^2\xi(1 - 0.5\xi) + 360 \times 1256 \times (762 - 38) \end{cases}$$

解得 $\xi \approx 0.894 > \xi_b = 0.518$，为小偏心受压。

（4）按小偏心受压重新求 ξ，并求 N_u。

将已知数据代入小偏心受压公式组，联立方程重新求 ξ。

$$\begin{cases} N_u = 1.0 \times 14.3 \times 500 \times 762\xi + 360 \times 1256 - 1256\sigma_s \\ 488.7N_u = 1.0 \times 14.3 \times 500 \times 762^2\xi(1 - 0.5\xi) + 360 \times 1256 \times (762 - 38) \\ \sigma_s = 360 \times \dfrac{\xi - 0.8}{0.518 - 0.8} \end{cases}$$

解上述方程组得 $\xi \approx 0.788 < \xi_{cy} = 2 \times 0.8 - 0.518 = 1.082$

$$N_u = 1.0 \times 14.3 \times 500 \times 762 \times 0.788 + 360 \times 1256 - 360 \times \frac{0.788 - 0.8}{0.518 - 0.8} \times 1256$$

$$= 4726.2 \times 10^3(N) = 4726.2kN$$

（5）计算垂直于弯矩作用平面的轴心受压承载能力 N_{uz}。

由 $l_c/b = 10000/500 = 20$，查表得 $\varphi = 0.75$

则轴心受压承载能力为：

$$\begin{aligned} N_{uz} &= 0.9\varphi[f_cA + f_y'(A_s' + A_s)] \\ &= 0.9 \times 0.75 \times (14.3 \times 500 \times 800 + 360 \times 1256 \times 2) \\ &\approx 4471.4 \times 10^3(N) \\ &= 4471.4kN < N_u = 4726.2kN \end{aligned}$$

比较计算结果可知，该柱所能承担的极限轴向压力由垂直于弯矩作用平面的轴心受压承载能力控制，所能承担的极限轴向压力设计值为 4471.4kN。

12. 解：（1）查相关表格可得：C30 混凝土的 $f_c = 14.3N/mm^2$，$\alpha_1 = 1.0$，$\beta_1 = 0.8$；HRB400 钢筋的 $f_y = f_y' = 360N/mm^2$；$\xi_b = 0.518$；箍筋的混凝土保护层厚度 $c = 20mm$。

则 $a_s = a_s' = c + d_v + d/2 = 20 + 10 + 20/2 = 40(mm)$，$h_0 = h - a_s = 600 - 40 = 560(mm)$

$e_a = \max\{600/30, 20\} = 20mm$

$A = 400 \times 600 = 240000(mm^2)$，$I = bh^3/12 = 7.2 \times 10^9 mm^4$，$i = \sqrt{\dfrac{I}{A}} \approx 173.2mm$

（2）验算纵筋配筋率。

$A_s = A_s' = 1256mm^2 > 0.002bh = 0.002 \times 400 \times 600 = 480(mm^2)$，满足要求。

$(A_s'+A_s)/A\times100\%=(1256+1256)/(400\times600)\times100\%\approx1.05\%\begin{cases}>0.55\%\\<5\%\end{cases}$，满足要求。

(3) 验算垂直于弯矩作用平面的轴心受压承载能力。

由 $l_0/b=4000/400=10$，查表得 $\varphi=0.98$

$$\begin{aligned}N_u&=0.9\varphi[f_cA+f_y'(A_s'+A_s)]\\&=0.9\times0.98\times(14.3\times400\times600+360\times1256\times2)\\&\approx3824.6\times10^3(\text{N})=3824.6\text{kN}>N=850\text{kN}\end{aligned}$$

满足要求。

(4) 求 ξ，并判别偏心受压类型。

由对称配筋大偏心受压的计算公式一得：

$$\xi=\frac{N}{\alpha_1f_cbh_0}=\frac{850000}{1.0\times14.3\times400\times560}\approx0.265\begin{cases}<\xi_b=0.518\\>\dfrac{2a_s'}{h_0}\approx0.143\end{cases}$$

故属于大偏心受压。

(5) 求 e、e_i、e_0。

由对称配筋大偏心受压的计算公式二得：

$$\begin{aligned}e&=[\xi(1-0.5\xi)\alpha_1f_cbh_0^2+f_y'A_s'(h_0-a_s')]/N\\&=[0.265\times(1-0.5\times0.265)\times1.0\times14.3\times400\times560^2+\\&\quad360\times1256\times(560-40)]/(850\times10^3)\\&\approx761.8(\text{mm})\end{aligned}$$

$e_i=e-h/2+a_s=761.8-300+40=501.8(\text{mm})$

$e_0=e_i-e_a=501.8-20=481.8(\text{mm})$

(6) 求 M。

$M=Ne_0=850\times10^3\times481.8\approx409.5\times10^6(\text{N}\cdot\text{mm})=409.5\text{kN}\cdot\text{m}$

(7) 求 M_2。

因为 $M_1/M_2=0.7<0.9$

$N/(f_cA)\approx0.25<0.9$

$l_c/i=4000/173.2\approx23.1<34-12M_1/M_2=25.6$

故不需考虑二阶效应的影响。

因此，$M_2=M=409.5\text{kN}\cdot\text{m}$。

所以该柱端截面所能承受的最大弯矩设计值 $M_2=409.5\text{kN}\cdot\text{m}$。

第7章

受拉构件的受力性能与设计

知识点及学习要求：通过本章学习，学生应熟悉轴心受拉构件和偏心受拉构件正截面承载力的计算。

一、习题

(一) 填空题

1. 承受轴向拉力且轴向拉力起控制作用或承受轴向拉力与弯矩共同作用的构件称为________。

2. 轴向拉力作用线与构件正截面形心线重合且不受弯矩作用的构件称为________受拉构件。

3. 在设计双筋梁、大偏心受压构件和大偏心受拉构件时均要求 $x>2a_s'$，是为了保证________。

4. 在钢筋混凝土轴心受拉构件中，混凝土的收缩使钢筋拉应力________，混凝土的拉应力________。

5. 钢筋混凝土轴心受拉构件，在裂缝出现之前，由________和________共同承担拉力；裂缝出现后，裂缝截面的混凝土退出工作，拉力全部由________承担。

6. 钢筋混凝土大偏心受拉构件正截面受拉承载力计算公式的适用条件是________和________，计算时若出现________的情况，说明________，此时可假定________。

(二) 判断题（对的在括号内写 T，错的在括号内写 F）

1. 轴向拉力作用线与构件正截面形心线不重合或构件承受轴向拉力与弯矩共同作用的构件称为偏心受拉构件。 (　　)

2. 工程中的轴心受拉构件，应优先采用钢筋混凝土构件。 (　　)

3. 正常配筋的钢筋混凝土轴心受拉构件，其极限受拉承载力由纵向钢筋与混凝土共同承担。 (　　)

4. 对偏心受拉构件，当偏心距 $e_0>h/2-a_s$时，属于大偏心受拉构件；当偏心距 $e_0\leqslant h/2-a_s$时，属于小偏心受拉构件。 (　　)

5. 大小偏心受拉构件界限的本质是破坏时构件截面上是否存在受压区，有受压区的为大偏心受拉破坏，无受压区的为小偏心受拉破坏。 (　　)

6. 偏心受拉构件计算时如果出现 $x>\xi_b h_0$，说明是小偏心受拉构件。 (　　)

7. 偏心受拉构件的受剪承载力随轴向拉力的增大而提高。 (　　)

8. 受弯构件、偏心受压构件和偏心受拉构件的受剪截面限制条件相同，均为 $V\leqslant(0.2\sim0.25)\beta_c f_c bh_0$。 ( )

9. 对钢筋混凝土偏心受拉构件中的箍筋，《设计规范》(GB 50010) 仅规定了最小配箍率 ($\rho_{sv}\geqslant0.36f_t/f_{yv}$)，没有箍筋直径、间距、封闭式和复合箍筋等方面的规定。 ( )

(三) 单项选择题

1. 有关钢筋混凝土水池池壁所属构件类型，下列叙述中，( ) 是正确的。

A. 圆形水池环向池壁属于轴心受拉构件，矩形水池水平向池壁属于偏心受拉构件

B. 圆形水池环向池壁属于偏心受拉构件，矩形水池水平向池壁属于轴心受拉构件

C. 圆形水池环向池壁与矩形水池水平向池壁均为偏心受拉构件

D. 圆形水池环向池壁与矩形水池水平向池壁均为轴心受拉构件

2. 两个截面尺寸、材料强度相同的轴心受拉构件，即将开裂时，配筋率高的构件的钢筋应力比配筋率低的构件的钢筋应力 ( )。

A. 大许多　　B. 小许多　　C. 基本相等　　D. 完全相等

3. 两个配置 4⌀20 纵向钢筋的轴心受拉构件，A 试件的截面尺寸为 400mm×400mm，混凝土强度等级为 C40；B 试件的截面尺寸为 300mm×300mm，混凝土强度等级为 C30。则 A 试件的极限受拉承载力比 B 试件 ( )。

A. 大　　B. 小　　C. 不能确定　　D. 相等

4. 有关钢筋混凝土偏心受拉构件的分界，下列叙述中，( ) 是正确的。

A. 当轴向拉力 N 作用在 A_s 合力点与 A_s' 合力点之外时为小偏心受拉构件，之间时为大偏心受拉构件

B. 当轴向拉力 N 作用在 A_s 合力点与 A_s' 合力点之间时为小偏心受拉构件，之外时为大偏心受拉构件

C. 当 $x\leqslant\xi_b h_0$ 时，为大偏心受拉构件；当 $x>\xi_b h_0$ 时，为小偏心受拉构件

D. 当 $x\leqslant\xi_b h_0$ 时，为小偏心受拉构件；当 $x>\xi_b h_0$ 时，为大偏心受拉构件

5. 矩形截面对称配筋小偏心受拉构件在破坏时，( )。

A. 没有受压区，A_s' 受压不屈服　　B. 没有受压区，A_s' 受拉不屈服

C. 有受压区，A_s' 受压不屈服　　D. 有受压区，A_s' 不屈服

6. 大偏心受拉构件的破坏特征与 ( ) 构件类似。

A. 大偏心受压　　B. 小偏心受压　　C. 受剪　　D. 受扭

7. 矩形截面非对称配筋小偏心受拉构件截面设计时，计算出的钢筋用量关系为 ( )。

A. $A_s<A_s'$　　B. $A_s>A_s'$　　C. $A_s=A_s'$　　D. 无法确定

8. 某矩形截面偏心受拉构件，截面尺寸 $b\times h=300\text{mm}\times600\text{mm}$ ($h_0=560\text{mm}$)，承受的轴向压力设计值 $N=200\text{kN}$，计算截面的剪跨比 $\lambda=2.5$，混凝土选用 C30 ($f_t=1.43\text{N/mm}^2$)，纵筋和箍筋均选用 HRB400 钢筋 ($f_{yv}=f_y=360\text{N/mm}^2$)，箍筋为 ⌀8@200 的双肢箍筋 ($A_{sv1}=50.3\text{mm}^2$)，则该偏心受拉构件的斜截面受剪承载力为 ( )。

A. 229.6kN　　B. 309.6kN　　C. 181.5kN　　D. 261.5kN

9. 有关偏心受拉构件和梁的箍筋配筋率 ρ_{sv}，下列叙述中，( ) 是正确的。

A. 偏心受拉构件的箍筋配筋率应符合 $\rho_{sv} \geqslant 0.36 f_t / f_{yv}$，梁的箍筋配筋率应符合 $\rho_{sv} \geqslant 0.24 f_t / f_{yv}$

B. 偏心受拉构件的箍筋配筋率应符合 $\rho_{sv} \geqslant 0.24 f_t / f_{yv}$，梁的箍筋配筋率应符合 $\rho_{sv} \geqslant 0.36 f_t / f_{yv}$

C. 偏心受拉构件和梁的箍筋配筋率均应符合 $\rho_{sv} \geqslant 0.36 f_t / f_{yv}$

D. 偏心受拉构件和梁的箍筋配筋率均应符合 $\rho_{sv} \geqslant 0.24 f_t / f_{yv}$

（四）问答题

1. 偏心受拉构件正截面承载力计算时为何不考虑弯矩增大系数？

2. 对于矩形截面对称配筋的小偏心受拉构件，在承载能力极限状态时为什么 A_s' 受拉不屈服？

3. 对于矩形截面对称配筋的大偏心受拉构件，在承载能力极限状态时为什么 A_s' 受压不屈服？

4. 矩形截面非对称配筋的大偏心受拉构件，计算中若出现 $x < 2a_s'$，该如何处理？

（五）计算题

1. 某一对称配筋矩形截面构件，安全等级为二级，计算长度为 3.0m，截面尺寸为 400mm×500mm，每边配有 3⌀22（$A_s = A_s' = 1140\text{mm}^2$）HRB400 纵筋（$f_y = 360\text{N/mm}^2$），箍筋为直径 6mm 的 HPB300 钢筋，$a_s = a_s' = 42\text{mm}$，采用 C25 混凝土（$\alpha_1 = 1.0$、$\beta_1 = 0.8$、$f_c = 11.9\text{N/mm}^2$）。弯矩沿长边方向作用。试求出下图所示的 N_u - M_u 图中 A、B、C、D 四点的坐标值。

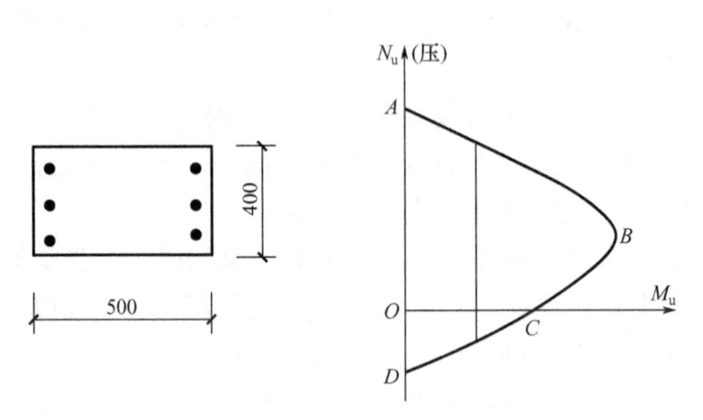

2. 某钢筋混凝土偏心受拉构件，处于一类环境，安全等级为二级，截面尺寸 $b \times h = 400\text{mm} \times 500\text{mm}$，承受轴向拉力设计值 $N = 700\text{kN}$，弯矩设计值 $M = 105\text{kN} \cdot \text{m}$，弯矩作用在构件截面的长边方向，采用 C30 混凝土和 HRB400 钢筋，箍筋直径 $d_v = 6\text{mm}$。求钢筋截面面积 A_s、A_s'。

3. 某钢筋混凝土偏心受拉板，处于一类环境，安全等级为二级，板厚 $h = 200\text{mm}$。每米板宽承受轴向拉力设计值 $N = 400\text{kN}$，弯矩设计值 $M = 80\text{kN} \cdot \text{m}$，采用 C30 级混凝土和 HRB400 钢筋。试求每米板宽所需钢筋截面面积 A_s 和 A'_s。

二、答案

(一) 填空题

1. 受拉构件
2. 轴心
3. 受压钢筋屈服
4. 减小　增大
5. 钢筋　混凝土　钢筋
6. $x \geqslant 2a'_s$　$x \leqslant \xi_b h_0$　$x < 2a'_s$　A'_s没有屈服　$x = 2a'_s$

(二) 判断题

1. T　2. F　3. F　4. T　5. T　6. F　7. F　8. T　9. T

(三) 单项选择题

1. A　2. C　3. D　4. B　5. B　6. A　7. B　8. C　9. A

(四) 问答题

1. 答：因为偏心受拉构件在荷载作用下没有二阶效应，也不需要考虑混凝土不均匀性、施工偏差和附加偏心距等。因此，偏心受拉构件正截面承载力计算时不考虑弯矩增大系数。

2. 答：对于矩形截面对称配筋的小偏心受拉构件，在承载能力极限状态时为保持截面受力平衡，同时由于 $A_s = A'_s$，靠近轴向拉力一侧的钢筋 A_s受拉屈服，而离轴向拉力较远一侧的钢筋 A'_s受拉不屈服。

3. 答：对于矩形截面对称配筋的大偏心受拉构件，在承载能力极限状态时由计算简图的力矩平衡方程（对 A_s合力点取矩）可知，A'_s必须受压。若假定此时 A'_s受压屈服，则由计算简图的力平衡方程可知，受压区高度 x 出现负值，这不符合力矩平衡方程。因此，对于矩形截面对称配筋的大偏心受拉构件，在承载能力极限状态时 A'_s受压不屈服，且此时的受压区高度 $x < 2a'_s$。

4. 答：计算中若出现 $x < 2a'_s$的情况，说明 A'_s没有屈服，此时可假定 $x = 2a'_s$，对受压区混凝土与受压钢筋的合力点（即受压钢筋 A'_s的合力点）取矩，通过建立力矩平衡方程 $Ne' \leqslant f_y A_s (h'_0 - a_s)$ 来计算。

(五) 计算题

1. 解：(思路：本题属于截面复核问题，涉及第 4 章的正截面受弯承载力、第 6 章的正截面受压承载力和第 7 章的正截面受拉承载力。A 点按轴心受压计算正截面受压承载力 N_u，B 点按大小偏心界限破坏计算 N_u和 M_u，C 点按纯弯计算 M_u，D 点按轴心受拉计算正截面受拉承载力 N_u)

(1) A 点按轴心受压计算正截面受压承载力 N_u。

$\dfrac{l_0}{b} = \dfrac{3000}{400} = 7.5 < 8$，故 $\varphi = 1.0$

验算最小配筋率和最大配筋率：$\dfrac{A_s+A_s'}{bh}\times100\%\approx1.14\%\begin{cases}>0.55\%\\<5\%\end{cases}$

$N_u=0.9\varphi[f_cA+f_y'(A_s+A_s')]\approx2880720N=2880.72kN$

(2) B 点按大小偏心受压界限破坏计算 N_u 和 M_u。

① 求 N_u。

$h_0=h-a_s=458mm$

$N_u=N_b=\alpha_1f_cb\xi_bh_0\approx1129281N=1129.28kN$

② 求 e。

$$e=\frac{\alpha_{s,max}\alpha_1f_cbh_0^2+f_y'A_s'(h_0-a_s')}{N_u}\approx490.7mm$$

③ 求 e_i、e_0。

由 $e=e_i+h/2-a_s\Rightarrow e_i=282.7mm$

$e_a=\max\{h/30，20\}=20mm$

由 $e_i=e_0+e_a\Rightarrow e_0=262.7mm$

④ 求 M_u。

$M_u=N_ue_0\approx296.7\times10^6N\cdot mm=296.7kN\cdot m$

(3) C 点按纯弯计算 M_u。

C 点应按单筋截面和双筋截面分别计算纯弯承载力，最后取两者中的较大值。

① 按单筋计算 M_u。

$$x=\frac{f_yA_s}{\alpha_1f_cb}\approx86.2mm>2a_s'=84mm$$

对于对称配筋构件，由 $x>2a_s'$ 可知，按双筋计算的 M_u 比按单筋计算的大，故可直接按双筋计算 M_u。

② 按双筋计算 M_u。

由于是对称配筋，故 $M_u=f_yA_s(h_0-a_s')\approx170.7\times10^6N\cdot mm=170.7kN\cdot m$

(4) D 点按轴心受拉计算受拉承载力 N_u。

$N_u=f_y(A_s+A_s')\approx820.8\times10^3N=820.8kN$

(5) 计算结果。

A 点：(0，2880.72kN)

B 点：(296.7kN·m，1129.28kN)

C 点：(170.7kN·m，0)

D 点：(0，−820.80kN)

2. 解：(1) 查相关表格可得：C30 混凝土的 $f_t=1.43MPa$；HRB400 钢筋的 $f_y=360MPa$；$a_s'=a_s=35mm$，$h_0=h_0'=500-35=465(mm)$。

(2) 判别偏心类型。

$$e_0=\frac{M}{N}=\frac{105\times10^6}{700\times10^3}=150(mm)<\frac{h}{2}-a_s=215mm$$，属于小偏心受拉构件。

(3) 计算 e、e'。

$$e=\frac{h}{2}-a_s-e_0=\frac{500}{2}-35-150=65(mm)$$

$e'=\frac{h}{2}-a_s'+e_0=\frac{500}{2}-35+150=365(\text{mm})$

(4) 求 A_s和 A_s'。

$A_s=\frac{Ne'}{f_y(h_0'-a_s)}=\frac{700\times10^3\times365}{360\times(465-35)}\approx1651(\text{mm}^2)$

$A_s'=\frac{Ne}{f_y\ (h_0-a_s')}=\frac{700\times10^3\times65}{360\times\ (465-35)}\approx294\ (\text{mm}^2)$

因为 $\rho_{\min}=0.45\frac{f_t}{f_y}=0.45\times\frac{1.43}{360}\approx0.18\%<0.2\%$，所以取 $\rho_{\min}=0.2\%$

$A_{s,\min}'=A_{s,\min}=\rho_{\min}bh=0.2\%\times400\times500=400(\text{mm}^2)$

可见，A_s满足最小配筋率要求，A_s'不满足最小配筋率要求，所以取 $A_s'=400\text{mm}^2$。

选配钢筋，A_s'选 3Φ14（$A_s'=461\text{mm}^2$），A_s选 3Φ22+2Φ18（$A_s=1649\text{mm}^2$）。

截面配筋如下图所示。

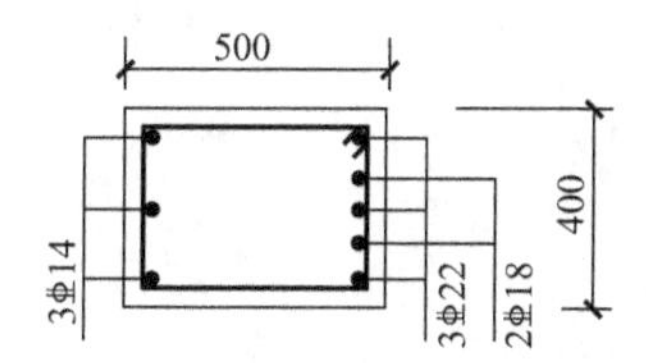

3. 解：(1) 查相关表格可得：C30 混凝土的 $f_c=14.3\text{MPa}$，$f_t=14.3\text{MPa}$，$\alpha_1=1.0$；HRB400 钢筋的 $f_y=360\text{MPa}$；$\xi_b=0.518$；混凝土保护层厚度 $c=15\text{mm}$；取 $a_s'=a_s=25\text{mm}$，则 $h_0=h_0'=200-25=175(\text{mm})$。

$\rho_{\min}=0.45\frac{f_t}{f_y}=0.45\times\frac{1.43}{360}\approx0.179\%<0.2\%$，则 $\rho_{\min}=\rho_{\min}'=0.2\%$

(2) 判别偏心类型。

$e_0=M/N=80\times10^6/(400\times10^3)=200(\text{mm})>h/2-a_s=200/2-25=75(\text{mm})$

属于大偏心受拉构件。

(3) 配筋计算。

$e=e_0-h/2+a_s=200-200/2+25=125(\text{mm})$

为充分发挥受压区混凝土的抗压作用，设计时同大偏心受压构件一样，为了使钢筋总用量（A_s+A_s'）最少，取 $x=\xi_b h_0$，可得：

$$A_s'=\frac{Ne-\alpha_1 f_c bh_0^2\xi_b(1-0.5\xi_b)}{f_y'(h_0-a_s')}$$

$$=\frac{400\times10^3\times125-1.0\times14.3\times1000\times175^2\times0.518\times(1-0.5\times0.518)}{360\times(175-25)}$$

$$\approx-2187(\text{mm}^2)<0$$

可按构造要求配置钢筋，取 $A_s'=\rho_{\min}'bh=0.2\%\times1000\times200=400(\text{mm}^2)$

选配受压钢筋 A_s'为 Φ10@190（$A_s'=413\text{mm}^2$）。

故以下转化为已知 A_s'求 A_s。

由大偏心受拉的计算公式二可得：

$$x=h_0\left(1-\sqrt{1-\frac{2[Ne-f_y'A_s'(h_0-a_s')]}{\alpha_1 f_c bh_0^2}}\right)$$

$$=175\times\left(1-\sqrt{1-\frac{2\times[400000\times125-360\times413\times(175-25)]}{1.0\times14.3\times1000\times175^2}}\right)\approx11.4(\mathrm{mm})<2a_s'$$

所以接下来按 $x<2a_s'$ 求 A_s。

$$e'=e_0+\frac{h}{2}-a_s'=200+\frac{200}{2}-25=275(\mathrm{mm})$$

$$A_s=\frac{Ne'}{f_y(h_0'-a_s)}=\frac{400\times10^3\times275}{360\times(175-25)}$$

$$\approx2037(\mathrm{mm}^2)>\rho_{\min}bh=0.2\%\times1000\times200=400(\mathrm{mm}^2)$$

选配受拉钢筋 A_s 为 ⌀14@75（$A_s=2053\mathrm{mm}^2$）。

第8章

受扭构件的受力性能与设计

知识点及学习要求：通过本章学习，学生应熟悉纯扭构件的试验研究，掌握纯扭构件的扭曲截面受扭承载力计算、弯剪扭构件的承载力计算及受扭构件的配筋构造要求。

一、习题

（一）填空题

1. 根据扭转形成原因的不同，受扭构件可以分为________和________两类。

2. 根据截面上的内力情况，受扭构件可分为________、________、________、________、压扭、压弯剪扭、拉扭和拉弯剪扭等多种受力情况。

3. 框架边梁和平面曲梁受扭时，其通常是________构件；框架结构的角柱受扭时，其通常是________构件。

4. 钢筋混凝土纯扭构件的破坏形态有________、________、________和________4种。

5. 钢筋混凝土矩形截面纯扭构件的裂缝迹线呈________。

6. 工程中，对于钢筋混凝土矩形截面纯扭构件，应设计成适筋构件，不应设计成________或________。

7.《设计规范》（GB 50010）规定，对于矩形、T形、I形和箱形截面的钢筋混凝土纯扭构件的开裂扭矩 $T_{cr}=$________。

8. 某矩形截面钢筋混凝土受扭构件，截面尺寸 $b\times h=300\text{mm}\times 600\text{mm}$，则该矩形截面受扭塑性抵抗矩 $W_t=$________ mm^3。

9. 某I形截面钢筋混凝土受扭构件，其腹板、受压翼缘和受拉翼缘矩形分块的截面受扭塑性抵抗矩分别为 $8\times 10^7\text{mm}^3$、$4\times 10^7\text{mm}^3$、$3\times 10^7\text{mm}^3$，则该I形截面受扭塑性抵抗矩 $W_t=$________$\times 10^7\text{mm}^3$。

10. 某箱形截面钢筋混凝土受扭构件，截面尺寸 $b_h\times h_h=400\text{mm}\times 800\text{mm}$，其壁厚 t_w 均为100mm，则该箱形截面受扭塑性抵抗矩 $W_t=$________ mm^3。

11.《设计规范》（GB 50010）取钢筋混凝土纯扭构件的受扭承载力由________和________两部分组成。

12. T形和I形截面纯扭构件的扭矩由________、________和________共同承担，并按各矩形分块的截面受扭塑性抵抗矩所占比例分配截面所承受的扭矩设计值。

13. 在弯矩、剪力和扭矩共同作用下的钢筋混凝土构件的破坏形态主要有________、________和________3种。

14. 受扭构件的截面限制条件不能满足时，一般应加大构件________，也可提高________。

15. 有一弯扭构件，其截面配筋如下图（a）所示，其中受弯承载力所需的钢筋如下图（b）所示。则在复核此弯扭构件承载力时，受扭所需纵向钢筋的截面面积应取为________ mm^2（注：2Φ16 钢筋的面积为 402mm^2，2Φ12 钢筋的面积为 226mm^2）。

(a)　　　　(b)

16. 沿截面周边布置的受扭纵向钢筋的间距不应大于________ mm 和梁截面________。

（二）判断题（对的在括号内写 T，错的在括号内写 F）

1. 平衡扭转又称静定扭转，是由荷载作用直接引起的，其截面扭矩可由平衡条件求得。（　）
2. 协调扭转又称超静定扭转，构件所受到扭矩的大小与构件扭转刚度无关。（　）
3. 实际土木工程中的受扭构件，大多为纯扭构件，弯剪扭和压弯剪扭构件很少。（　）
4. 素混凝土矩形截面纯扭构件在扭矩 T 作用下，构件截面上将产生剪应力 τ，剪应力在构件截面长边的中点最大。（　）
5. 受扭钢筋由沿构件表面内侧布置的受扭箍筋和在截面上下两对边均匀对称布置的受扭纵向钢筋组成。（　）
6. 钢筋混凝土矩形截面纯扭构件超筋破坏时受扭钢筋不屈服、混凝土压碎。（　）
7. 钢筋对受扭构件的开裂扭矩影响大。（　）
8. 计算 T 形和 I 形截面的受扭塑性抵抗矩 W_t，首先应将截面划分为两个（T 形）或三个（I 形）矩形分块，再计算各矩形分块的截面受扭塑性抵抗矩，最后求和得到 T 形和 I 形截面的受扭塑性抵抗矩 W_t。（　）
9. 矩形截面纯扭构件在接近承载能力极限状态时，核心部分混凝土起的作用大。（　）
10. 钢筋混凝土纯扭构件变角空间桁架模型的主要作用在于：一是揭示了纯扭构件受扭的工作机理；二是通过分析得到了由钢筋分担的受扭承载力的基本变量。（　）
11. 对于受扭纵筋与箍筋的配筋强度比值 ζ，设计计算时常取 $\zeta=1.2$。（　）
12. T 形和 I 形截面纯扭构件的腹板、受压翼缘和受拉翼缘分别按分配到的扭矩设计值使用纯扭构件公式计算各自所需的受扭纵向钢筋和受扭箍筋。（　）
13. 钢筋混凝土箱形截面纯扭构件的受扭承载力计算公式与矩形截面的完全相同。（　）
14. 弯剪扭构件的弯型破坏是在弯矩较大、剪力与扭矩相对较小，且构件抗弯的受拉纵筋很多时发生。（　）
15. 弯扭构件的受扭承载力一定不超过其纯扭时的受扭承载力，弯扭构件的受弯承载力也一定不超过其纯弯时的受弯承载力。（　）

16. 受扭承载力降低系数 β_t 是构件受剪扭作用时的受扭承载力与纯扭作用时的受扭承载力的比值，其取值范围是 0～1.0。（ ）

17. 弯剪扭构件中，箍筋根据 T、V 配置，纵筋根据 M 配置。（ ）

18. 受扭构件的截面限制条件是为了保证受扭构件在破坏时混凝土不首先被压碎，即避免超筋破坏。（ ）

19. 在弯矩、剪力和扭矩共同作用下的矩形截面受扭构件，当符合 $V/(bh_0)+T/W_t\leqslant 0.7f_t$ 的要求时，可不配受扭钢筋。（ ）

20. 受扭纵向钢筋宜沿截面周边均匀对称布置，且应按受拉钢筋锚固在支座内。（ ）

(三) 单项选择题

1. 素混凝土矩形截面纯扭构件在扭矩 T 作用下，最后形成（ ）的空间扭曲破坏面。

A. 三面开裂、一面受压　　B. 三面开裂、一面受拉

C. 一面开裂、三面受压　　D. 一面开裂、三面受拉

2. 素混凝土纯扭构件的实际受扭承载力应（ ）。

A. 按弹性分析方法确定

B. 按塑性分析方法确定

C. 大于按塑性分析方法确定的值，而小于按弹性分析方法确定的值

D. 大于按弹性分析方法确定的值，而小于按塑性分析方法确定的值

3. 当钢筋混凝土纯扭构件的纵向钢筋和箍筋的配筋强度比 $\zeta=$（ ），将发生部分超筋破坏。

A. 1.2　　B. 0.6　　C. 1.7　　D. 2.3

4.《设计规范》(GB 50010) 中纯扭构件承载力的计算是按变角空间桁架模型建立的半理论半经验公式，公式中反映斜压倾角变化的参数是（ ）。

A. f_tW_t　　B. ζ　　C. A_{cor}　　D. $f_{yv}A_{st1}/s$

5. 纯扭构件变角空间桁架模型的混凝土斜压杆倾角 α 与纵筋和箍筋配筋强度比 ζ 的关系是（ ）。

A. 不论 ζ 值为多少，α 总为 45°　　B. 不论 ζ 值为多少，α 总为 60°

C. ζ 越大，α 越大　　D. ζ 越大，α 越小，且 $\zeta=\cot^2\alpha$

6. 矩形截面钢筋混凝土纯扭构件的截面尺寸 $b\times h=600\text{mm}\times 800\text{mm}$，箍筋直径 $d_v=10\text{mm}$，纵筋直径 $d=20\text{mm}$，箍筋的混凝土保护层厚度 $c=20\text{mm}$，则该截面核心部分的面积 $A_{cor}=$（ ）mm^2。

A. 425600　　B. 374400　　C. 399600　　D. 350000

7. 有关弯扭构件的受扭承载力，下列叙述中（ ）是正确的。

A. 在扭型破坏范围内，其受扭承载力随着弯矩的增大而减小；在弯型破坏范围内，其受扭承载力随着弯矩的增大而增大

B. 在扭型破坏范围内，其受扭承载力随着弯矩的增大而增大；在弯型破坏范围内，其受扭承载力随着弯矩的增大而增大

C. 在扭型破坏范围内，其受扭承载力随着弯矩的增大而增大；在弯型破坏范围内，其受扭承载力随着弯矩的增大而减小

D. 在扭型破坏范围内，其受扭承载力随着弯矩的增大而减小；在弯型破坏范围内，其受扭承载力随着弯矩的增大而减小

8. 有关剪扭构件的受剪承载力和受扭承载力，下列叙述中（　　）是正确的。

A. 一般剪扭构件和集中荷载作用下的独立剪扭构件的受剪承载力计算公式不同，受扭承载力计算公式相同

B. 一般剪扭构件和集中荷载作用下的独立剪扭构件的受剪承载力计算公式相同，受扭承载力计算公式不同

C. 一般剪扭构件和集中荷载作用下的独立剪扭构件的受剪承载力计算公式不同，受扭承载力计算公式不同

D. 一般剪扭构件和集中荷载作用下的独立剪扭构件的受剪承载力计算公式相同，受扭承载力计算公式相同

9. 剪扭构件通过计算得到 $\beta_t=0.5$，表明（　　）。

A. 混凝土受扭承载力不变

B. 混凝土受剪承载力不变

C. 混凝土受剪承载力为纯剪时的一半

D. 混凝土受剪、受扭承载力分别为纯扭、纯剪的一半

10. 有关矩形截面弯剪扭构件的配筋，下列叙述中（　　）是正确的。

A. 纵向钢筋截面面积仅按受弯构件的正截面受弯承载力计算确定，并配置在相应的位置

B. 纵向钢筋截面面积应分别按受弯构件的正截面受弯承载力和剪扭构件的受扭承载力计算确定，并配置在相应的位置

C. 箍筋截面面积仅按剪扭构件的受剪承载力计算确定，并配置在相应的位置

D. 箍筋截面面积仅按剪扭构件的受扭承载力计算确定，并配置在相应的位置

11. 有关受弯构件、偏心受拉构件和受扭构件最小配箍率的大小关系，下列叙述中（　　）是正确的。

A. 偏心受拉构件＞受扭构件＝受弯构件

B. 偏心受拉构件＝受扭构件＞受弯构件

C. 偏心受拉构件＞受扭构件＞受弯构件

D. 受扭构件＞受弯构件＞偏心受拉构件

12. 在弯剪扭构件中，配置在截面弯曲受拉边的纵向受力钢筋，其截面面积不应小于（　　）。

A. 按受弯构件受拉钢筋最小配筋率计算出的钢筋截面面积

B. 按受扭纵向钢筋最小配筋率计算并分配到弯曲受拉边的钢筋截面面积

C. 按受扭纵向钢筋最小配筋率计算出的钢筋截面面积

D. “按受弯构件受拉钢筋最小配筋率计算出的钢筋截面面积”与“按受扭纵向钢筋最小配筋率计算并分配到弯曲受拉边的钢筋截面面积”之和

(四) 问答题

1. 简述钢筋混凝土矩形截面纯扭构件适筋破坏的特征。
2. 简述矩形截面钢筋混凝土纯扭构件的变角空间桁架模型。
3. 画出弯-扭相关曲线，并按图简述弯-扭相关曲线的特征。
4. 画出剪-扭相关曲线，并按图简述剪-扭相关曲线的特征。
5. 简述《设计规范》(GB 50010) 对弯、剪、扭之间相关性的规定。
6. 简述T形和I形截面剪扭构件承载力的计算方法。
7. 简述箱形截面剪扭构件承载力的计算方法。
8. 简述矩形截面一般弯剪扭构件，不考虑剪力或扭矩对构件承载力影响的条件。
9. 简述轴向压力对压扭构件受扭承载力的影响。
10. 简述轴向压力、弯矩、剪力和扭矩共同作用下的钢筋混凝土矩形截面框架柱的配筋计算方法。
11. 简述弯剪扭构件中箍筋的构造规定。

(五) 计算题

1. 已知某钢筋混凝土矩形截面纯扭构件，处于一类环境，安全等级为二级，截面尺寸 $b\times h=250\text{mm}\times 600\text{mm}$，承受扭矩设计值 $T=40\text{kN}\cdot\text{m}$，混凝土强度等级为C30，纵筋采用HRB400钢筋，箍筋采用直径为10mm的HPB300钢筋。试计算构件截面的配筋，并绘制截面配筋图。

2. 已知某钢筋混凝土矩形截面构件的计算跨度 $l_0=4.5\text{m}$，在跨中三分点处除了承受两个集中荷载的作用外，还承受两个集中扭矩的作用，由此在构件中产生的弯矩图、剪力图和扭矩图如下图所示。其他条件同计算题1。试计算该构件截面的配筋，并绘制截面配筋图。

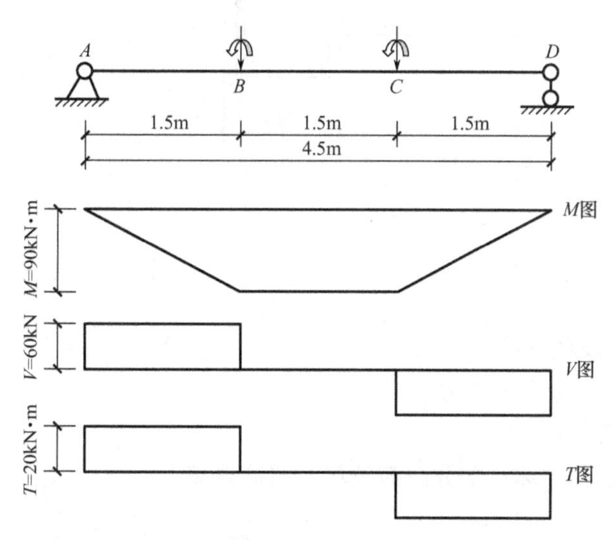

3. 某雨篷剖面图如下图所示。雨篷板上承受均布恒载标准值（包括板自重）$g_k=2.0\text{kN/m}^2$ 和均布活载标准值 $q_k=0.5\text{kN/m}^2$，以及因施工或检修在雨篷板自由端沿板宽

方向的活载标准值 $F_k=1.2\text{kN/m}$。按活荷载效应控制的基本组合计算，取活荷载组合值系数为 0.7。已知雨篷梁的截面尺寸 $b\times h=240\text{mm}\times240\text{mm}$，计算跨度为 $l_0=2.0\text{m}$，混凝土强度等级采用 C30，纵筋采用 HRB400 钢筋，箍筋采用直径为 8mm 的 HPB300 钢筋，环境类别为一类，安全等级为二级。经计算可知，雨篷梁承受的最大弯矩设计值 $M=20\text{kN}\cdot\text{m}$，最大剪力设计值 $V=30\text{kN}$。试按一般剪扭构件计算该雨篷梁的配筋，并绘制截面配筋图。

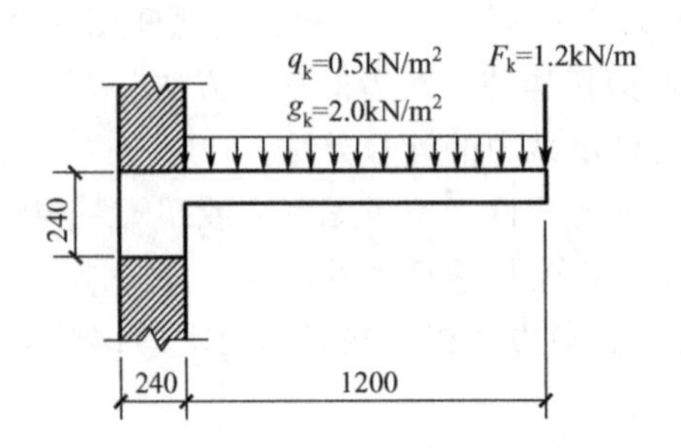

4. 已知某均布荷载作用下的钢筋混凝土 T 形截面梁，处于一类环境，安全等级为二级，截面尺寸 $b=250\text{mm}$，$h=600\text{mm}$，$b_f'=500\text{mm}$，$h_f'=120\text{mm}$，承受扭矩设计值 $T=40\text{kN}\cdot\text{m}$，剪力设计值 $V=100\text{kN}$，混凝土强度等级为 C30，纵筋采用 HRB400 钢筋，箍筋采用直径为 10mm 的 HPB300 钢筋。试计算构件截面的配筋，并绘制截面配筋图。

5. 已知某钢筋混凝土矩形截面受扭构件，处于一类环境，安全等级为二级，截面尺寸 $b\times h=250\text{mm}\times450\text{mm}$，承受剪力设计值 $V=100\text{kN}$。混凝土强度等级为 C30，截面布置抗扭纵筋共 6⌀18，纵筋采用 HRB400 钢筋；箍筋采用直径为 8mm 间距为 120mm 的 HPB300 钢筋，如下图所示。试求该构件能承受的最大扭矩设计值。

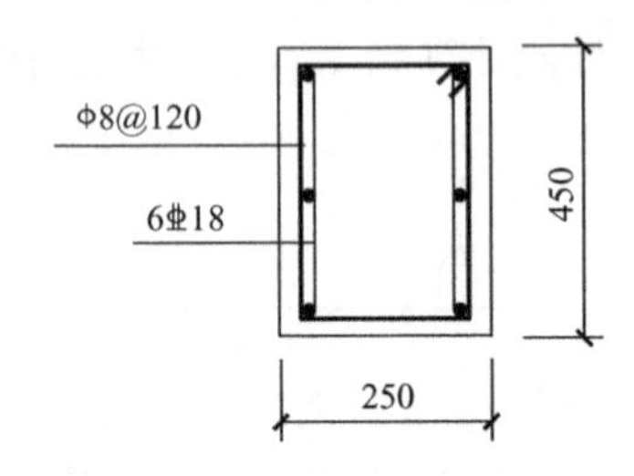

二、答案

（一）填空题

1. 平衡扭转　协调扭转
2. 纯扭　剪扭　弯扭　弯剪扭
3. 弯剪扭　压弯剪扭
4. 少筋破坏　适筋破坏　部分超筋破坏　超筋破坏
5. 空间螺旋形
6. 少筋构件　超筋构件
7. $0.7f_tW_t$

8. 22500000
9. 15
10. 4.27×10^{7}
11. 混凝土的受扭承载力　钢筋的受扭承载力
12. 腹板　受压翼缘　受拉翼缘
13. 弯型破坏　扭型破坏　剪扭型破坏
14. 截面尺寸　混凝土强度等级
15. 528
16. 200　短边长度

(二) 判断题

1. T　2. F　3. F　4. T　5. F　6. T　7. F　8. T　9. F　10. T
11. T　12. T　13. F　14. F　15. F　16. F　17. F　18. T　19. F　20. T

(三) 单项选择题

1. A　2. D　3. D　4. B　5. D　6. C　7. C　8. A　9. B　10. B
11. C　12. D

(四) 问答题

1. 答：随着扭矩增大，构件表面形成空间螺旋形裂缝，随后某一条裂缝发展为临界裂缝，接着与临界裂缝相交的纵筋和箍筋相继屈服，最后当空间扭曲，破坏面上受压边的混凝土被压碎时，构件即破坏，属延性破坏。

2. 答：矩形截面纯扭构件在接近承载能力极限状态时，核心部分混凝土起的作用很小，具有空间螺旋形裂缝的混凝土箱壁与受扭钢筋一起形成一个变角空间桁架模型。在该模型中，纵筋相当于桁架的受拉弦杆，箍筋相当于桁架的受拉腹杆，斜裂缝间的混凝土相当于桁架的斜压腹杆，斜裂缝的倾角 α 随受扭纵筋与受扭箍筋的配筋强度比值 ζ 而变化，一般在 30°～ 60°之间变化。

3. 答：弯-扭相关曲线如下图所示，由图可见：扭矩的存在总使受弯承载力降低。当 $\gamma=f_yA_s/(f'_yA'_s)\leqslant1.0$ 时，弯矩的存在总使受扭承载力降低；当 $\gamma>1.0$ 时，起初弯矩的存在可使受扭承载力提高，当弯矩增大到某一值时，受扭承载力达到最大，进一步增大弯矩，受扭承载力则开始降低。

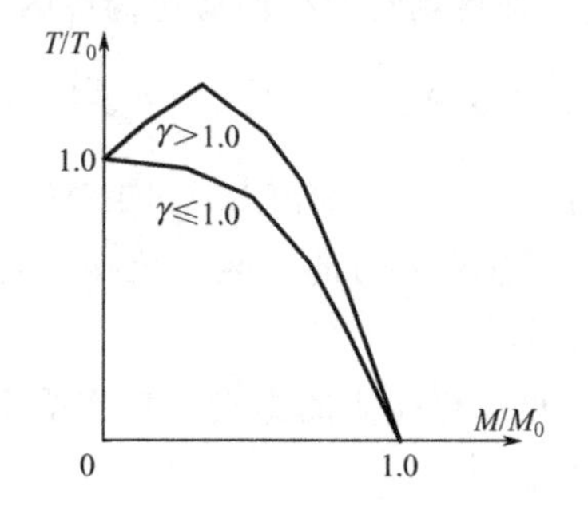

4. 答：剪-扭相关曲线如下图所示，由图可见：剪-扭相关曲线符合 1/4 圆弧规律，扭矩的存在使受剪承载力降低，剪力的存在使受扭承载力降低。

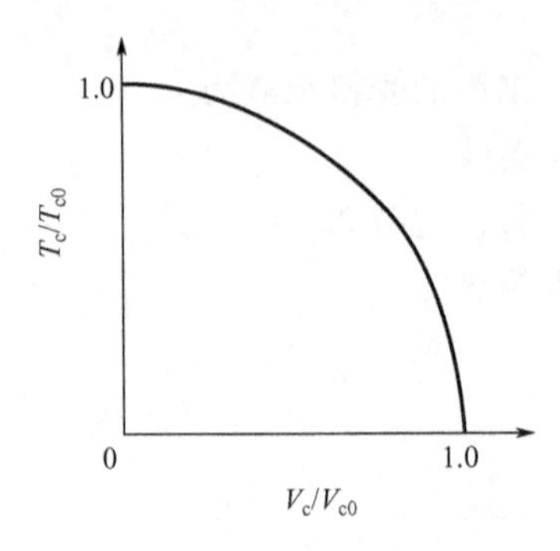

5. 答：《设计规范》（GB 50010）只考虑剪扭构件混凝土部分的相关性，且将 1/4 圆弧简化为三段直线，如下图所示；不考虑剪扭构件钢筋部分的相关性；不考虑弯与剪、弯与扭的相关性，即承受的弯矩按受弯构件正截面受弯承载力公式单独计算。

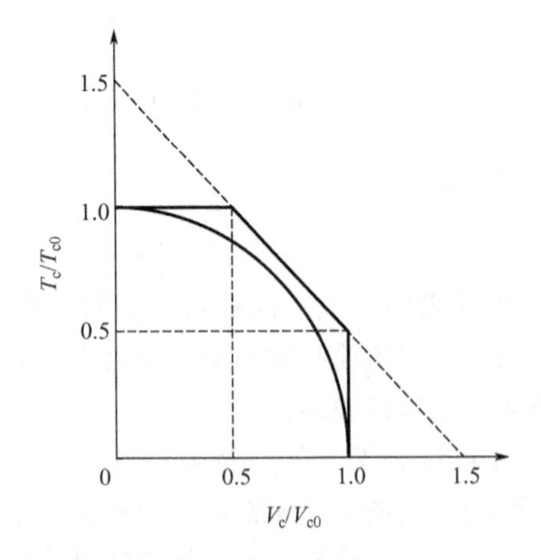

6. 答：T 形和 I 形截面剪扭构件承载力的计算方法是：截面所承受的扭矩设计值 T 由腹板和翼缘共同承担，并按截面受扭塑性抵抗矩所占的比例进行分配；截面所承受的剪力设计值 V 仅由腹板承担。因此，腹板在剪力设计值 V 和扭矩设计值 T_w 的作用下按矩形截面剪扭构件计算。受压翼缘和受拉翼缘分别在扭矩设计值 T_f' 和 T_f 作用下按纯扭构件进行计算。

7. 答：箱形截面剪扭构件的受剪承载力计算公式与矩形截面的相同，但公式中的 b 应用 $2t_w$ 代替；箱形截面剪扭构件的受扭承载力计算公式是以矩形截面的计算公式为基础，引入箱形截面壁厚影响系数 α_h，即得到箱形截面剪扭构件的受扭承载力计算公式。

$$T \leqslant 0.35\alpha_h\beta_t f_t W_t + 1.2\sqrt{\zeta} f_{yv}\frac{A_{st1}A_{cor}}{s}$$

8. 答：矩形截面一般弯剪扭构件，不考虑剪力或扭矩对构件承载力影响的条件如下。

（1）当 $V \leqslant 0.35 f_t b h_0$ 时，可忽略剪力的影响，仅按受弯构件的正截面受弯承载力和纯扭构件的受扭承载力分别进行计算。

（2）当 $T \leqslant 0.175 f_t W_t$ 时，可忽略扭矩的影响，仅按受弯构件的正截面受弯承载力和斜截面受剪承载力分别进行计算。

9. 答：试验研究表明，轴向压力的存在，可减小纵向钢筋的拉应变，抑制斜裂缝的出现和开展，可增加混凝土的咬合作用和纵筋的销栓作用，因而可提高构件的受扭承载力。但当轴向压力大于 $0.65f_cA$ 时，随着轴向压力的增加，构件的受扭承载力将会逐步下降。

10. 答：将“在轴向压力和弯矩作用下按偏心受压构件的正截面受压承载力计算的纵向钢筋”与“在剪力和扭矩作用下按剪扭构件的受扭承载力计算的纵向钢筋”叠加。在剪力和扭矩作用下，箍筋截面面积应分别按剪扭构件的受剪承载力和受扭承载力计算确定，并配置在相应的位置。

11. 答：弯剪扭构件中的箍筋间距和直径应符合受弯构件箍筋间距和直径的规定，其中受扭所需的箍筋应做成封闭式，且应沿截面周边布置；当采用复合箍筋时，位于截面内部的箍筋不应计入受扭所需的箍筋面积；受扭所需箍筋的末端应做成135°弯钩，弯钩端头平直段长度不应小于 $10d$（d 为箍筋直径）。

（五）计算题

1. 解：(1) 查相关表格可得：C30混凝土的 $f_c=14.3\text{N/mm}^2$，$f_t=1.43\text{N/mm}^2$，$\beta_c=1.0$；HRB400纵筋的 $f_y=360\text{N/mm}^2$；HPB300箍筋的 $f_{yv}=270\text{N/mm}^2$；混凝土保护层厚度 $c=20\text{mm}$；箍筋直径 $d_v=10\text{mm}$，$a_s=40\text{mm}$。

则 $h_w=h_0=h-a_s=600-40=560(\text{mm})$

$b_{cor}=b-2c-2d_v=250-2\times20-2\times10=190(\text{mm})$，$h_{cor}=h-2c-2d_v=600-2\times20-2\times10=540(\text{mm})$

$u_{cor}=2(b_{cor}+h_{cor})=2\times(190+540)=1460(\text{mm})$，$A_{cor}=b_{cor}h_{cor}=190\times540=102600(\text{mm}^2)$

$$W_t=\frac{b^2}{6}(3h-b)=\frac{250^2}{6}\times(3\times600-250)\approx16.15\times10^6(\text{mm}^3)$$

(2) 验算截面限制条件和构造配筋条件。

$h_w/b=560/250=2.24\leqslant4$

$$\frac{T}{0.8W_t}=\frac{40\times10^6}{0.8\times16.15\times10^6}\approx3.10(\text{N/mm}^2)<0.25\beta_cf_c=0.25\times1.0\times14.3=3.575(\text{N/mm}^2)$$（截面符合要求）

$$\frac{T}{W_t}=\frac{40\times10^6}{16.15\times10^6}\approx2.48(\text{N/mm}^2)>0.7f_t=0.7\times1.43=1.001\text{N/mm}^2$$（应按计算配筋）

(3) 计算受扭箍筋并验算最小配箍率。

取 $\zeta=1.2$

$$\frac{A_{st1}}{s}=\frac{T-0.35f_tW_t}{1.2\sqrt{\zeta}f_{yv}A_{cor}}=\frac{40\times10^6-0.35\times1.43\times16.15\times10^6}{1.2\times\sqrt{1.2}\times270\times102600}\approx0.876(\text{mm}^2/\text{mm})$$

验算配箍率。

$$\rho_{sv}=\frac{2A_{st1}}{bs}=\frac{2\times0.876}{250}$$

$$\approx0.7\%>\rho_{sv,min}=0.28\frac{f_t}{f_{yv}}=\frac{0.28\times1.43}{270}\approx0.15\%$$（满足要求）

(4) 计算受扭纵筋并验算最小配筋率。

$$A_{stl}=\frac{\zeta f_{yv}u_{cor}}{f_y}\cdot\frac{A_{st1}}{s}=\frac{1.2\times270\times1460}{360}\times0.876\approx1151(\text{mm}^2)$$

对纯扭构件有

$$\rho_{tl}=\frac{A_{stl}}{bh}=\frac{1151}{250\times600}$$

$$\approx0.767\%>\rho_{tl,\min}=0.85\frac{f_t}{f_y}=0.85\times\frac{1.43}{360}\approx0.338\%$$

满足要求。

(5) 选配钢筋。

受扭箍筋选用双肢 Φ10 箍筋 $A_{st1}=78.5\text{mm}^2$，$s=\frac{78.5}{0.876}=89.6(\text{mm})$，取 $s=90\text{mm}$。

受扭纵筋选用 8Φ14，$A_{stl}=1231\text{mm}^2$。

截面配筋如下图所示。

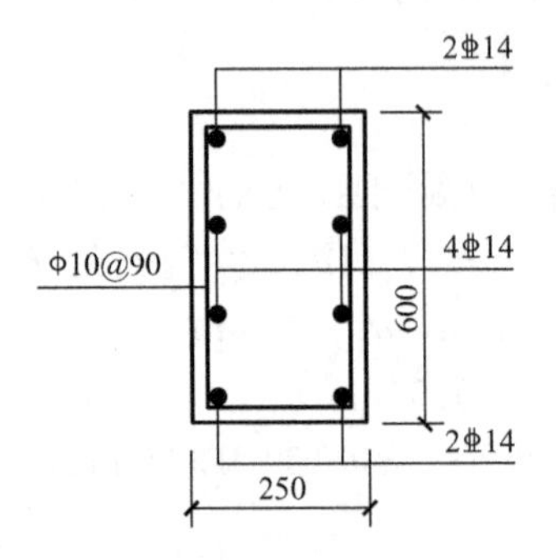

2. 解：(1) 查相关表格可得：C30 混凝土的 $f_c=14.3\text{N/mm}^2$，$f_t=1.43\text{N/mm}^2$，$\beta_c=1.0$；HRB400 纵筋的 $f_y=360\text{N/mm}^2$，$\xi_b=0.518$；HPB300 箍筋的 $f_{yv}=270\text{N/mm}^2$；混凝土保护层厚度 $c=20\text{mm}$；箍筋直径 $d_v=10\text{mm}$，$a_s=40\text{mm}$。

则 $h_w=h_0=h-a_s=600-40=560(\text{mm})$

$b_{cor}=b-2c-2d_v=250-2\times20-2\times10=190(\text{mm})$，$h_{cor}=h-2c-2d_v=600-2\times20-2\times10=540(\text{mm})$

$u_{cor}=2(b_{cor}+h_{cor})=2\times(190+540)=1460(\text{mm})$，$A_{cor}=b_{cor}h_{cor}=190\times540=102600(\text{mm}^2)$

$$W_t=\frac{b^2}{6}(3h-b)=\frac{250^2}{6}\times(3\times600-250)=16.15\times10^6(\text{mm}^3)$$

(2) BC 段（纯弯段）：仅承受 $M=90\text{kN}\cdot\text{m}$ 的弯矩，按正截面受弯承载力计算受弯纵筋。

$$x=h_0\left(1-\sqrt{1-\frac{2M}{\alpha_1 f_c bh_0^2}}\right)=560\times\left(1-\sqrt{1-\frac{2\times90\times10^6}{1.0\times14.3\times250\times560^2}}\right)$$

$$\approx46.9(\text{mm})<\xi_b h_0=0.518\times560=290.08(\text{mm})$$，满足要求。

$$\rho_{\min}=0.45\frac{f_t}{f_y}=0.45\times\frac{1.43}{360}\approx0.179\%<0.2\%$$

$$A_s=\frac{\alpha_1 f_c bx}{f_y}=\frac{1.0\times14.3\times250\times46.9}{360}$$

$$\approx466(\text{mm}^2)>\rho_{\min}bh=0.2\%\times250\times600=300(\text{mm}^2)$$，满足要求。

故该梁 BC 段所需纵向受拉钢筋截面面积 $A_s=466\text{mm}^2$，选配 2Φ18 ($A_s=509\text{mm}^2$)。

(3) AB 段和 CD 段：承受最大弯矩 $M=90\text{kN}\cdot\text{m}$，剪力 $V=60\text{kN}$ 和扭矩 $T=20\text{kN}\cdot\text{m}$。

① 验算截面限制条件和构造配筋条件。

$h_w/b=560/250=2.24\leqslant 4$

$$\frac{V}{bh_0}+\frac{T}{0.8W_t}=\frac{60\times10^3}{250\times560}+\frac{20\times10^6}{0.8\times16.15\times10^6}$$

$$\approx1.98(\text{N/mm}^2)<0.25\beta_c f_c=0.25\times1.0\times14.3=3.575(\text{N/mm}^2)$$

(截面尺寸符合要求)

$$\frac{V}{bh_0}+\frac{T}{W_t}=\frac{60\times10^3}{250\times560}+\frac{20\times10^6}{16.15\times10^6}\approx1.67(\text{N/mm}^2)>0.7f_t=0.7\times1.43=1.001(\text{N/mm}^2)$$

(应按计算配筋)

② 验算是否可以不考虑剪力或扭矩。

$T=20\text{kN}\cdot\text{m}>0.175f_tW_t=0.175\times1.43\times16.15\times10^6\approx4.04(\text{kN}\cdot\text{m})$

故扭矩不能忽略。

$\lambda=a/h_0=1500/560\approx2.68$

$V=60\text{kN}>0.875f_tbh_0/(\lambda+1)=0.875\times1.43\times250\times560/(2.68+1)\approx47.6(\text{kN})$

故剪力不能忽略。

故此构件截面应按弯剪扭构件进行设计，可分解为剪扭构件和纯弯构件。

③ 按剪扭构件计算受剪箍筋、受扭箍筋和受扭纵筋。

a. 计算受剪箍筋。

$$\beta_t=\frac{1.5}{1+0.2(\lambda+1)\dfrac{VW_t}{Tbh_0}}=\frac{1.5}{1+0.2(2.68+1)\times\dfrac{60\times10^3\times16.15\times10^6}{20\times10^6\times250\times560}}\approx1.195>1.0$$

取 $\beta_t=1.0$

$$\frac{nA_{sv1}}{s}=\frac{V-1.75\times(1.5-\beta_t)f_tbh_0/(\lambda+1)}{f_{yv}h_0}$$

$$=\frac{60000-1.75\times(1.5-1.0)\times1.43\times250\times560/(2.68+1)}{270\times560}\approx0.082(\text{mm}^2/\text{mm})$$

采用双肢箍，$n=2$，则$\dfrac{A_{sv1}}{s}=\dfrac{0.082}{2}=0.041(\text{mm}^2/\text{mm})$

b. 计算受扭箍筋。

取 $\zeta=1.2$，则

$$\frac{A_{st1}}{s}=\frac{T-0.35\beta_t f_tW_t}{1.2\sqrt{\zeta}f_{yv}A_{cor}}$$

$$=\frac{20\times10^6-0.35\times1.0\times1.43\times16.15\times10^6}{1.2\times\sqrt{1.2}\times270\times102600}\approx0.327(\text{mm}^2/\text{mm})$$

c. 计算受扭纵筋。

$$A_{stl}=\zeta\frac{A_{st1}}{s}\cdot\frac{u_{cor}f_{yv}}{f_y}=1.2\times0.327\times\frac{1460\times270}{360}\approx430(\text{mm}^2)$$

$\dfrac{T}{Vb}=\dfrac{20\times10^6}{60\times10^3\times250}\approx1.333<2$，则

$$\rho_{tl}=\frac{A_{stl}}{bh}=\frac{430}{250\times600}\approx0.287\%>\rho_{tl,\min}=0.6\sqrt{\frac{T}{Vb}}\cdot\frac{f_t}{f_y}=0.6\times\sqrt{1.333}\times\frac{1.43}{360}\approx0.275\%$$

(受扭纵筋满足最小配筋率要求)

④ 按纯弯构件计算受弯纵筋。

受弯纵筋截面面积的计算同 BC 段，即受弯纵筋 $A_{s1}=466\text{mm}^2$。

⑤ 计算箍筋总用量。

$$\frac{A_{svt1}}{s}=\frac{A_{sv1}}{s}+\frac{A_{st1}}{s}=0.041+0.327=0.368(\text{mm}^2/\text{mm})$$

配置双肢 Φ10 箍筋，$A_{svt1}=78.5\text{mm}^2$，$s=\dfrac{78.5}{0.368}\approx213(\text{mm})$，取 $s=210\text{mm}$；

$$\rho_{sv}=\frac{2A_{svt1}}{bs}=\frac{2\times78.5}{250\times210}\approx0.299\%>\rho_{sv,\min}=0.28\frac{f_t}{f_{yv}}=0.28\times\frac{1.43}{270}\approx0.148\%$$

故 AB 段和 CD 段选配 Φ10@210 的箍筋。

⑥ 计算纵筋总用量。

受扭纵筋理论上应沿截面周边均匀布置，现假定受压区与受拉区各配一半，则受压区纵筋总面积为：

$$A_s'=\frac{1}{2}A_{stl}=\frac{430}{2}=215(\text{mm}^2)$$

选配 2⌀12（$A_s=226\text{mm}^2$）。

受拉区纵筋总面积为：

$$A_s=\frac{1}{2}A_{stl}+A_{s1}=\frac{430}{2}+466=681(\text{mm}^2)$$

选配 2⌀12+2⌀18 的纵筋（$A_s=735\text{mm}^2$）。

(4) 选配钢筋。

AB 段和 CD 段：选用 Φ10@210 箍筋；选用 4⌀12＋2⌀18 纵筋，截面配筋如下图所示。

BC 段：选用 2⌀18 纵筋。

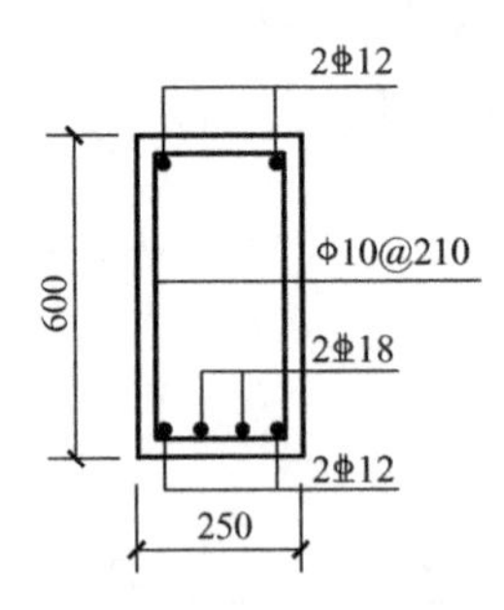

3. 解：(1) 查相关表格可得：C30 混凝土的 $f_c=14.3\text{N/mm}^2$，$f_t=1.43\text{N/mm}^2$，$\beta_c=1.0$；HRB400 纵筋的 $f_y=360\text{N/mm}^2$；$\xi_b=0.518$；HPB300 箍筋的 $f_{yv}=270\text{N/mm}^2$；混凝土保护层厚度 $c=20\text{mm}$；箍筋直径 $d_v=8\text{mm}$，$a_s=40\text{mm}$。

则 $h_w=h_0=h-a_s=240-40=200(\text{mm})$

$b_{cor}=b-2c-2d_v=240-2\times20-2\times8=184(\text{mm})$，$h_{cor}=h-2c-2d_v=240-2\times20-2\times8=184(\text{mm})$

$u_{cor}=2(b_{cor}+h_{cor})=2\times(184+184)=736(\text{mm})$，$A_{cor}=b_{cor}h_{cor}=184\times184=33856(\text{mm}^2)$

$W_t=\frac{b^2}{6}(3h-b)=\frac{240^2}{6}\times(3\times240-240)\approx4.61\times10^6(mm^3)$

(2) 计算扭矩设计值 T。

均布恒载对雨篷梁中心线产生的力矩标准值为：

$m_g=2.0\times1.2\times(1.2+0.24)/2=1.728(kN\cdot m/m)$

均布活载对雨篷梁中心线产生的力矩标准值为：

$m_q=0.5\times1.2\times(1.2+0.24)/2=0.432(kN\cdot m/m)$

集中活载对雨篷梁中心线产生的力矩标准值为：

$m_F=1.2\times(1.2+0.24/2)=1.584(kN\cdot m/m)$

则按活荷载效应控制的基本组合计算得到的对雨篷梁中心线产生的力矩设计值为：

$m=1.2\times1.728+1.4\times1.584+1.4\times0.7\times0.432\approx4.72(kN\cdot m/m)$

故作用在雨篷梁上的扭矩设计值为：

$T=\frac{1}{2}ml_0=\frac{1}{2}\times4.72\times2.0=4.72(kN\cdot m)$

(3) 验算截面限制条件和构造配筋条件。

$h_w/b=200/240\approx0.83\leqslant4$

$\frac{V}{bh_0}+\frac{T}{0.8W_t}=\frac{30\times10^3}{240\times200}+\frac{4.72\times10^6}{0.8\times4.61\times10^6}\approx1.90(N/mm^2)<0.25\beta_c f_c=0.25\times1\times1.43=3.575(N/mm^2)$

(截面尺寸符合要求)

$\frac{V}{bh_0}+\frac{T}{W_t}=\frac{30\times10^3}{240\times200}+\frac{4.72\times10^6}{4.61\times10^6}\approx1.65(N/mm^2)>0.7f_t=0.7\times1.43=1.001N/mm^2$

(应按计算配筋)

(4) 验算是否可以不考虑剪力或扭矩。

$T=4.72kN\cdot m>0.175f_tW_t=0.175\times1.43\times4.61\times10^6\approx1.15(kN\cdot m)$

故扭矩不能忽略。

$V=30kN>0.35f_tbh_0=0.35\times1.43\times240\times200\approx24.0(kN)$

故剪力不能忽略。

故此构件截面应按弯剪扭构件进行设计，可分解为剪扭构件和纯弯构件。

(5) 按剪扭构件计算受剪箍筋、受扭箍筋和受扭纵筋。

① 计算受剪箍筋。

$$\beta_t=\frac{1.5}{1+0.5\frac{VW_t}{Tbh_0}}=\frac{1.5}{1+0.5\times\frac{30\times10^3\times4.61\times10^6}{4.72\times10^6\times240\times200}}\approx1.149>1.0$$

取 $\beta_t=1.0$

$$\frac{nA_{sv1}}{s}=\frac{V-0.7\times(1.5-\beta_t)f_tbh_0}{f_{yv}h_0}$$

$$=\frac{30000-0.7\times(1.5-1.0)\times1.43\times240\times200}{270\times200}\approx0.111(mm^2/mm)$$

采用双肢箍，$n=2$，则$\frac{A_{sv1}}{s}=\frac{0.111}{2}=0.056(mm^2/mm)$

② 计算受扭箍筋。

取 $\zeta=1.2$，则

$$\frac{A_{st1}}{s}=\frac{T-0.35\beta_t f_t W_t}{1.2\sqrt{\zeta}f_{yv}A_{cor}}$$

$$=\frac{4.72\times10^6-0.35\times1.0\times1.43\times4.61\times10^6}{1.2\times\sqrt{1.2}\times270\times33856}\approx0.201(\text{mm}^2/\text{mm})$$

③ 计算受扭纵筋。

$$A_{stl}=\zeta\frac{A_{st1}}{s}\cdot\frac{u_{cor}f_{yv}}{f_y}=1.2\times0.201\times\frac{736\times270}{360}\approx133(\text{mm}^2)$$

$$\frac{T}{Vb}=\frac{4.72\times10^6}{30\times10^3\times240}\approx0.656<2\text{，则}$$

$$\rho_{tl}=\frac{A_{stl}}{bh}=\frac{133}{240\times240}$$

$$\approx0.231\%>\rho_{tl,\min}=0.6\sqrt{\frac{T}{Vb}}\cdot\frac{f_t}{f_y}=0.6\times\sqrt{0.656}\times\frac{1.43}{360}\approx0.193\%$$

（受扭纵筋满足最小配筋率要求）

（6）按纯弯构件计算受弯纵筋。

$$x=h_0\left(1-\sqrt{1-\frac{2M}{\alpha_1 f_c bh_0^2}}\right)=200\times\left(1-\sqrt{1-\frac{2\times20\times10^6}{1.0\times14.3\times240\times200^2}}\right)$$

$$\approx31.6(\text{mm})<\xi_b h_0=0.518\times200=103.6(\text{mm})\text{，满足要求。}$$

$$\rho_{\min}=0.45\frac{f_t}{f_y}=0.45\times\frac{1.43}{360}\approx0.179\%<0.2\%$$

$$A_{s1}=\frac{\alpha_1 f_c bx}{f_y}=\frac{1.0\times14.3\times240\times31.6}{360}$$

$$\approx301(\text{mm}^2)>\rho_{\min}bh=0.2\%\times240\times240=115.2(\text{mm}^2)\text{，满足要求。}$$

故雨篷梁受弯纵筋 $A_{s1}=301\text{mm}^2$。

(7)计算箍筋总用量。

$$\frac{A_{svt1}}{s}=\frac{A_{sv1}}{s}+\frac{A_{st1}}{s}=0.056+0.201=0.257(\text{mm}^2/\text{mm})$$

配置双肢 Φ8 箍筋，$A_{svt1}=50.3\text{mm}^2$，$s=\frac{50.3}{0.257}\approx196(\text{mm})$，取 $s=190\text{mm}$；

$$\rho_{sv}=\frac{2A_{svt1}}{bs}=\frac{2\times50.3}{240\times190}\approx0.221\%>\rho_{sv,\min}=0.28\frac{f_t}{f_{yv}}=0.28\times\frac{1.43}{270}\approx0.148\%$$

故选配 Φ8@190 的箍筋。

（8）计算纵筋总用量。

受扭纵筋理论上应沿截面周边均匀布置，现假定受压区与受拉区各配一半，则受压区纵筋总面积为：

$$A_s'=\frac{1}{2}A_{stl}=\frac{133}{2}=66.5(\text{mm}^2)$$

选配 2Φ8（$A_s=101\text{mm}^2$）。

受拉区纵筋总面积为：

$A_s = \frac{1}{2}A_{stl} + A_{s1} = \frac{133}{2} + 301 = 367.5(\text{mm}^2)$

选配 4Φ12（$A_s = 452\text{mm}^2$）。

（9）选配钢筋。

箍筋：选用 Φ8@190。

纵筋：受压区 2Φ8，受拉区选用 4Φ12。

截面配筋如下图所示。

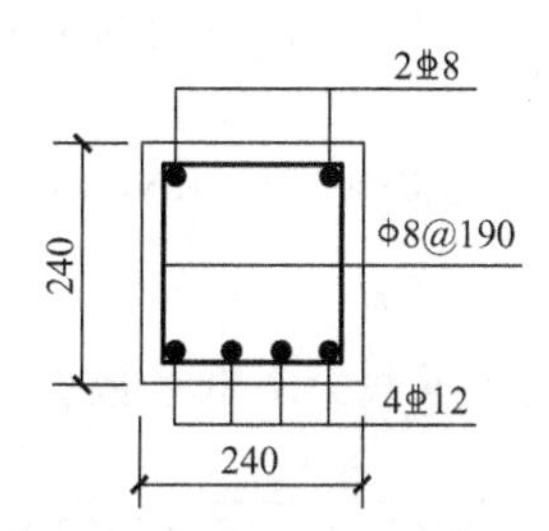

4. 解：（1）查相关表格可得：C30 混凝土的 $f_c = 14.3\text{N/mm}^2$，$f_t = 1.43\text{N/mm}^2$，$\beta_c = 1.0$；HRB400 纵筋的 $f_y = 360\text{N/mm}^2$；$\xi_b = 0.518$；HPB300 箍筋的 $f_{yv} = 270\text{N/mm}^2$；混凝土保护层厚度 $c = 20\text{mm}$；箍筋直径 $d_v = 10\text{mm}$，$a_s = 40\text{mm}$。

则 $h_0 = h - a_s = 600 - 40 = 560(\text{mm})$；$h_w = h - a_s - h_f' = 600 - 40 - 120 = 440(\text{mm})$

计算腹板的 b_{cor}、h_{cor}、u_{cor}、A_{cor}。

$b_{cor} = b - 2c - 2d_v = 250 - 2\times20 - 2\times10 = 190(\text{mm})$

$h_{cor} = h - 2c - 2d_v = 600 - 2\times20 - 2\times10 = 540(\text{mm})$

$u_{cor} = 2(b_{cor} + h_{cor}) = 2\times(190+540) = 1460(\text{mm})$

$A_{cor} = b_{cor}h_{cor} = 190\times540 = 102600(\text{mm}^2)$

计算翼缘的 b_{fcor}'、h_{fcor}'、u_{fcor}'、A_{fcor}'。

$b_{fcor}' = b - 2c - 2d_v = 250 - 2\times20 - 2\times10 = 190(\text{mm})$

$h_{fcor}' = h_f' - 2c - 2d_v = 120 - 2\times20 - 2\times10 = 60(\text{mm})$

$u_{fcor}' = 2(b_{fcor}' + h_{fcor}') = 2\times(190+60) = 500(\text{mm})$

$A_{fcor}' = b_{fcor}'h_{fcor}' = 190\times60 = 11400(\text{mm}^2)$

$W_{tf}' = \frac{h_f'^2}{2}(b_f' - b) = \frac{120^2}{2}\times(500-250) = 1.80\times10^6(\text{mm}^3)$

$W_{tw} = \frac{b^2}{6}(3h - b) = \frac{250^2}{6}\times(3\times600-250) \approx 16.15\times10^6(\text{mm}^3)$

$W_t = W_{tf}' + W_{tw} = 1.80\times10^6 + 16.15\times10^6 = 17.95\times10^6(\text{mm}^3)$

（2）验算截面限制条件和构造配筋条件。

$h_w/b = 440/250 = 1.76 \leqslant 4$

$\frac{V}{bh_0} + \frac{T}{0.8W_t} = \frac{100\times10^3}{250\times560} + \frac{40\times10^6}{0.8\times17.95\times10^6} \approx 3.50(\text{N/mm}^2) < 0.25\beta_c f_c = 0.25\times1.0\times14.3 = 3.575(\text{N/mm}^2)$

（截面符合要求）

$\frac{V}{bh_0} + \frac{T}{W_t} = \frac{100\times10^3}{250\times560} + \frac{40\times10^6}{17.95\times10^6} \approx 2.94(\text{N/mm}^2) > 0.7f_t = 0.7\times1.43 =$

1.001(N/mm²)

(应按计算配筋)

(3) 判别是否可忽略扭矩 T 或剪力 V。

$T=40\text{kN}\cdot\text{m}>0.175f_tW_t=0.175\times1.43\times17.95\times10^6\approx4.49(\text{kN}\cdot\text{m})$ (需考虑扭矩)

$V=100\text{kN}>0.35f_tbh_0=0.35\times1.43\times250\times560\approx70.07(\text{kN})$ (需考虑剪力)

(4) 分配扭矩。

腹板：$T_w=\dfrac{W_{tw}}{W_t}T=\dfrac{16.15\times10^6}{17.95\times10^6}\times40\approx35.99(\text{kN}\cdot\text{m})$

翼缘：$T_f'=\dfrac{W_{tf}'}{W_t}T=\dfrac{1.80\times10^6}{17.95\times10^6}\times40\approx4.01(\text{kN}\cdot\text{m})$

(5) 计算腹板钢筋。

① 计算腹板（剪扭构件）的受扭承载力降低系数 β_t。

$$\beta_t=\frac{1.5}{1+0.5\dfrac{VW_{tw}}{T_wbh_0}}=\frac{1.5}{1+0.5\times\dfrac{100\times10^3\times16.15\times10^6}{35.99\times10^6\times250\times560}}\approx1.293>1.0$$

取 $\beta_t=1.0$

② 计算腹板受剪箍筋。

$$\frac{nA_{sv1}}{s}=\frac{V-0.5\times0.7f_tbh_0}{f_{yv}h_0}=\frac{100000-0.5\times0.7\times1.43\times250\times560}{270\times560}\approx0.198(\text{mm}^2/\text{mm})$$

采用双肢箍，$n=2$，则$\dfrac{A_{sv1}}{s}=0.198/2=0.099(\text{mm}^2/\text{mm})$

③ 计算腹板受扭钢筋。

取配筋强度比 $\zeta=1.2$，得腹板受扭箍筋：

$$\frac{A_{st1}}{s}=\frac{T_w-0.35\beta_tf_tW_{tw}}{1.2\sqrt{\zeta}f_{yv}A_{cor}}=\frac{35.99\times10^6-0.35\times1.0\times1.43\times16.15\times10^6}{1.2\times\sqrt{1.2}\times270\times102600}\approx0.766(\text{mm}^2/\text{mm})$$

则得腹板受扭纵筋：

$$A_{stl}=\zeta\frac{A_{st1}}{s}\cdot\frac{u_{cor}f_{yv}}{f_y}=1.2\times0.766\times\frac{1460\times270}{360}\approx1007(\text{mm}^2)$$

$\dfrac{T_w}{Vb}=\dfrac{35.99\times10^6}{100\times10^3\times250}\approx1.44<2$，则

$$\rho_{tl,\min}=0.6\sqrt{\frac{T_w}{Vb}}\cdot\frac{f_t}{f_y}=0.6\times\sqrt{1.44}\times\frac{1.43}{360}\approx0.286\%$$

$A_{stl}=1007\text{mm}^2>\rho_{tl,\min}bh=0.286\%\times250\times600=429(\text{mm}^2)$

(受扭纵筋满足最小配筋率要求)

(6) 计算受压翼缘受扭钢筋。

按纯扭构件计算，仍取配筋强度比 $\zeta=1.2$，得翼缘受扭箍筋：

$$\frac{A_{st1}'}{s}=\frac{T_f'-0.35\beta_tf_tW_{tf}'}{1.2\sqrt{\zeta}f_{yv}A_{fcor}'}=\frac{4.01\times10^6-0.35\times1.0\times1.43\times1.80\times10^6}{1.2\times\sqrt{1.2}\times270\times11400}\approx0.768(\text{mm}^2/\text{mm})$$

则得翼缘受扭纵筋：

$$A_{stl}'=\zeta\frac{A_{st1}'}{s}\cdot\frac{u_{fcor}'f_{yv}}{f_y}=1.2\times0.768\times\frac{500\times270}{360}\approx346(\text{mm}^2)$$

$\rho_{tl,\min}=0.85\dfrac{f_t}{f_y}=0.85\times\dfrac{1.43}{360}\approx0.34\%$

$A'_{stl}=346\ \text{mm}^2>\rho_{tl,\min}(b'_f-b)h'_f=0.34\%\times(500-250)\times120=102(\text{mm}^2)$

所以受压翼缘满足受扭纵向钢筋的最小配筋率要求。

(7) 选配钢筋。

① 腹板。

受剪扭箍筋：

$$\frac{A_{sv1}}{s}+\frac{A_{st1}}{s}=0.099+0.766=0.865(\text{mm}^2/\text{mm})>\rho_{sv,\min}\frac{b}{n}$$

$$=0.28\frac{f_t}{f_{yv}}\cdot\frac{b}{n}=0.28\times\frac{1.43}{270}\times\frac{250}{2}\approx0.185(\text{mm}^2/\text{mm})$$

满足最小配箍率要求。

箍筋选 Φ10，单肢面积为 78.5mm²，则 $s\leqslant\dfrac{78.5}{0.865}\approx91(\text{mm})$。

为施工方便，考虑腹板与受压翼缘的箍筋间距相同。

受扭纵筋：根据构造要求，受扭纵筋应沿截面周边均匀对称布置，且截面四角必须布置受扭纵筋，$h\geqslant300$mm 时，纵向受力筋直径应大于或等于 10mm，受扭纵筋间距应小于或等于 200mm 和 $b(=250\text{mm})$，所以选用 8Φ14 ($A'_{stl}=1231\text{mm}^2$)。

② 受压翼缘。

箍筋选 Φ10，单肢面积为 78.5mm²，则 $s\leqslant\dfrac{78.5}{0.768}\approx102(\text{mm})$。

与腹板箍筋协调后，箍筋间距统一取 $s=90$mm，即腹板和受压翼缘的箍筋统一配 Φ10@90。

受扭纵筋选用 4Φ12 ($A'_{stl}=452\text{mm}^2$)。

截面配筋如下图所示。

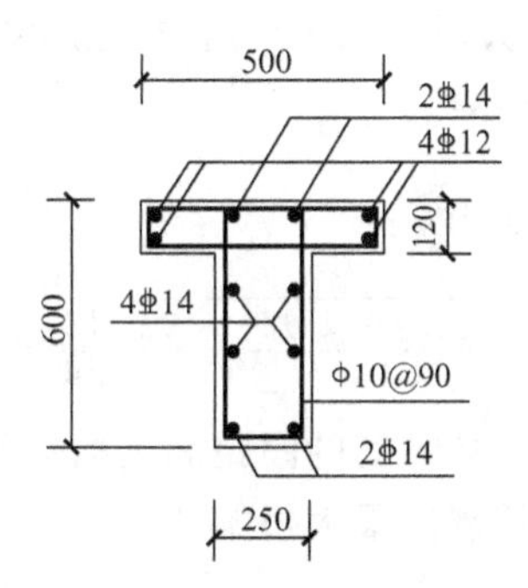

5. 解：(1) 查相关表格可得：C30 混凝土的 $f_c=14.3\text{N/mm}^2$，$f_t=1.43\text{N/mm}^2$，$\beta_c=1.0$；HRB400 纵筋的 $f_y=360\text{N/mm}^2$；HPB300 箍筋的 $f_{yv}=270\text{N/mm}^2$；混凝土保护层厚度 $c=20$mm；箍筋直径 $d_v=8$mm，$a_s=c+d_v+d/2=20+8+18/2=37(\text{mm})$。

则 $h_0=h_w=h-a_s=450-37=413(\text{mm})$

$b_{cor}=b-2c-2d_v=250-2\times20-2\times8=194(\text{mm})$，$h_{cor}=h-2c-2d_v=450-2\times20-2\times8=394(\text{mm})$

$u_{cor}=2(b_{cor}+h_{cor})=2\times(194+394)=1176(\text{mm})$，$A_{cor}=b_{cor}h_{cor}=194\times394=76436(\text{mm}^2)$

$W_t=\dfrac{b^2}{6}(3h-b)=\dfrac{250^2}{6}\times(3\times450-250)\approx11.46\times10^6(\text{mm}^3)$

（2）所配总箍筋量。

由箍筋 $d=8\text{mm}$，$s=120\text{mm}$，则单肢箍总量为：

$$\frac{A_{sv1}^{*}}{s}=\frac{50.3}{120}\approx 0.419(\text{mm})$$

（3）复核箍筋的最小配筋率与箍筋构造。

$$\rho_{sv}=\frac{A_{sv}}{bs}=\frac{2\times 50.3}{250\times 120}\approx 0.335\%\geqslant\rho_{sv,min}=0.28\frac{f_t}{f_{yv}}=0.28\times\frac{1.43}{270}\approx 0.148\%$$

箍筋的最小配筋率满足要求，且箍筋的直径与间距满足构造规定。

（4）计算受扭箍筋。

由剪力设计值 $V=100\text{kN}$，$\beta_t=1.0$，得受剪箍筋为：

$$\frac{A_{sv1}}{s}=\frac{V-0.7\times(1.5-\beta_t)f_t bh_0}{nf_{yv}h_0}$$

$$=\frac{100\times 10^3-0.7\times(1.5-1.0)\times 1.43\times 250\times 413}{2\times 270\times 413}\approx 0.217(\text{mm}^2/\text{mm})$$

则受扭箍筋为：

$$\frac{A_{st1}}{s}=\frac{A_{sv1}^{*}}{s}-\frac{A_{sv1}}{s}=0.419-0.217=0.202(\text{mm})$$

纵筋为 6⌀18，则 $A_{stl}=1527\text{mm}^2$

$$\zeta=\frac{f_y A_{stl}s}{f_{yv}A_{st1}u_{cor}}=\frac{360\times 1527}{270\times 0.202\times 1176}\approx 8.57>1.7$$

取 $\zeta=1.7$

（5）计算截面能承受的最大扭矩值。

$$T_u=0.35\beta_t f_t W_t+1.2\times\sqrt{\zeta}f_{yv}\frac{A_{st1}}{s}A_{cor}$$

$$=0.35\times 1.0\times 1.43\times 11.46\times 10^6+1.2\times\sqrt{1.7}\times 270\times 0.202\times 76436\approx 12.26(\text{kN}\cdot\text{m})$$

（6）复核受扭纵筋的最小配筋率。

$$\rho_{tl}=\frac{A_{stl}}{bh}=\frac{1527}{250\times 450}\approx 1.36\%\geqslant\rho_{tl,min}$$

$$=0.6\sqrt{\frac{T}{Vb}}\cdot\frac{f_t}{f_y}=0.6\times\sqrt{\frac{12.26\times 10^6}{100\times 10^3\times 250}}\times\frac{1.43}{360}\approx 0.17\%$$

纵筋的最小配筋率满足要求，且纵筋的间距满足构造要求。

（7）计算由截面限制条件所控制的最大扭矩值。

$h_w/b=413/250=1.652<4$

$$T_u=0.8W_t\left(0.25\beta_c f_c-\frac{V}{bh_0}\right)=0.8\times 11.46\times 10^6\times\left(0.25\times 1.0\times 14.3-\frac{100\times 10^3}{250\times 413}\right)$$

$$\approx 23.90(\text{kN}\cdot\text{m})>12.26\text{kN}\cdot\text{m}\ （截面符合要求）$$

故该构件能承受的最大扭矩设计值为 12.26kN·m。

第 9 章

混凝土构件的裂缝宽度、变形验算与耐久性设计

知识点及学习要求：通过本章学习，学生应掌握构件刚度的分析计算，掌握钢筋混凝土受弯构件的挠度验算，掌握钢筋混凝土构件的裂缝宽度验算，熟悉混凝土结构的耐久性。

一、习题

（一）填空题

1. 除考虑混凝土构件的安全性要求进行承载能力极限状态计算外，还应考虑________和________要求进行正常使用极限状态的验算和耐久性设计。

2. 混凝土构件正常使用极限状态验算主要有________和________两个方面。

3.《设计规范》（GB 50010）规定，对于钢筋混凝土构件的裂缝宽度和变形，应采用荷载________组合并考虑________作用的影响。

4. 裂缝出现瞬间，裂缝截面处的混凝土退出工作，应力变为________，而裂缝截面处的钢筋应力突然变________。

5. 钢筋混凝土受弯构件的开裂弯矩是以适筋梁正截面工作的第________状态的应力图形为依据计算的。

6. 钢筋对其周围混凝土的约束作用不同：离钢筋越远，混凝土受到的约束作用越________，混凝土回缩量就越________，其位置处的裂缝宽度就越________。

7. 钢筋混凝土构件的平均裂缝间距随混凝土保护层厚度增大而________，随纵筋配筋率增大而________。

8. 最大裂缝宽度等于平均裂缝宽度乘以两个扩大系数，这两个扩大系数分别是用来考虑裂缝宽度的________和________的影响。

9. 裂缝宽度计算公式中，ψ 为________________系数，ψ 越大，表明裂缝间混凝土参加受拉工作的程度越________；ψ=________，表明裂缝间混凝土完全退出工作。

10. 对于钢筋混凝土构件，在其他条件相同时，配置带肋钢筋比配置光面钢筋的裂缝宽度________。

11. 长期荷载作用下的钢筋混凝土梁，其挠度随时间的增长而________，刚度随时间的增长而________。

12. 钢筋混凝土等截面受弯构件，其截面刚度沿构件长度是________的，且随荷载增加而________。

13. 钢筋混凝土受弯构件的短期刚度 B_s 的计算公式是由适筋梁正截面工作的第________阶段的________、________和________综合推导得到的。

14. ________和________是影响混凝土结构耐久性的最主要综合因素。

15. 混凝土结构应根据 ________和________进行耐久性设计。

（二）判断题（对的在括号内写 T，错的在括号内写 F）

1. 结构构件按正常使用极限状态设计时的可靠指标应比按承载能力极限状态设计时的低。（ ）

2. 混凝土结构的裂缝主要是由荷载作用引起的。（ ）

3. 当混凝土构件最薄弱截面的混凝土达到抗拉强度 f_t 时，就会出现第一条（批）裂缝。（ ）

4. 不管是受拉构件还是受弯构件，在裂缝出现前后，裂缝处的钢筋应力均会发生突变。（ ）

5. 裂缝出现后，随着距裂缝截面距离的增加，混凝土中的拉应力逐渐减小，而钢筋中的拉应力则逐渐增大。（ ）

6. 裂缝宽度是由于混凝土回缩，钢筋伸长，两者之间的变形差产生的。（ ）

7. 钢筋与混凝土之间的黏结力越大，其平均裂缝间距越大，从而裂缝宽度也越大。（ ）

8. 钢筋混凝土构件表面裂缝的一般特征是：裂缝间距较大时，则裂缝宽度较小；裂缝间距较小时，则裂缝宽度较大。（ ）

9. 试验表明，平均裂缝间距与混凝土保护层厚度大致呈线性关系。（ ）

10. 裂缝间纵向受拉钢筋应变不均匀系数 ψ 越大，说明裂缝间受拉混凝土参加工作的程度越大。（ ）

11. 考虑到钢筋与混凝土之间的黏结滑移徐变、受拉混凝土的应力松弛和混凝土的收缩等原因，故要考虑荷载长期作用对裂缝宽度的影响。（ ）

12. 按《设计规范》（GB 50010）验算的最大裂缝宽度是指构件表面处的裂缝宽度。（ ）

13. 对 $e_0/h_0>0.55$ 的偏心受压构件，可以不验算裂缝宽度。（ ）

14. 纵向受拉钢筋应力越大，裂缝宽度越大，故普通混凝土结构不宜采用高强度钢筋。（ ）

15. 钢筋混凝土受弯构件，当其他条件相同时，钢筋直径越小，则受拉区混凝土的裂缝越细而密。（ ）

16. 钢筋混凝土构件在配筋率相同的条件下，选取直径大而根数少的配筋方案，可使裂缝宽度减小。（ ）

17. 钢筋混凝土构件在其他条件相同时，混凝土保护层厚度越大，裂缝宽度越大。（ ）

18. 当计算得到的最大裂缝宽度超出允许值不大时，可以通过增加混凝土保护层厚度的方法来解决。（ ）

19. 由于钢筋混凝土构件在使用阶段一般是带裂缝工作的，故其裂缝控制等级属于三级。（ ）

20. 等截面钢筋混凝土受弯构件各截面的刚度不相等。（ ）

21. 截面有效高度及截面是否有受拉或受压翼缘，对混凝土构件刚度影响显著。（ ）

22. 在荷载长期作用下，引起受弯构件变形增大的原因仅仅是混凝土的徐变和收缩。（ ）

23. 由于混凝土构件的裂缝宽度和变形随时间而变化，因此进行裂缝宽度和变形验算时，除按荷载效应的基本组合计算外，还应考虑荷载长期作用的影响。（ ）

24. 凡是增大混凝土徐变和收缩的因素都将会使构件的刚度降低，挠度增大。（ ）

25. 钢筋混凝土梁在受压区配置钢筋，将增大长期荷载作用下的挠度。（ ）

26. 钢筋混凝土受弯构件挠度验算的目的之一是满足外观和使用者心理的要求。（ ）

27. 混凝土结构的耐久性仅与混凝土保护层厚度有关。（ ）

28. 大气中的CO_2与混凝土中的碱性物质发生化学反应使混凝土的pH降低的现象，称为混凝土的碳化。（ ）

29. 保证混凝土保护层最小厚度不能起到减小混凝土碳化的作用。（ ）

30. 钢筋锈蚀会导致其周边的混凝土保护层胀开甚至脱落，进而降低混凝土结构的耐久性。（ ）

（三）单项选择题

1. 下列情况（ ）不属于正常使用极限状态。

A. 吊车梁的变形过大，吊车不能正常运行

B. 结构因产生过度的塑性变形而不能继续承受荷载

C. 结构的侧移变形过大，影响门窗的正常开关

D. 精密仪表车间楼盖的变形和裂缝宽度过大影响到产品的质量

2. 验算钢筋混凝土受弯构件裂缝宽度和挠度的目的是（ ）。

A. 使构件能够带裂缝工作

B. 使构件满足正常使用极限状态的要求

C. 使构件满足承载能力极限状态的要求

D. 使构件能在弹性阶段工作

3. 一般情况下，钢筋混凝土受弯构件是（ ）。

A. 不带裂缝工作

B. 带裂缝工作

C. 带裂缝工作，但裂缝宽度应受到限制

D. 带裂缝工作，且裂缝宽度不受限制

4. 下列关于钢筋混凝土结构中裂缝的说法错误的是（ ）。

A. 除荷载作用外，混凝土的收缩、温度变化、结构的不均匀沉降都会引起混凝土的开裂

B. 由于混凝土材料的不均匀性，裂缝的出现、分布和开展具有很大的离散性，因此裂缝间距和裂缝宽度是不均匀的

C. 混凝土裂缝间距和裂缝宽度的统计平均值具有一定的规律性

D. 采用直径大、根数少的配筋方案

5. 对于钢筋混凝土轴心受拉构件的裂缝，以下结论不正确的是（　　）。
A. 开裂前，混凝土和钢筋的应变沿构件长度基本上是均匀分布的
B. 距裂缝截面 l 处，混凝土的拉应力又增大到 f_t时，将出现新的裂缝
C. 如果裂缝间的距离小于 l，则裂缝将出齐
D. 裂缝的出现、分布、开展，以及裂缝间距和裂缝宽度均具有很大的离散性
6. 钢筋混凝土梁即将开裂时，纵向受拉钢筋的应力 σ_s与配筋率 ρ 的关系是（　　）。
A. ρ 增大，σ_s明显减小　　B. ρ 增大，σ_s明显增大
C. ρ 减小，σ_s明显增大　　D. σ_s与 ρ 的关系不大
7. 混凝土受弯构件的平均裂缝间距与下列（　　）因素无关。
A. 纵向钢筋配筋率　　B. 纵向受拉钢筋直径
C. 混凝土强度等级　　D. 混凝土保护层厚度
8. 受弯构件计算裂缝宽度时的截面应力图形采用的是适筋梁（　　）。
A. 第Ⅰ阶段的应力图形　　B. 第Ⅰ_a阶段的应力图形
C. 第Ⅱ阶段的应力图形　　D. 第Ⅱ_a阶段的应力图形
9. 下列情况（　　）不是裂缝控制的目的。
A. 满足承载力要求　　B. 满足耐久性要求
C. 满足使用功能要求　　D. 满足外观和使用者心理的要求
10. 下列关于钢筋混凝土构件裂缝控制等级的说法不正确的是（　　）。
A. 根据不同的裂缝控制目的，《设计规范》(GB 50010) 将裂缝控制等级划分为 3 级
B. 一级是按荷载标准组合进行计算时，构件受拉区的混凝土中不应产生拉应力
C. 二级是按荷载标准组合进行计算时，构件受拉区的混凝土中拉应力不超过 f_{tk}
D. 三级是按荷载标准组合并考虑长期作用影响的最大裂缝宽度 $w_{max} \leqslant w_{lim}$
11. 下列关于钢筋混凝土构件裂缝宽度的说法错误的是（　　）。
A. 实测裂缝宽度的频率分布基本为正态分布
B. 现行《设计规范》(GB 50010) 中最大裂缝宽度具有 95%的保证率
C. 现行《设计规范》(GB 50010) 中最大裂缝宽度计算时考虑了长期荷载的影响
D. 现行《设计规范》(GB 50010) 中最大裂缝宽度计算时没有考虑荷载的大小
12. 下列减小钢筋混凝土构件裂缝宽度的措施中，最经济有效的是（　　）。
A. 保持配筋面积不变，改选直径小根数多的变形钢筋
B. 提高混凝土强度等级
C. 加大构件截面尺寸
D. 提高钢筋级别
13. 下列关于钢筋混凝土梁截面抗弯刚度的说法中错误的是（　　）。
A. 截面抗弯刚度随着荷载的增加而减小
B. 截面抗弯刚度沿构件跨度是不变的
C. 长期荷载作用下的抗弯刚度比短期刚度小
D. 截面抗弯刚度随着配筋率的增加而增加
14. 钢筋混凝土受弯构件的挠度是采用（　　）进行验算的。
A. 荷载效应标准组合并考虑荷载的短期作用影响

B. 荷载效应标准组合并考虑荷载的长期作用影响

C. 荷载效应准永久组合并考虑荷载的短期作用影响

D. 荷载效应准永久组合并考虑荷载的长期作用影响

15. 计算钢筋混凝土受弯构件挠度的刚度 B，是考虑了（　　）而建立的。

A. 荷载标准组合

B. 荷载准永久组合

C. 荷载准永久组合并考虑荷载长期作用影响

D. 内力组合设计值

16. 若压、拉钢筋的配筋率之比 ρ'/ρ 增大，则在荷载长期作用下，钢筋混凝土受弯构件的挠度将（　　）。

A. 变大　　B. 变小　　C. 不变　　D. 变大或变小

17. 下列关于最小刚度原则的说法中不正确的是（　　）。

A. 最大弯矩截面处的刚度最小

B. 若某跨的刚度满足 $0.5B_{跨中} \leqslant B_{支座} \leqslant 2B_{跨中}$，则该跨的刚度取跨中最大弯矩截面的刚度

C. 采用最小刚度原则得到的挠度计算值与试验实测值非常接近

D. 对等截面构件，假定同号弯矩区段内的刚度相等并取用该弯矩区段内最小弯矩处的刚度

18. 我国现行《设计规范》(GB 50010) 对钢筋混凝土受弯构件进行挠度验算时，采用（　　）。

A. 平均刚度　　B. 实际刚度

C. 最小刚度　　D. 最大刚度

19. 下列减小钢筋混凝土受弯构件挠度的措施中，最有效的是（　　）。

A. 增大配筋面积 A_s　　B. 增大截面有效高度 h_0

C. 提高混凝土强度等级　　D. 提高钢筋强度等级

20. 提高钢筋混凝土受弯构件截面刚度最有效的措施是（　　）。

A. 提高混凝土强度等级　　B. 增加钢筋的面积

C. 加大截面宽度　　D. 加大截面高度

（四）问答题

1. 结构正常使用极限状态有哪些？与承载能力极限状态计算相比，正常使用极限状态的可靠度怎样？写出结构正常使用极限状态的设计表达式。

2. 对混凝土结构件进行设计时为何要对裂缝宽度进行控制？

3. 钢筋混凝土构件的裂缝为什么发展到一定阶段后，就不会再出现新的裂缝？

4. 什么是钢筋应变不均匀系数 ψ，其物理意义是什么？在计算 ψ 时，为什么要用 ρ_{te}，而不用 ρ？

5. 钢筋混凝土受弯构件的最大裂缝宽度计算公式是根据什么原则确定的？

6. 影响裂缝宽度的主要因素有哪些？裂缝宽度验算时，当出现 $w_{max} > w_{lim}$ 时可以采取哪些解决措施？

7. 减小钢筋混凝土受弯构件裂缝宽度的措施有哪些？

8. 钢筋混凝土梁与匀质弹性材料梁的截面抗弯刚度有何异同？

9. 什么是“最小刚度原则”？为什么可以采用该原则进行变形验算？

10. 就钢筋混凝土受弯构件的短期刚度计算公式 $B_s=\dfrac{E_sA_sh_0^2}{\dfrac{\psi}{\eta}+\dfrac{\alpha_E\rho}{\zeta}}$ 回答下列问题。

(1) 说明建立该公式的要点。

(2) 说明公式中系数 η、ψ 及 ζ 的意义。

(3) 从刚度公式分析提高截面刚度的措施，一般说来哪些措施最有效？

11. 钢筋混凝土受弯构件短期刚度 B_s 与哪些因素有关？如不满足变形限值，应如何处理？

12. 挠度验算时，当出现 $f>f_{lim}$ 时可以采取哪五条解决措施？

13. 影响混凝土结构耐久性的主要因素有哪些？影响混凝土结构耐久性的最主要的综合因素是哪些？

(五) 计算题

1. 矩形截面钢筋混凝土简支梁，截面尺寸 $b\times h=200\text{mm}\times500\text{mm}$，混凝土强度等级为C30，钢筋为HRB400级，4⌀16，$a_s=40\text{mm}$，按荷载效应准永久组合计算的跨中弯矩 $M_q=95\text{kN}\cdot\text{m}$，环境类别为一类。试对其进行裂缝宽度验算。

2. 矩形截面偏心受压柱的截面尺寸 $b\times h=400\text{mm}\times600\text{mm}$，受压钢筋和受拉钢筋均为4⌀20，混凝土强度等级为C30，混凝土保护层厚度 $c_s=35\text{mm}$。按荷载准永久组合计算的轴心压力 $N_q=360\text{kN}$，弯矩 $M_q=180\text{kN}\cdot\text{m}$，柱的计算长度 $l_0=4\text{m}$，环境类别为一类。试验算最大裂缝宽度是否符合要求。

3. 承受均布荷载的矩形截面钢筋混凝土简支梁，计算跨度 $l_0=6.0\text{m}$，截面尺寸 $b\times h=200\text{mm}\times400\text{mm}$。可变荷载标准值 $q_k=12\text{kN/m}$，其准永久系数 $\psi_q=0.5$；混凝土强度等级为C30，钢筋为HRB400级，4⌀16，$a_s=43\text{mm}$，允许挠度为 $l_0/200$。试验算该梁的跨中最大挠度是否符合挠度限值。

4. T形截面钢筋混凝土简支梁，$l_0=6\text{m}$，$b_f'=600\text{mm}$，$h_f'=60\text{mm}$，$b=200\text{mm}$，$h=500\text{mm}$，承受均布荷载，其中：永久荷载标准值为5.0kN/m；可变荷载标准值为3.5kN/m，准永久值系数 $\psi_{q1}=0.4$；雪荷载标准值为0.8kN/m，准永久值系数 $\psi_{q2}=0.2$；混凝土强度等级为C30，纵向受拉钢筋为HRB400级，2⌀14，$a_s=40\text{mm}$，允许挠度为 $l_0/200$。试验算该梁的跨中最大挠度是否符合挠度限值。

二、答案

(一) 填空题

1. 适用性　耐久性

2. 裂缝宽度验算　变形验算

3. 准永久　长期

4. 零　大

5. I_a

6. 小　大　大
7. 增大　减小
8. 离散性（或填“分布不均匀性”）　荷载长期作用
9. 裂缝间纵向受拉钢筋应变不均匀　小　1
10. 小
11. 增大　减小
12. 变化　减小
13. Ⅱ　几何关系　物理关系　平衡关系
14. 混凝土碳化　钢筋锈蚀
15. 设计使用年限　环境类别

（二）判断题

1. T	2. F	3. T	4. T	5. F	6. T	7. F	8. F	9. T	10. F
11. T	12. F	13. F	14. T	15. T	16. F	17. T	18. F	19. T	20. T
21. T	22. F	23. F	24. T	25. F	26. T	27. F	28. T	29. F	30. T

（三）单项选择题

1. B	2. B	3. C	4. D	5. C	6. D	7. C	8. C	9. A	10. D
11. D	12. A	13. B	14. D	15. C	16. B	17. D	18. C	19. B	20. D

（四）问答题

1. 答：结构正常使用极限状态主要指在各种作用下裂缝宽度和变形不超过规定的限值，此外，还包括耐久性的设计。不满足正常使用极限状态的危害比不满足承载能力极限状态的危害要小，因此，相应的目标可靠指标 $[\beta]$ 可适当降低。正常使用极限状态的设计表达式：$S\leqslant C$。

2. 答：因为混凝土结构构件在正常使用阶段一般都是带裂缝工作的。过大的裂缝既损坏结构的外观，给人造成不安全感，又会引起钢筋的严重锈蚀、刚度降低和变形加大。

3. 答：裂缝是由于钢筋与混凝土之间的黏结应力在一定长度上的积累使截面混凝土达到抗拉强度而出现的，同时钢筋与混凝土之间的黏结应力是有限的（黏结强度即是黏结应力的上限值）。因此，当裂缝发展到一定程度，即裂缝间距为某一值时，从两条相邻的裂缝向内通过钢筋与混凝土之间黏结应力的积累再也不能使它们中间的混凝土达到抗拉强度时，就不会出现新的裂缝。记最小裂缝间距为 l，那么当裂缝间距在 l 与 $2l$ 之间时，就不会再出现新的裂缝。

4. 答：钢筋应变不均匀系数 ψ 是指裂缝间纵向钢筋应变的不均匀程度，反映了裂缝间混凝土参与受拉工作的程度。其物理意义是反映裂缝间受力混凝土对纵向受拉钢筋应变的影响程度。计算 ψ 时，需要考虑的参加工作的受拉混凝土主要是指钢筋周围有效约束区范围内的受拉混凝土面积，即有效受拉混凝土面积，ρ_{te} 即是以该部分有效受拉混凝土截面面积计算的受拉钢筋配筋率，而不能采用截面的有效面积或整个截面面积。因此，在计算 φ 时，要用 ρ_{te} 而不用 ρ。

5. 答：最大裂缝宽度 w_{max} 由平均裂缝宽度乘以扩大系数来确定。扩大系数考虑两种情况：其一是在荷载的准永久组合作用下，因裂缝分布的不均匀性而出现较大的裂缝宽度；其二是考虑在荷载长期作用下，因混凝土的进一步收缩及受拉区混凝土的松弛和滑移徐变等因素导致裂缝间受拉混凝土不断退出工作，使已经存在的较大裂缝宽度进一步随时间扩大而出现最大裂缝宽度。现行《设计规范》（GB 50010）要求计算的 w_{max} 具有 95% 的保证率。

6. 答：影响裂缝宽度的主要因素有：构件类型、保护层厚度、配筋率、钢筋应力、钢筋直径和钢筋外形等。裂缝宽度验算不符合要求时可采取以下解决措施：①保持钢筋面积 A_s 不变，改配直径小、根数多的变形钢筋；②当措施①采取后仍不满足时，可增加钢筋面积 A_s；③施加预应力。

7. 答：①采用直径小根数多的变形钢筋；②增加钢筋面积 A_s；③施加预应力。提高混凝土强度等级和加大截面尺寸对减小裂缝宽度作用甚微，一般不宜采用。

8. 答：钢筋混凝土梁通常是带裂缝工作的，且混凝土是非弹性材料，受力后会产生塑性变形，故其截面抗弯刚度沿梁跨度方向是变化的，且随荷载增加而降低，随荷载作用时间增加而降低。而匀质弹性材料梁的截面抗弯刚度 EI 始终为一个不变的常数。

9. 答：最小刚度原则是在等截面构件中，可假定各同号弯矩区段内的刚度相等，并取用该区段内最大弯矩处的刚度。即采用各同号弯矩区段内最大弯矩 M_{max} 处的最小截面刚度 B_{min} 作为该区段的刚度 B 来计算构件的挠度。

使用最小刚度原则得到的挠度计算值与试验实测值非常接近。这是因为：第一，梁的挠度主要是由弯曲变形所引起，而使用最小刚度原则使得挠度计算值偏大，但偏大不多，这是由于靠近支座附近的曲率误差对梁最大挠度的影响很小；第二，忽略了由剪切变形所引起的挠度，从而使得挠度计算值略有偏小。这偏大与偏小基本相当，所以使用最小刚度原则计算钢筋混凝土受弯构件的挠度是合适的。

10. 答：(1) 该公式建立的要点如下。

首先借助力学中刚度的定义：

$$B_s = M_q/\phi$$

再根据荷载准永久组合作用下适筋梁工作第二阶段一个平均裂缝间距的几何关系、物理关系和平衡关系有下列公式。

① 几何关系：

$$\phi = \frac{\varepsilon_{cm} + \varepsilon_{sm}}{h_0}$$

② 物理关系：

$$\begin{cases} \varepsilon_{cm} = \psi_c \dfrac{\sigma_{cq}}{\nu E_c} \\ \varepsilon_{sm} = \psi \dfrac{\sigma_{sq}}{E_s} \end{cases}$$

③ 平衡关系：

$$\begin{cases} \sigma_{cq} = \dfrac{M_q}{\omega \xi \eta b h_0^2} \\ \sigma_{sq} = \dfrac{M_q}{A_s \eta h_0} \end{cases}$$

将平衡关系代入物理关系后，再代入几何关系，最后再代入刚度的定义，过程中令$\zeta=\nu\omega\xi\eta/\psi_c$，即可得到如下计算公式。

$$B_s=\frac{E_sA_sh_0^2}{\dfrac{\psi}{\eta}+\dfrac{\alpha_E\rho}{\zeta}}$$

(2) η、ψ、ζ的意义。

η——开裂截面的内力臂系数，该系数变化较小，《设计规范》(GB 50010) 取$\eta=0.87$。

ψ——钢筋应变的不均匀系数，反映裂缝间混凝土参与受拉工作的程度。ψ越小，裂缝间混凝土参与受拉工作的程度越高；$\psi=1$时，表明钢筋与混凝土之间的黏结作用完全丧失，裂缝间混凝土完全退出工作。

ζ——受压区边缘混凝土平均应变综合系数，其物理意义相当于截面抵抗矩系数。

(3) 提高截面刚度的措施包括增大截面高度，改变截面形状（如增加受压翼缘），增加配筋量和提高混凝土强度等级等。其中最有效的措施是增大截面高度，而改变截面形状（如增加受压翼缘）、增加配筋量和提高混凝土强度等级效果不明显。此外，施加预应力也为有效措施。

11. 答：B_s的影响因素有：配筋率ρ、截面形状、混凝土强度等级、截面有效高度h_0。由此可见，如果挠度验算不符合要求，可采取增大截面高度、提高配筋率ρ、提高混凝土强度等级、增加纵向受压钢筋等措施。

12. 答：①增大构件截面高度；②提高受拉钢筋的配筋率；③提高混凝土强度等级；④在构件受压区增加纵向受压钢筋；⑤施加预应力。

13. 答：影响混凝土结构耐久性的主要因素可分为内部因素和外部因素两个方面。内部因素主要有混凝土的强度、密实性、水泥用量、水灰比、氯离子及碱含量、外加剂用量、保护层厚度等；外部因素则主要是环境条件，包括温度、湿度、CO_2含量、侵蚀性介质等。影响混凝土结构耐久性的最主要的综合因素是混凝土碳化和钢筋锈蚀。

（五）计算题

1. 解：(1) 确定基本参数。

查相关表格可得：C30混凝土的$E_c=3.0\times10^4\,N/mm^2$，$f_{tk}=2.01N/mm^2$；HRB400级钢筋的$E_s=2.0\times10^5\,N/mm^2$，$A_s=804mm^2$；一类环境的$w_{lim}=0.3mm$。

$h_0=h-a_s=500-40=460(mm)$

(2) 计算有效配筋率ρ_{te}。

$A_{te}=0.5bh=0.5\times200\times500=50000(mm^2)$

$\rho_{te}=A_s/A_{te}=804/50000\approx0.016>0.01$，故取$\rho_{te}=0.016$

(3) 计算纵向受拉钢筋的应力σ_{sq}。

$$\sigma_{sq}=\frac{M_q}{0.87h_0A_s}=\frac{95\times10^6}{0.87\times460\times804}\approx295.3(N/mm^2)$$

(4) 计算受拉钢筋应变的不均匀系数ψ。

$$\psi=1.1-\frac{0.65f_{tk}}{\rho_{te}\sigma_{sq}}=1.1-\frac{0.65\times2.01}{0.016\times295.3}\approx0.823\begin{cases}>0.2\\<1.0\end{cases}$$

(5) 计算最大裂缝宽度 w_{max}。

$c_s = a_s - d/2 = 40 - 16/2 = 32(mm) > 20mm$，且 $c_s < 65mm$，带肋钢筋 $\nu = 1.0$，则

$$d_{eq} = \frac{d}{\nu} = \frac{16}{1.0} = 16(mm)$$

$$w_{max} = \alpha_{cr}\psi\frac{\sigma_{sq}}{E_s}\left(1.9c_s + 0.08\frac{d_{eq}}{\rho_{te}}\right)$$

$$= 1.9 \times 0.823 \times \frac{295.3}{2\times10^5} \times \left(1.9 \times 32 + 0.08 \times \frac{16}{0.016}\right)$$

$$\approx 0.325(mm)$$

(6) 验算是否满足裂缝宽度控制要求。

$w_{max} = 0.325mm > w_{lim} = 0.3mm$

所以，裂缝宽度不满足要求。

2. 解：(1) 确定基本参数。

查相关表格可得：C30 混凝土的 $E_c = 3.0\times10^4 N/mm^2$，$f_{tk} = 2.01N/mm^2$；HRB400 级钢筋的 $E_s = 2.0\times10^5 N/mm^2$，$A_s = 1256mm^2$；一类环境的 $w_{lim} = 0.3mm$。

$a_s = c_s + d/2 = 35 + 20/2 = 45(mm)$，$h_0 = h - a_s = 600 - 45 = 555(mm)$

(2) 计算有效配筋率 ρ_{te}。

$A_{te} = 0.5bh = 0.5 \times 400 \times 600 = 120000(mm^2)$

$\rho_{te} = A_s/A_{te} = 1256/120000 \approx 0.0105 > 0.01$，故取 $\rho_{te} = 0.0105$

(3) 计算纵向受拉钢筋的应力 σ_{sq}。

$e_0 = M_q/N_q = 180\times10^6/(360\times10^3) = 500(mm)$

$l_0/h = 4000/600 \approx 6.67 < 14$，故 $\eta_s = 1.0$

$$e = \eta_s e_0 + \frac{h}{2} - a_s = 500 + \frac{600}{2} - 45 = 755(mm),\ \gamma_f' = 0$$

$$z = \eta h_0 = \left[0.87 - 0.12\ (1-\gamma_f')\ \left(\frac{h_0}{e}\right)^2\right]h_0$$

$$= \left[0.87 - 0.12 \times 1 \times \left(\frac{555}{755}\right)^2\right] \times 555$$

$$\approx 447(mm)$$

$$\sigma_{sq} = \frac{N_q(e-z)}{A_s z} = \frac{360\times10^3\times(755-447)}{1256\times447} \approx 197.5(N/mm^2)$$

(4) 计算受拉钢筋应变的不均匀系数 ψ。

$$\psi = 1.1 - \frac{0.65f_{tk}}{\rho_{te}\sigma_{sq}} = 1.1 - \frac{0.65\times2.01}{0.0105\times197.5} \approx 0.470 \begin{cases} >0.2 \\ <1.0 \end{cases}$$

(5) 计算最大裂缝宽度 w_{max}。

带肋钢筋 $\nu = 1.0$，则 $d_{eq} = \frac{d}{\nu} = \frac{20}{1.0} = 20(mm)$

$$w_{max} = \alpha_{cr}\psi\frac{\sigma_{sq}}{E_s}\left(1.9c_s + 0.08\frac{d_{eq}}{\rho_{te}}\right)$$

$$= 1.9 \times 0.470 \times \frac{197.5}{2\times10^5} \times \left(1.9 \times 35 + 0.08 \times \frac{20}{0.0105}\right)$$

$\approx 0.193(\text{mm})$

(6) 验算是否满足裂缝宽度控制要求。

$w_{max}=0.193\text{mm}<w_{lim}=0.3\text{mm}$

所以，裂缝宽度满足要求。

3. 解：(1) 确定基本参数。

查相关表格可得，C30混凝土的$E_c=3.0\times10^4\text{N/mm}^2$，$f_{tk}=2.01\text{N/mm}^2$；HRB400级钢筋的$E_s=2.0\times10^5\text{N/mm}^2$，$A_s=804\text{mm}^2$。

$h_0=h-a_s=400-43=357(\text{mm})$

(2) 按荷载准永久组合计算弯矩M_q。

$g_k=25\times0.2\times0.4=2(\text{kN/m})$，$q_k=12\text{kN/m}$

$$M_q=\frac{1}{8}(g_k+\psi_q q_k)l_0^2=\frac{1}{8}\times(2+0.5\times12)\times6^2=36(\text{kN}\cdot\text{m})$$

(3) 计算有效配筋率ρ_{te}。

$A_{te}=0.5bh=0.5\times200\times400=40000(\text{mm}^2)$

$\rho_{te}=A_s/A_{te}=804/40000=2.01\%>0.01$，故取$\rho_{te}=2.01\%$

(4) 计算纵向受拉钢筋的应力σ_{sq}。

$$\sigma_{sq}=\frac{M_q}{0.87h_0A_s}=\frac{36\times10^6}{0.87\times357\times804}\approx144.2(\text{N/mm}^2)$$

(5) 计算受拉钢筋应变的不均匀系数ψ。

$$\psi=1.1-\frac{0.65f_{tk}}{\rho_{te}\sigma_{sq}}=1.1-\frac{0.65\times2.01}{2.01\%\times144.2}\approx0.649\begin{cases}>0.2\\<1.0\end{cases}$$

(6) 计算短期刚度B_s。

钢筋与混凝土弹性模量的比值：$\alpha_E=\frac{E_s}{E_c}=\frac{2.0\times10^5}{3.0\times10^4}\approx6.67$

纵向受拉钢筋配筋率：$\rho=\frac{A_s}{bh_0}=\frac{804}{200\times357}\approx0.011$

矩形截面：$\gamma_f'=0$

短期刚度：

$$B_s=\frac{E_sA_sh_0^2}{1.15\psi+0.2+\frac{6\alpha_E\rho}{1+3.5\gamma_f'}}=\frac{2.0\times10^5\times804\times357^2}{1.15\times0.649+0.2+\frac{6\times6.67\times0.011}{1+0}}$$

$$\approx1.478\times10^{13}(\text{N}\cdot\text{mm}^2)$$

(7) 计算长期刚度B。

因为未配置受压钢筋，故$\rho'=0$，$\theta=2.0$

$$B=\frac{B_s}{\theta}=\frac{1.478\times10^{13}}{2.0}\approx7.39\times10^{12}(\text{N}\cdot\text{mm}^2)$$

(8) 计算构件挠度并验算。

$$f=\frac{5}{48}\frac{M_ql_0^2}{B}=\frac{5}{48}\times\frac{36\times10^6\times6000^2}{7.39\times10^{12}}\approx18.3(\text{mm})<f_{lim}=\frac{l_0}{200}=30\text{mm}$$

所以，构件挠度满足要求。

4. 解：(1) 确定基本参数。

查相关表格可得：C30 混凝土的 $E_c=3.0\times10^4\text{N/mm}^2$，$f_{tk}=2.01\text{N/mm}^2$；HRB400 级钢筋的 $E_s=2.0\times10^5\text{N/mm}^2$，$A_s=308\text{mm}^2$。

$h_0=h-a_s=500-40=460(\text{mm})$

(2) 按荷载准永久组合计算弯矩 M_q。

$Q_q=g_k+\psi_{q1}q_{k1}+\psi_{q2}q_{k2}=5.0+0.4\times3.5+0.2\times0.8=6.56(\text{kN/m})$

$$M_q=\frac{1}{8}Q_q l_0^2=\frac{1}{8}\times6.56\times6^2=29.52(\text{kN}\cdot\text{m})$$

(3) 计算有效配筋率 ρ_{te}。

$A_{te}=0.5bh=0.5\times200\times500=50000(\text{mm}^2)$

$\rho_{te}=A_s/A_{te}=308/50000\approx0.62\%<0.01$，故取 $\rho_{te}=0.01$

(4) 计算纵向受拉钢筋的应力 σ_{sq}。

$$\sigma_{sq}=\frac{M_q}{0.87h_0A_s}=\frac{29.52\times10^6}{0.87\times460\times308}\approx239.5(\text{N/mm}^2)$$

(5) 计算受拉钢筋应变的不均匀系数 ψ。

$$\psi=1.1-\frac{0.65f_{tk}}{\rho_{te}\sigma_{sq}}=1.1-\frac{0.65\times2.01}{0.01\times239.5}\approx0.554\begin{cases}>0.2\\<1.0\end{cases}$$

(6) 计算短期刚度 B_s。

钢筋与混凝土弹性模量的比值：$\alpha_E=\dfrac{E_s}{E_c}=\dfrac{2.0\times10^5}{3.0\times10^4}\approx6.67$

纵向受拉钢筋配筋率：$\rho=\dfrac{A_s}{bh_0}=\dfrac{308}{200\times460}\approx0.33\%$

T 形截面：$\gamma_f'=\dfrac{(b_f'-b)h_f'}{bh_0}=\dfrac{(600-200)\times60}{200\times460}\approx0.261$

短期刚度：

$$B_s=\frac{E_sA_sh_0^2}{1.15\psi+0.2+\dfrac{6\alpha_E\rho}{1+3.5\gamma_f'}}=\frac{2.0\times10^5\times308\times460^2}{1.15\times0.554+0.2+\dfrac{6\times6.67\times0.33\%}{1+3.5\times0.261}}$$

$$\approx1.439\times10^{13}(\text{N}\cdot\text{mm}^2)$$

(7) 计算长期刚度 B。

因为未配置受压钢筋，故 $\rho'=0$，$\theta=2.0$

$$B=\frac{B_s}{\theta}=\frac{1.439\times10^{13}}{2.0}=7.195\times10^{12}(\text{N}\cdot\text{mm}^2)$$

(8) 计算构件挠度并验算。

$$f=\frac{5}{48}\frac{M_ql_0^2}{B}=\frac{5}{48}\times\frac{29.52\times10^6\times6000^2}{7.195\times10^{12}}\approx15.4(\text{mm})<f_{lim}=\frac{l_0}{200}=30\text{mm}$$

所以，构件挠度满足要求。

第10章 预应力混凝土构件的受力性能与设计

知识点及学习要求：通过本章学习，学生应掌握预应力混凝土的基本概念，熟悉施加预应力的方法和设备，掌握张拉控制应力与预应力损失，熟悉后张法构件端部锚固区的局部承压验算，熟悉预应力混凝土轴心受拉、受弯构件的计算，熟悉部分预应力混凝土及无黏结预应力混凝土结构，掌握预应力混凝土构件的构造要求。

一、习题

（一）填空题

1. 预应力混凝土构件中由于预压应力的存在，可以________（填“增大”或“减小”）混凝土中的拉应力、________（填“加速”或“延缓”）混凝土的开裂和________（填“增大”或“减小”）裂缝宽度，从而提高混凝土构件的________、________和________。

2. 预应力混凝土按施加预应力的方法分类，可分为________和________；按施加预应力的程度分类，可分为________预应力混凝土和________预应力混凝土；按预应力钢筋与混凝土之间的黏结程度分类，可分为________预应力混凝土和________预应力混凝土。

3. 预应力混凝土结构的施工方法按照张拉钢筋和浇筑混凝土次序的先后可分为________和________。其中，不需要张拉台座的是________。

4. 施工时，先张法构件中预应力钢筋的张拉力由________承受，而后张法构件中预应力钢筋的张拉力由________承受。

5. 先张法预应力混凝土构件是依靠________与________之间的________来传递预应力的，而后张法预应力混凝土构件是依靠预应力钢筋端部的________来传递预应力的。

6. 施加预应力时，混凝土的强度不应低于混凝土强度设计值的________%。

7. 预应力混凝土结构中，对混凝土的要求有________、________、________。

8. 预应力混凝土结构中，对预应力钢筋的要求有________、________、________及________。

9. 纵向预应力钢筋布置的形式有________、________和________。

10. 张拉控制应力是指张拉预应力筋完毕时张拉设备测力仪表所显示的________除以________面积得到的应力，它是预应力筋在构件受荷以前所经受的________（填“最大”或“最小”）应力。

11. 由于张拉工艺及材料特性的原因，在预应力混凝土构件的制作和使用过程中，都会使得预应力钢筋的预________应力逐渐减小，从而使得混凝土中的预________应力也相应减小，这种现象称为________。

12. 预应力损失包括 ________、________、________、________、________、________ 共六项。

13. 减小摩擦损失的主要措施有 ________或________。

14. 减小钢筋应力松弛损失的主要措施有________。

15. 按照施工工艺的不同，施加预应力的方法有 ________ 和 ________。其中，________无螺旋筋挤压损失 σ_{l6}，________无温差损失 σ_{l3}。

16. 已知各项预应力损失：锚固回缩损失 σ_{l1}；摩擦损失 σ_{l2}；温差损失 σ_{l3}；应力松弛损失 σ_{l4}；收缩徐变损失 σ_{l5}；螺旋筋挤压损失 σ_{l6}。先张法构件的第一批预应力损失为________，第二批预应力损失为________。后张法构件的第一批预应力损失为________，第二批预应力损失为________。

17. 我国现行《设计规范》（GB 50010）规定，对于先张法构件的预应力总损失至少应取________ MPa，后张法构件的预应力总损失至少应取________ MPa。

18. 预应力混凝土构件从开始受力至破坏，经历了________和________两个阶段的各个应力变化过程。

19. 先张法构件在构件开裂之前，________、________和________三者变形协调。

20. 后张法构件在施工阶段仅________和________ 变形协调，从施加外荷载开始至构件开裂期间 ________、________和________三者变形协调。

21. 在变形协调期间，钢筋的应力变化量是同一纤维高度处混凝土应力变化量的________倍。

22. 换算截面 $A_0=$________，它适用于________张法的施工阶段，以及先张法和后张法构件从施加外荷载开始至混凝土开裂前的________阶段；净截面 $A_n=$________，它适用于________张法的施工阶段。

23. 施工阶段混凝土的收缩徐变________（填“会”或“不会”）引起混凝土自身的应力变化，却________（填“会”或“不会”）引起预应力筋和普通钢筋的应力变化。

24. 对于预应力混凝土轴心受拉构件，预应力筋的合力等效于作用在截面上的一个虚拟的________。

25. 先张法预应力混凝土轴心受拉构件，当加载至混凝土应力为零，即混凝土处于消压状态时，预应力钢筋的应力是________；加载至混凝土即将出现裂缝时，预应力钢筋的应力是________；加载至构件破坏时，预应力钢筋的应力是________。

26. 后张法预应力混凝土轴心受拉构件，当加载至混凝土应力为零，即混凝土处于消压状态时，预应力钢筋的应力是________；加载至混凝土即将出现裂缝时，预应力钢筋的应力是________；加载至构件破坏时，预应力钢筋的应力是________。

27. 先张法预应力混凝土轴心受拉构件的开裂轴力 N_{cr} 为________，极限轴力为________；后张法预应力混凝土轴心受拉构件的开裂轴力 N_{cr} 为________，极限轴力为________。

28. 先张法预应力混凝土轴心受拉构件完成第二批预应力损失时，混凝土的预压应力为________；后张法预应力混凝土轴心受拉构件完成第二批预应力损失时，混凝土的预压应力为________。

29. 预应力混凝土轴心受拉构件的使用阶段可分为________、________和________这三个主要特征阶段。

30. 开裂前，预应力混凝土轴心受拉的先张法构件中预应力钢筋的应力总比后张法的滞后________。

31. 有无________是造成预应力混凝土轴心受拉的先张法构件与后张法构件计算公式有所区别的本质因素。

32. 预应力混凝土轴心受拉构件与条件相同的钢筋混凝土轴心受拉构件相比，其极限承载力 N_u________，其抗裂度 N_{cr}________。

33. 预应力混凝土受弯构件中的钢筋包括________和________。

34. 对于预应力混凝土受弯构件，预应力筋的合力等效于作用在截面上的一个虚拟的________。

35. 预应力混凝土受弯构件的使用阶段可分为________、________、________和________这四个主要特征阶段。

36. 预应力混凝土受弯构件的承载力计算包括________承载力计算、________承载力计算和________承载力计算三个方面。

37. 在预应力混凝土受弯构件的正截面受弯承载力计算公式中，受压区高度 x 应满足的限制条件是________。

38. 预应力混凝土受弯构件主要是依靠________的变化来抵抗外弯矩的作用，而钢筋混凝土受弯构件开裂后，其内力臂基本保持________。

39. 一般情况下，预加力对预应力混凝土受弯构件的斜截面受剪承载力起________（填“有利”或“不利”）作用。

40. 预应力混凝土受弯构件的斜截面受弯承载力一般通过________来保证。

41. 预应力混凝土构件在使用阶段的裂缝控制验算分为________裂缝控制验算和________抗裂验算两个方面。

42. 预应力混凝土受弯构件的挠度由外荷载产生的________和预加力产生的________两部分叠加而成。

43. 对于后张法构件，尚需对其端部锚固区进行________承载力验算。

（二）判断题（对的在括号内写 T，错的在括号内写 F）

1. 在预应力混凝土结构中可以采用高强钢筋，而普通钢筋混凝土结构不可采用高强钢筋。（　　）

2. 预应力混凝土适用于对构件刚度和变形控制要求较高的结构构件。（　　）

3. 所谓预应力，即在承受外荷载前已在钢筋混凝土构件上施加的预拉应力。（　　）

4. 施加预应力是提高钢筋混凝土受弯构件刚度的有效措施。（　　）

5. 混凝土的预压应力用以抵消外荷载引起的拉应力，从而提高结构的承载能力。（　　）

6. 采用预应力筋施加预压应力，不仅能显著改善构件的抗裂性能，而且也可大大提高构件的承载力。（　　）

7. 部分预应力混凝土结构在使用荷载作用下不允许混凝土出现裂缝。（　　）

8. 无黏结预应力是指预应力钢筋伸缩、滑动自由，不与周围混凝土黏结的预应力。（　　）

9. 先张法预应力混凝土结构一般要求混凝土强度达到设计强度的75%以上时，才放松预应力钢筋。（　　）

10. 先张法构件是通过预应力筋端部的锚具来传递预应力的。 （ ）

11. 后张法是在浇灌混凝土并结硬后张拉预应力钢筋的。 （ ）

12. 张拉钢筋时，先张法构件的张拉力由台座承受，后张法构件的张拉力由混凝土构件承受。 （ ）

13. 先张法适用于工厂预制的中小型构件，后张法适用于大型构件和现浇构件。 （ ）

14. 张拉控制应力是指张拉钢筋时，张拉设备（如千斤顶）所指示的总张拉力除以预应力和非预应力钢筋的总截面面积而得到的应力值。 （ ）

15. 张拉控制应力 σ_{con} 越高越好。 （ ）

16. 张拉控制应力 σ_{con} 有上限值，但没有下限值。 （ ）

17. 能使“预应力筋”产生缩短的一切因素都将引起预应力损失。 （ ）

18. 两个预应力混凝土构件，分别长 20m 和 12m，后张法施工，采用相同的锚具，长 20m 的构件由锚具变形引起的预应力损失比长 12m 的构件的损失要大。 （ ）

19. 为了减少预应力损失，在预应力混凝土构件端部应尽量少用垫板。 （ ）

20. 采用两端张拉或超张拉可以减小预应力钢筋与孔道壁之间的摩擦引起的预应力损失。 （ ）

21. 为减小后张法预应力混凝土构件由摩擦引起的预应力损失 σ_{l2}，可采取两端张拉的方法。 （ ）

22. 所谓超张拉是指张拉控制应力超过钢筋屈服强度的方法。 （ ）

23. 先张法构件温差损失 σ_{l3} 产生的原因是张拉钢筋与混凝土之间的温差所致。（ ）

24. 温差损失 σ_{l3} 是先张法所独有的，后张法没有温差损失。 （ ）

25. 预应力钢筋的应力松弛损失是由于张拉端锚具松动产生的。 （ ）

26. 由钢筋应力松弛引起的预应力损失（σ_{l4}）中，除钢筋应力松弛损失外，还包括钢筋的徐变引起的损失值。 （ ）

27. 钢筋应力松弛是指钢筋受拉后在长度不变的条件下，钢筋应力随时间增长而降低的现象。 （ ）

28. 一切能减小混凝土收缩徐变的措施都可以减小预应力混凝土构件的收缩徐变损失。 （ ）

29. 预应力混凝土构件中配置非预应力钢筋可减小混凝土的收缩徐变，因而可使构件的预应力损失值减小。 （ ）

30. 先张法和后张法在计算混凝土弹性压缩损失时其计算公式是完全一样的。（ ）

31. 对先张法构件，预应力传递长度是维持有效预应力所必需的长度。 （ ）

32. 先张法构件在构件开裂之前，预应力筋、普通钢筋和混凝土三者变形协调。（ ）

33. 后张法构件在施工阶段，预应力筋、普通钢筋和混凝土三者变形协调。 （ ）

34. 在变形协调期间，钢筋的应力变化量是同一纤维高度处混凝土应力变化量的 α_E 倍。 （ ）

35. 施工阶段混凝土的收缩徐变会同时引起预应力钢筋和普通钢筋的应力变化。（ ）

36. 有无弹性压缩损失是造成预应力混凝土轴心受拉先张法构件与后张法构件计算公式有所区别的根本因素。 （ ）

37. 条件相同的先张法和后张法预应力混凝土轴心受拉构件，当 σ_{con} 及 σ_l 相同时，后

张法构件中的混凝土有效预压应力 σ_{pcII} 比先张法的大。（　）

38. 条件相同的预应力与非预应力轴心受拉构件相比，其极限承载力相同，但抗裂度提高。（　）

39. 为了保证预应力混凝土轴心受拉构件的可靠性，除要进行构件使用阶段的承载力计算和裂缝控制验算外，还应进行施工阶段的承载力验算，以及后张法构件端部混凝土的局压验算。（　）

40. 在计算预应力混凝土受弯构件的混凝土预应力时，可把预应力钢筋预拉应力的合力 N_p 反向作用在截面上视作外力，并按弹性理论计算截面上混凝土的预应力。（　）

41. 在预应力混凝土受弯构件中，为防止或减缓施工阶段预拉区的裂缝和构件过大的反拱，通常在其受压区配置预应力钢筋 A'_p。（　）

42. 在受弯构件受压区施加预应力（即设置 A'_p），主要是为了解决施工中的问题。（　）

43. 在预应力混凝土受弯构件中，设置非预应力钢筋 A_s、A'_s 的目的主要是承受荷载。（　）

44. 预应力混凝土受弯构件使用阶段与施工阶段的受力状态是相同的。（　）

45. 对受弯构件的受压钢筋施加预应力将降低构件的抗裂度。（　）

46. 对受弯构件的受拉钢筋施加预应力可提高构件的抗裂度和斜截面承载力。（　）

47. 预应力的存在，对预应力混凝土梁正截面的抗弯承载力有明显影响。（　）

48. 对预应力混凝土受弯构件进行正截面受弯承载力计算时，公式适用条件 $x \geqslant 2a'_s$ 是为了保证破坏时预应力受压钢筋达到屈服。（　）

49. 预应力混凝土受弯构件的正截面承载力计算公式的适用条件与普通钢筋混凝土受弯构件是一样的。（　）

50. 预应力混凝土受弯构件的斜截面承载力与同条件下钢筋混凝土受弯构件的斜截面承载力相同。（　）

51. 仅配置 A_p 的预应力受弯构件与条件相同的非预应力受弯构件相比，其正截面受弯承载力相同，斜截面受剪承载力提高。（　）

52. 预应力混凝土受弯构件的斜截面抗弯承载力一般通过构造要求保证。（　）

53. 预应力混凝土受弯构件的抗裂验算仅对正截面进行即可。（　）

54. 与普通钢筋混凝土受弯构件不同，预应力混凝土受弯构件的挠度由两部分组成：预应力产生的向上变形和外荷载产生的向下挠度。（　）

55. 预应力混凝土与同条件普通混凝土相比，在承载力方面主要是提高了开裂荷载，而对于极限荷载则没有提高。（　）

56. 预应力混凝土构件的延性要比普通钢筋混凝土构件的延性好。（　）

57. 预应力混凝土构件在正常使用过程中一定不会出现裂缝。（　）

58. 对于预应力混凝土构件，有抗裂要求时其裂缝控制等级为一级或二级，无抗裂要求时其裂缝控制等级为三级。（　）

（三）单项选择题

1. 普通钢筋混凝土结构不能充分发挥高强钢筋的作用，主要原因是（　　）。

A. 受压混凝土先破坏　　B. 不易满足正常使用极限状态的要求

C. 与混凝土强度不匹配　　　　　D. 承载能力极限状态时钢筋不屈服

2. 先张法构件是通过（　　）来传递预应力的。

A. 预应力筋与混凝土之间的黏结力　B. 锚具

C. 预应力钢筋　　　　　　　　　D. 混凝土

3. 后张法构件是通过（　　）来传递预应力的。

A. 预应力筋与混凝土之间的黏结力　B. 锚具

C. 预应力钢筋　　　　　　　　　D. 混凝土

4. 全预应力混凝土在使用荷载作用下，构件截面混凝土（　　）。

A. 允许出现拉应力　　　　　　　B. 不出现拉应力

C. 允许出现裂缝　　　　　　　　D. 不出现压应力

5. 全预应力混凝土结构和部分预应力混凝土结构（　　）。

A. 在设计荷载作用下，两者都不允许混凝土出现拉应力

B. 在设计荷载作用下，两者都不允许混凝土出现开裂

C. 在设计荷载作用下，前者不允许混凝土出现拉应力，后者允许

D. 在设计荷载作用下，前者允许混凝土全截面参加工作，后者不允许

6. 部分预应力混凝土是指（　　）。

A. 只有一部分是预应力钢筋，其他是普通钢筋

B. 只有一部分混凝土有预应力

C. 一部分是预应力混凝土，一部分是普通钢筋混凝土

D. 在使用荷载作用下构件正截面出现拉应力或限值内的裂缝

7. 在预应力混凝土构件中，应采用（　　）。

A. 高强度混凝土，低强度钢筋　　B. 低强度混凝土，高强度钢筋

C. 高强度混凝土，高强度钢筋　　D. 低强度混凝土，低强度钢筋

8. 预应力混凝土结构的混凝土强度等级不应低于（　　）。

A. C25　　　B. C30　　　C. C40　　　D. C45

9. 下列第（　　）项不是预应力混凝土结构对预应力钢筋的要求。

A. 强度高　　　　　　　　　　　B. 黏结性能好

C. 耐火性能好　　　　　　　　　D. 加工性能好

10. 与普通钢筋混凝土相比，预应力混凝土的优点不包括（　　）。

A. 增大了构件的刚度　　　　　　B. 提高了构件的抗裂能力

C. 提高了构件的延性和变形能力　D. 可用于大跨度、重荷载构件

11. 有关预应力混凝土构件的叙述中，下列说法正确的是（　　）。

A. 预应力混凝土构件与普通钢筋混凝土构件相比，其延性较好

B. 全预应力混凝土结构在使用荷载下有可能带裂缝工作

C. 通过施加预应力可以提高结构的承载能力

D. 对构件的受压钢筋施加预应力将降低构件的抗裂度

12. 下列关于预应力混凝土结构的特性，说法错误的是（　　）。

A. 提高了结构的抗裂性能　　　　B. 提高了结构的承载能力

C. 节省材料，减轻自重　　　　D. 刚度大，抗疲劳性能好

13. 为了减小混凝土受弯构件的裂缝宽度，以下措施中最为有效的是（　　）。

A. 增加钢筋面积　　　　B. 增加截面尺寸

C. 提高混凝土的强度等级　　　　D. 采用预应力混凝土

14. 以下关于张拉控制应力的说法中不正确的是（　　）。

A. 张拉控制应力是张拉设备测力仪表所显示的总张拉力除以所有钢筋面积得到的应力

B. 张拉控制应力取值过高可能发生预应力筋拉断事故

C. 张拉控制应力取值过低会影响预应力筋发挥作用

D. 张拉控制应力既有上限值又有下限值

15. 以下关于预应力损失的说法中不正确的是（　　）。

A. 凡是能使预应力筋产生缩短的一切因素都会引起预应力损失

B. 增加台座长度 l 可以减小锚固回缩损失 σ_{l1}

C. 温差损失 σ_{l3} 不是先张法构件所独有的

D. 螺旋筋挤压损失 σ_{l6} 是后张法构件所独有的

16. 以下第（　　）项预应力损失是后张法构件特有的。

A. 由预应力钢筋和管壁之间的摩擦引起的

B. 由锚具变形引起的

C. 由混凝土弹性压缩引起的

D. 由钢筋应力松弛引起的

17. 以下关于弹性压缩损失的说法中不正确的是（　　）。

A. 先张法轴心受拉构件在施工阶段预应力钢筋有弹性压缩损失

B. 后张法轴心受拉构件在施工阶段预应力钢筋有弹性压缩损失

C. 后张法构件当采用一次张拉所有预应力筋时无弹性压缩损失

D. 有无弹性压缩损失是造成先张法与后张法轴心受拉构件计算公式有所区别的根本因素

18. 先张法预应力混凝土构件，在混凝土预压前（第一批）的损失为（　　）。

A. $\sigma_{l1}+\sigma_{l3}+\sigma_{l4}$　　　　B. $\sigma_{l1}+\sigma_{l2}+\sigma_{l3}$

C. $\sigma_{l1}+\sigma_{l2}$　　　　D. $\sigma_{l1}+\sigma_{l2}+\sigma_{l3}+\sigma_{l4}$

19. 后张法预应力混凝土构件，在混凝土预压前（第一批）的损失为（　　）。

A. $\sigma_{l1}+\sigma_{l3}+\sigma_{l4}$　　　　B. $\sigma_{l1}+\sigma_{l2}+\sigma_{l3}$

C. $\sigma_{l1}+\sigma_{l2}$　　　　D. $\sigma_{l1}+\sigma_{l2}+\sigma_{l3}+\sigma_{l4}$

20. 先张法预应力混凝土构件，在混凝土预压后（第二批）的损失为（　　）。

A. $\sigma_{l4}+\sigma_{l5}+\sigma_{l6}$　　　　B. $\sigma_{l3}+\sigma_{l4}+\sigma_{l5}$

C. σ_{l5}　　　　D. $\sigma_{l4}+\sigma_{l5}$

21. 后张法预应力混凝土构件，在混凝土预压后（第二批）的损失为（　　）。

A. $\sigma_{l4}+\sigma_{l5}+\sigma_{l6}$　　　　B. $\sigma_{l3}+\sigma_{l4}+\sigma_{l5}$

C. σ_{l5}　　　　D. $\sigma_{l4}+\sigma_{l5}$

22. 先张法预应力混凝土轴心受拉构件完成第一批预应力损失时（即放张预应力筋前），下列说法错误的是（　　）。

A. 预应力钢筋的应力 $\sigma_{pe\,I}$ 为 $\sigma_{con}-\sigma_{l\,I}-\alpha_E\sigma_{pc\,I}$

B. 混凝土的预压应力 $\sigma_{pc\,\mathrm{I}}$ 为零

C. 预应力损失 $\sigma_{l\,\mathrm{I}}$ 为 $\sigma_{l1}+\sigma_{l2}+\sigma_{l3}+\sigma_{l4}$

D. 非预应力钢筋的应力 σ_s 为零

23. 先张法预应力混凝土轴心受拉构件完成全部预应力损失时，预应力筋的应力为（　　）。

A. σ_{con}　　B. $\sigma_{con}-\sigma_{l\,\mathrm{I}}$

C. $\sigma_{con}-\sigma_{\mathrm{II}}-\sigma_{l\,\mathrm{II}}$　　D. $\sigma_{con}-\sigma_l-\alpha_E\sigma_{pc\,\mathrm{II}}$

24. 后张法预应力混凝土轴心受拉构件完成第一批预应力损失时，下列说法错误的是（　　）。

A. 预应力钢筋的应力 $\sigma_{pe\,\mathrm{I}}$ 为 $\sigma_{con}-\sigma_{l\,\mathrm{I}}$

B. 混凝土的预压应力 $\sigma_{pc\,\mathrm{I}}$ 为零

C. 预应力损失 $\sigma_{l\,\mathrm{I}}$ 为 $\sigma_{l1}+\sigma_{l2}$

D. 非预应力钢筋的应力 σ_s 为 $\alpha_E\sigma_{pc\,\mathrm{I}}$

25. 预应力混凝土轴心受拉构件如果采用相同的张拉控制应力 σ_{con} 值，且全部预应力损失 σ_l 相同，则完成全部预应力损失时预应力筋中的有效预拉应力，后张法比先张法（　　）。

A. 小　　B. 大　　C. 相同　　D. 不确定

26. 预应力混凝土轴心受拉构件如果采用相同的张拉控制应力 σ_{con} 值，且全部预应力损失 σ_l 相同，则完成全部预应力损失时混凝土中的有效预压应力，后张法比先张法（　　）。

A. 小　　B. 大　　C. 相同　　D. 不确定

27. 后张法预应力混凝土轴心受拉构件完成全部预应力损失后，预应力筋中的总有效预拉力 $N_{pe\,\mathrm{II}}=50\mathrm{kN}$，若加载至截面混凝土应力为零，则消压轴力 N_{p0}（　　）。

A. $=50\mathrm{kN}$　　B. $>50\mathrm{kN}$　　C. $<50\mathrm{kN}$　　D. 无法判别

28. 下列关于预应力混凝土构件的开裂荷载与极限荷载的说明正确的是（　　）。

A. 开裂荷载远小于极限荷载　　B. 开裂荷载与极限荷载比较接近

C. 开裂荷载等于极限荷载　　D. 无法确定

29. 预应力混凝土构件与同条件下的钢筋混凝土构件相比，其延性（　　）。

A. 相同　　B. 大些　　C. 小些　　D. 不确定

30. 预应力混凝土受弯构件除了配置预应力筋 A_p 之外，通常还需要配置预应力筋 A_p' 及普通钢筋 A_s 和 A_s'，下列关于它们的说法中不正确的是（　　）。

A. A_p' 应配置在预应力混凝土受弯构件使用阶段的受拉区

B. 配置 A_p' 主要是为了解决施工阶段中的问题

C. 配置 A_s 和 A'_s 是为了防止因混凝土收缩和温差引起的预拉区裂缝

D. A_s 和 A'_s 的强度等级宜低于预应力筋

31. 通过对预应力混凝土梁各工作阶段的应力状态分析可以看出，下列说法错误的是（　　）。

A. 在施工阶段，梁体基本处于弹性工作阶段

B. 在承受使用荷载到构件出现裂缝的阶段，梁体基本处于弹性工作阶段

C. 在带裂缝工作阶段，梁体处于弹性工作阶段

D. 在破坏阶段，梁体处于塑性工作阶段

32. 在使用荷载作用之前，预应力混凝土受弯构件的（　　）。

A. 预应力钢筋应力为零

B. 混凝土应力为零

C. 预应力钢筋应力不为零，而混凝土应力为零

D. 预应力钢筋和混凝土应力均不为零

33. 在预应力混凝土梁中预应力筋应力较高的情况下，仍可增加较大的荷载，主要的原因是（　　）。

A. 预应力筋的极限强度高　　B. 受压混凝土的 f_c高

C. 受压区面积可继续增大　　D. 内力臂可继续增大

34. 在其他条件相同时，预应力混凝土梁的抗剪承载力与钢筋混凝土梁的抗剪承载力相比，其值要（　　）。

A. 大　　B. 小　　C. 相同　　D. 不能确定

35. 对先张法预应力混凝土受弯构件进行设计时，下列第（　　）项设计内容不需要进行。

A. 使用阶段的承载力计算

B. 使用阶段的裂缝控制和挠度验算

C. 端部锚固区的局部受压承载力计算

D. 施工阶段的承载力验算

(四) 问答题

1. 何谓预应力混凝土？如何进行分类？
2. 为什么要对构件施加预应力？预应力混凝土结构的优缺点是什么？
3. 先张法和后张法的区别何在？试简述它们各自的优缺点及应用范围。
4. 为什么钢筋混凝土受弯构件不能有效利用高强钢筋和高强混凝土？
5. 为什么预应力混凝土构件必须采用高强钢筋和高强混凝土？
6. 什么是张拉控制应力？为什么它的取值不能过高也不能过低？
7. 什么是预应力损失？预应力损失主要包括哪六项？
8. 预应力损失值为什么要分第一批损失和第二批损失？先张法和后张法各项预应力损失是怎样组合的？
9. 以轴心受拉的先张法构件为例，试分析其受力全过程中各特征阶段的预应力筋的应力和混凝土的应力（特征阶段包括放张预应力筋前、放张预应力筋后、完成全部预应力损失、消压状态、开裂的临界状态和承载能力极限状态）。
10. 换算截面 A_0和净截面 A_n分别如何计算？预应力混凝土轴心受拉构件，在施工阶段计算预加应力产生的混凝土法向应力 σ_{pc}时，为什么先张法构件用 A_0而后张法构件用 A_n？但在使用阶段，为什么先张法构件和后张法构件都采用 A_0？
11. 既然预应力混凝土受弯构件中的 A_p'强度不能得到充分利用，为什么还要配置？
12. 对混凝土受弯构件的纵向受拉钢筋施加预应力后，是否可以提高其正截面受弯承

载力和斜截面受剪承载力？为什么？

13. 不同的裂缝控制等级，预应力混凝土构件的正截面裂缝控制验算各应满足什么要求？不满足时怎么办？

14. 预应力混凝土受弯构件的刚度计算公式 $B=\dfrac{M_k}{M_q(\theta-1)+M_k}B_s$ 是如何建立的？试推导之。

15. 已知截面尺寸相同的 4 个受弯构件截面，其配筋如下图所示，混凝土强度等级均为 C40。各截面的开裂弯矩分别为 M_{cr}^1、M_{cr}^2、M_{cr}^3、M_{cr}^4，极限弯矩分别为 M_u^1、M_u^2、M_u^3、M_u^4。试定性地比较：(1) M_{cr}^1、M_{cr}^2、M_{cr}^3、M_{cr}^4之间的大小；(2) M_u^1、M_u^2、M_u^3、M_u^4之间的大小。

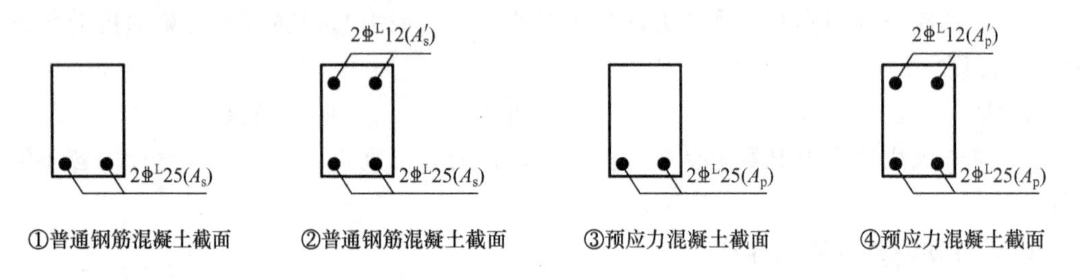

①普通钢筋混凝土截面　②普通钢筋混凝土截面　③预应力混凝土截面　④预应力混凝土截面

（五）计算题

1. 某预应力混凝土轴心受拉构件，长 24m，混凝土截面面积 $A=250\text{mm}\times160\text{mm}=40000\text{mm}^2$，选用混凝土的强度等级为 C60，预应力筋采用低松弛消除应力螺旋肋钢丝 10Φ^H^9，如下图所示，$A_p=636\text{mm}^2$，$f_{ptk}=1570\text{N/mm}^2$。先张法施工，在 100m 台座上直线张拉，端头采用墩头锚具固定预应力筋，超张拉，并考虑蒸汽养护时台座与预应力筋之间的温度差 $\Delta t=20℃$，混凝土达到强度设计值的 80%时放松钢筋。试计算第一批、第二批预应力损失及总预应力损失。

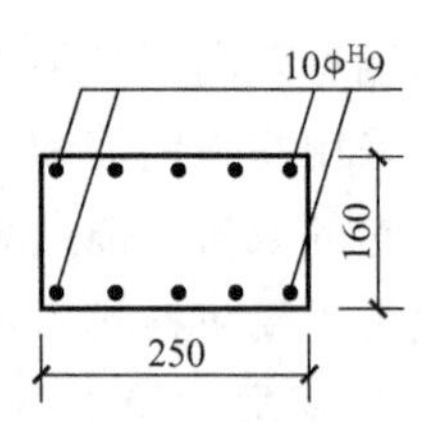

2. 已知后张法一端张拉的有黏结预应力混凝土轴心受拉构件的截面如下图所示。混凝土强度等级为 C50，当混凝土达到设计规定的强度后张拉预应力筋（采用超张拉），直线布置的预应力筋采用低松弛钢绞线（$f_{ptk}=1860\text{N/mm}^2$），普通钢筋采用 HRB400 级钢筋。构件长度为 24m，采用夹片式锚具，孔道为预埋金属波纹管，预留孔道直径为 55mm。构件承受的荷载：轴心拉力设计值 $N=490\text{kN}$，按荷载的标准组合计算的轴心拉力值 $N_k=390\text{kN}$，按荷载的准永久组合计算的轴心拉力值 $N_q=200\text{kN}$。裂缝控制等级为二级。试进行使用阶段的承载力计算和裂缝控制验算，并验算构件端部锚固区的局部受压承载力。

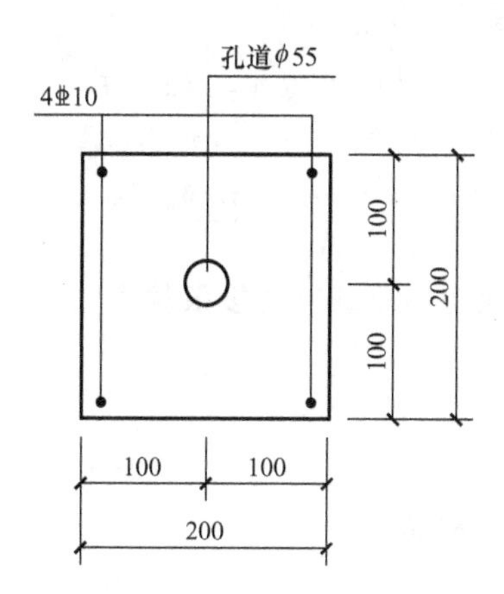

二、答案

(一) 填空题

1. 减小　延缓　减小　抗裂度　刚度　耐久性
2. 先张法　后张法　全　部分　有黏结　无黏结
3. 先张法　后张法　后张法
4. 张拉台座　混凝土构件
5. 预应力钢筋　混凝土　黏结力　锚具
6. 75
7. 强度高　收缩和徐变小　快硬早强
8. 强度高　较好的塑性　良好的加工性能　良好的黏结性能
9. 直线形　曲线形　折线形
10. 总张拉力　预应力钢筋　最大
11. 拉　压　预应力损失
12. 锚固回缩损失 σ_{l1}　摩擦损失 σ_{l2}　温差损失 σ_{l3}　应力松弛损失 σ_{l4}　收缩徐变损失 σ_{l5}　螺旋筋挤压损失 σ_{l6}
13. 两端张拉　超张拉
14. 超张拉
15. 先张法　后张法　先张法　后张法
16. $\sigma_{l1}+\sigma_{l2}+\sigma_{l3}+\sigma_{l4}$　σ_{l5}　$\sigma_{l1}+\sigma_{l2}$　$\sigma_{l4}+\sigma_{l5}+\sigma_{l6}$
17. 100　80
18. 施工　使用
19. 预应力筋　普通钢筋　混凝土
20. 普通钢筋　混凝土　预应力筋　普通钢筋　混凝土
21. α_E
22. $A_c+\alpha_E A_s+\alpha_E A_p$　先　使用　$A_c+\alpha_E A_s$　后
23. 不会　会
24. 轴心压力

25. $\sigma_{con}-\sigma_l$　$\sigma_{con}-\sigma_l+\alpha_E f_{tk}$　f_{py}

26. $\sigma_{con}-\sigma_l+\alpha_E\sigma_{pc\,II}$　$\sigma_{con}-\sigma_l+\alpha_E\sigma_{pc\,II}+\alpha_E f_{tk}$　f_{py}

27. $(\sigma_{pc\,II}+f_{tk})A_0$　$f_{py}A_p+f_yA_s$　$(\sigma_{pc\,II}+f_{tk})A_0$　$f_{py}A_p+f_yA_s$

28. $\dfrac{(\sigma_{con}-\sigma_l)A_p-\sigma_{l5}A_s}{A_0}$　$\dfrac{(\sigma_{con}-\sigma_l)A_p-\sigma_{l5}A_s}{A_n}$

29. 消压状态　开裂临界状态　承载能力极限状态

30. $\alpha_E\sigma_{pc}$

31. 弹性压缩损失

32. 相等　提高

33. 预应力钢筋　非预应力钢筋

34. 偏心压力

35. 消压状态　开裂临界状态　荷载标准组合作用状态　承载能力极限状态

36. 正截面受弯　斜截面受剪　斜截面受弯

37. $2a'\leqslant x\leqslant\xi_b h_0$

38. 内力臂　不变

39. 有利

40. 构造措施

41. 正截面　斜截面

42. 挠度　反拱

43. 局部受压

(二) 判断题

1. T　2. T　3. F　4. T　5. F　6. F　7. F　8. T　9. T　10. F
11. T　12. T　13. T　14. F　15. F　16. F　17. T　18. F　19. T　20. T
21. T　22. F　23. F　24. T　25. F　26. T　27. T　28. T　29. T　30. F
31. T　32. T　33. F　34. T　35. T　36. T　37. T　38. T　39. T　40. T
41. T　42. T　43. F　44. F　45. T　46. T　47. F　48. F　49. T　50. F
51. T　52. T　53. F　54. T　55. T　56. F　57. F　58. T

(三) 单项选择题

1. B　2. A　3. B　4. B　5. C　6. D　7. C　8. B　9. C　10. C
11. D　12. B　13. D　14. A　15. C　16. A　17. B　18. D　19. C　20. C
21. A　22. A　23. D　24. B　25. B　26. B　27. B　28. B　29. C　30. A
31. C　32. D　33. D　34. A　35. C

(四) 问答题

1. 答：预应力混凝土是指配置受力的预应力筋，通过张拉或其他方法建立预加应力的混凝土结构。

根据制作、设计和施工的特点，预应力混凝土可以有不同的分类。

（1）先张法和后张法。

先张法是制作预应力混凝土构件时，先张拉预应力钢筋后浇筑混凝土的一种方法；而后张法是先浇筑混凝土，待混凝土达到规定强度后再张拉预应力钢筋的一种方法。

（2）全预应力混凝土和部分预应力混凝土。

全预应力混凝土是在使用荷载作用下，构件截面混凝土不出现拉应力，即为全截面受压。部分预应力混凝土是在使用荷载作用下，构件截面混凝土允许出现拉应力或开裂，即只有部分截面受压。

（3）有黏结预应力与无黏结预应力。

有黏结预应力是指沿预应力筋全长其周围均与混凝土黏结、握裹在一起的预应力混凝土结构。无黏结预应力是指预应力筋伸缩、滑动自由，不与周围混凝土黏结的预应力混凝土结构。

2. 答：为了避免钢筋混凝土结构的裂缝过早出现，为了避免因满足变形和裂缝控制的要求而导致构件自重过大所造成的不经济和不能应用于大跨度结构，也为了能充分利用高强度钢筋及高强度混凝土，可以采用对构件施加预应力的方法来解决。

预应力混凝土结构的优点是：①提高了构件的抗裂度和刚度；②充分发挥了高强材料的性能；③取得了节约钢筋、减轻自重的效果，抗剪、抗疲劳性能增强，耐久性好，克服了钢筋混凝土的主要缺点；④扩大了混凝土结构的应用范围。其缺点是：①施工工序复杂；②对施工要求较高；③需要张拉设备和锚夹具；④人工费用高。因此它适用于钢筋混凝土难以满足的情形（如大跨度及重荷载结构）。

3. 答：先张法与后张法的区别主要在于二者传递预应力的方式不同，前者是通过预应力钢筋与混凝土之间的黏结力来传递预应力的；后者是通过预应力筋端部的锚具来传递预应力的。先张法的优点是：①张拉工艺简单；②锚具可重复利用；③适合于量大面广的中小型构件。其缺点是：①需要较大台座或成批的钢模等固定设备，一次性投资大；②预应力筋为直线形，曲线布置困难。后张法的优点是：①直接在构件上张拉预应力筋；②预应力筋可为直线形、曲线形等；③适宜运输不便、现场施工的大型构件等。其缺点是：①永久性锚具的耗钢量大；②张拉工序比先张法复杂，施工周期长。

4. 答：在使用荷载作用下，钢筋混凝土结构通常是带裂缝工作的。对于使用上允许出现裂缝且裂缝宽度限值为 0.2～0.3mm 的钢筋混凝土受弯构件，其纵向受拉钢筋的应力只有 150～250MPa，这与 HRB400、HRB335、HPB300 钢筋正常使用阶段的工作应力接近。由此可见，若采用高强钢筋，其结果必然导致裂缝宽度增大，而不能满足正常使用极限状态的要求。同样，采用高强混凝土也没有显著的经济效益，因为高强混凝土对提高构件的抗裂性、抗弯刚度和减小裂缝宽度的作用很小。

5. 答：预应力混凝土构件的预应力钢筋必须采用高强钢筋，是因为混凝土预压应力的大小取决于预应力钢筋张拉应力的大小，考虑到构件在制作过程中会出现各种预应力损失，因此需要采用较高的张拉应力，也就要求预应力钢筋具有较高的抗拉强度。预应力混凝土构件必须采用高强混凝土，是因为混凝土强度越高它能够承受的预压应力也越高，且强度高的混凝土对采用先张法的构件可提高钢筋与混凝土之间的黏结力，对采用后张法的构件可提高锚固端的局部受压承载力。同时，采用高强钢筋和高强混凝土相配合，可以获得较经济的构件截面尺寸。

6. 答：张拉控制应力是指预应力钢筋在进行张拉时所控制达到的最大应力值，其值为张拉设备的测力仪表所显示的总张拉力除以预应力钢筋截面面积所得到的应力值，用 σ_{con} 表示。

张拉控制应力的取值不能过高也不能过低。如果张拉控制应力取值过高，则可能引起以下问题：①张拉过程中个别预应力筋可能被拉断；②施工阶段可能引起构件某些部位出现拉应力甚至拉裂，还可能使后张法构件端部混凝土产生局部受压破坏；③使构件的开裂荷载和破坏荷载更加接近，一旦开裂构件很快就会破坏，从而发生无明显征兆的脆性破坏。如果张拉控制应力取值过低，则预应力钢筋经过各种预应力损失后，对混凝土产生的预压应力过小，就不能有效地提高预应力混凝土构件的抗裂度和刚度。

7. 答：预应力筋张拉到控制应力 σ_{con} 后，由于各种因素的影响，其应力值将有一定幅度的降低，这个应力降低值就是预应力损失。预应力损失主要包括六项：①张拉端锚具变形和预应力筋内缩引起的预应力损失 σ_{l1}；②张拉预应力筋时由摩擦引起的预应力损失 σ_{l2}；③混凝土加热养护时预应力筋与台座之间的温差引起的预应力损失 σ_{l3}；④预应力筋应力松弛引起的预应力损失 σ_{l4}；⑤混凝土收缩和徐变引起的预应力损失 σ_{l5}；⑥环形构件由螺旋式预应力筋挤压混凝土引起的预应力损失 σ_{l6}。

8. 答：因为六种预应力损失值有的只发生在先张法构件中，有的只发生在后张法构件中，有的两种构件均有，而且是分批产生的，因此，为了便于分析和计算，《设计规范》(GB 50010）按混凝土预压前和混凝土预压后将预应力损失值分为第一批损失 $\sigma_{l\mathrm{I}}$ 和第二批损失 $\sigma_{l\mathrm{II}}$。先张法构件的预应力损失值的组合：第一批损失为 $\sigma_{l1}+\sigma_{l2}+\sigma_{l3}+\sigma_{l4}$，第二批损失为 σ_{l5}。后张法构件的预应力损失值的组合：第一批损失为 $\sigma_{l1}+\sigma_{l2}$，第二批损失为 $\sigma_{l4}+\sigma_{l5}+\sigma_{l6}$。

9. 答：(1) 放张预应力筋前。

混凝土中的应力：$\sigma_c=0$

预应力筋中的应力：$\sigma_p=\sigma_{con}-\sigma_{l\mathrm{I}}$

(2) 放张预应力筋后。

混凝土中的应力：$\sigma_{pc\mathrm{I}}=\dfrac{(\sigma_{con}-\sigma_{l\mathrm{I}})A_p}{A_0}$

预应力筋中的应力：$\sigma_{pe\mathrm{I}}=\sigma_{con}-\sigma_{l\mathrm{I}}-\alpha_E\sigma_{pc\mathrm{I}}$

(3) 完成全部预应力损失时。

混凝土中的应力：$\sigma_{pc\mathrm{II}}=\dfrac{(\sigma_{con}-\sigma_l)A_p-\sigma_{l5}A_s}{A_0}$

预应力筋中的应力：$\sigma_{pe\mathrm{II}}=\sigma_{con}-\sigma_l-\alpha_E\sigma_{pc\mathrm{II}}$

(4) 消压状态。

混凝土中的应力：$\sigma_c=0$

预应力筋中的应力：$\sigma_{p0}=\sigma_{con}-\sigma_l$

(5) 开裂的临界状态。

混凝土中的应力：$\sigma_c=f_{tk}$

预应力筋中的应力：$\sigma_p=\sigma_{con}-\sigma_l+\alpha_E f_{tk}$

(6) 承载能力极限状态。

裂缝截面上混凝土中的应力：$\sigma_c=0$

裂缝截面上预应力筋中的应力：$\sigma_p=f_{py}$

10. 答：换算截面 $A_0=A_c+\alpha_E A_s+\alpha_E A_p$，净截面 $A_n=A_c+\alpha_E A_s$。由于预应力混凝土轴心受拉先张法构件，放张钢筋、产生弹性回缩时预应力钢筋与混凝土已产生了良好的黏结力，混凝土、普通钢筋和预应力钢筋一起回缩，故计算 σ_{pc}时采用换算截面 A_0。而后张法构件是在张拉钢筋的过程中产生弹性回缩的，此时预应力筋孔道还没有灌浆，预应力筋和混凝土之间还没有产生黏结力，只有混凝土和普通钢筋一起回缩，故计算 σ_{pc}时采用净截面 A_n。但在使用阶段，后张法有黏结预应力混凝土的预应力筋孔道已经灌浆，预应力筋和混凝土之间已经产生黏结力，因此，在轴心拉力作用下，无论先张法还是后张法，混凝土、普通钢筋和预应力钢筋都是一起受拉的，故先张法构件和后张法构件都采用 A_0 计算混凝土应力。

11. 答：配置 A_p'的目的是控制施工阶段预拉区出现较大的拉应力而引起开裂和构件过大的反拱，由于其强度不能得到充分利用，故应尽可能少配置。

12. 答：对受弯构件的纵向受拉钢筋施加预应力后，其正截面受弯承载力不会提高，但斜截面受剪承载力将有所提高。这是因为预应力混凝土受弯构件破坏时正截面上的应力状态与钢筋混凝土受弯构件的应力状态相似，即破坏时截面上受拉区的预应力钢筋先达到屈服强度，而后受压区混凝土被压碎使截面破坏，其正截面受弯承载力计算值与相同材料强度等级及相同截面尺寸和配筋的钢筋混凝土受弯构件的正截面受弯承载力计算值完全相同。但对于斜截面受剪承载力，由于预应力抑制了斜裂缝的出现和发展，增加了混凝土剪压区高度，从而提高了混凝土剪压区的受剪承载力，故预应力混凝土受弯构件的斜截面受剪承载力比相同条件的钢筋混凝土受弯构件的大些。

13. 答：裂缝控制等级为一级时，严格要求不出现裂缝的预应力混凝土构件，在荷载标准组合下，受拉边缘应力应满足：$\sigma_{ck}-\sigma_{pc}\leqslant 0$。

裂缝控制等级为二级时，一般要求不出现裂缝的预应力混凝土构件，在荷载标准组合下，受拉边缘应力应满足：$\sigma_{ck}-\sigma_{pc}\leqslant f_{tk}$。

裂缝控制等级为三级时，允许出现裂缝的预应力混凝土构件，按荷载标准组合并考虑长期作用影响的效应计算，最大裂缝宽度应满足：$w_{max}\leqslant w_{lim}$。

当裂缝控制等级不满足要求时，应采取增加预应力、提高混凝土强度等级等措施。

14. 答：根据右图的 $M-1/r$ 曲线，同时由$\frac{1}{r}=\frac{M}{B_s}$可得：

$$\begin{cases}\dfrac{1}{r_1}=\dfrac{M_q}{B_s}\\[2ex]\dfrac{1}{r}-\dfrac{\theta}{r_1}=\dfrac{M_k-M_q}{B_s}\end{cases}$$

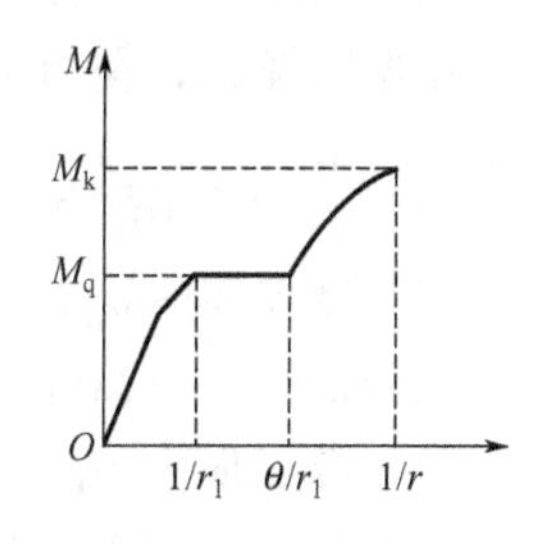

$$\text{而 } B=\frac{M_k}{\dfrac{1}{r}}=\frac{M_k}{\dfrac{\theta}{r_1}+\dfrac{M_k-M_q}{B_s}}=\frac{M_k}{\dfrac{\theta M_q}{B_s}+\dfrac{M_k-M_q}{B_s}}$$

$$\Rightarrow B=\frac{M_k}{M_q(\theta-1)+M_k}B_s$$

15. 答：(1) 当 $y_p'>h/6$ 时，$M_{cr}^3>M_{cr}^4>M_{cr}^2>M_{cr}^1$；当 $y_p'\leqslant h/6$ 时，$M_{cr}^4\geqslant M_{cr}^3>$

$M_{cr}^{2}>M_{cr}^{1}$。

分析：$M_{cr}=\gamma f_{tk}W_{0}$（普通混凝土）；$M_{cr}=(\sigma_{pc\,\text{II}}+\gamma f_{tk})\ W_{0}$（预应力混凝土）

所以，M_{cr}^{3}、$M_{cr}^{4}>M_{cr}^{2}$、M_{cr}^{1}

对普通混凝土，配受压钢筋可增大 W_{0}，则有 $W_{0}^{2}>W_{0}^{1}$，所以 $M_{cr}^{2}>M_{cr}^{1}$

对预应力混凝土：$\sigma_{pc\text{II}}=\dfrac{N_{p}}{A}+\dfrac{N_{p}e_{p}}{I}y$

对情况 3：$(\sigma_{pc\text{II}})_{3}=\dfrac{N_{p}}{A}+\dfrac{N_{p}y_{p}}{I}y$

对情况 4：$(\sigma_{pc\text{II}})_{4}=\dfrac{N_{p}+N_{p}'}{A}+\dfrac{(N_{p}-N_{p}')e_{p}}{I}y=(\sigma_{pc\text{II}})_{3}+\left(\dfrac{N_{p}'}{A}-\dfrac{N_{p}'y_{p}'}{I}y\right)$

当 $y_{p}'>h/6$ 时，则 $(\sigma_{pc\,\text{II}})_{3}>(\sigma_{pc\,\text{II}})_{4}$，从而推得 $M_{cr}^{3}>M_{cr}^{4}>M_{cr}^{2}>M_{cr}^{1}$。

当 $y_{p}'\leqslant h/6$ 时，则 $(\sigma_{pc\,\text{II}})_{3}\leqslant(\sigma_{pc\,\text{II}})_{4}$，从而推得 $M_{cr}^{4}\geqslant M_{cr}^{3}>M_{cr}^{2}>M_{cr}^{1}$。

（2）当 σ_{pe}' 为压应力时，$M_{u}^{2}>M_{u}^{4}>M_{u}^{1}=M_{u}^{3}$；当 σ_{pe}' 为拉应力时，$M_{u}^{2}>M_{u}^{1}=M_{u}^{3}>M_{u}^{4}$。

分析：破坏时，预应力混凝土单筋梁承载力与非预应力混凝土单筋梁承载力相同，即 $M_{u}^{1}=M_{u}^{3}$；破坏时，非预应力混凝土双筋梁承载力比单筋梁承载力高，即 $M_{u}^{2}>M_{u}^{1}=M_{u}^{3}$。

若 σ_{pe}' 为压应力，则 $-f_{py}'<\sigma_{pe}'=\sigma_{p0}'-f_{py}'<0$，从而推得 $M_{u}^{2}>M_{u}^{4}>M_{u}^{1}=M_{u}^{3}$。

若 σ_{pe}' 为拉应力，则 $\sigma_{pe}'=\sigma_{p0}'-f_{py}'>0$，从而推得 $M_{u}^{2}>M_{u}^{1}=M_{u}^{3}>M_{u}^{4}$。

（五）计算题

1. 解：查相关表格可得如下参数。

C60 混凝土：$f_{c}=27.5\text{N/mm}^{2}$，$f_{ck}=38.5\text{N/mm}^{2}$，$f_{t}=2.04\text{N/mm}^{2}$，$f_{tk}=2.85\text{N/mm}^{2}$，$E_{c}=3.6\times10^{4}\text{N/mm}^{2}$。

预应力钢筋为 $10\Phi^{H}9$ 的消除应力螺旋肋钢丝：$A_{p}=636\text{mm}^{2}$，$f_{ptk}=1570\text{N/mm}^{2}$，$f_{py}=1110\text{N/mm}^{2}$，$E_{s}=2.05\times10^{5}\text{N/mm}^{2}$。

计算得如下参数。

张拉控制应力：$\sigma_{con}=0.75f_{ptk}=0.75\times1570\approx1178(\text{N/mm}^{2})$

放松钢筋时的混凝土立方体抗压强度：$f_{cu}'=0.8\times60=48(\text{N/mm}^{2})$

截面几何特征：$\alpha_{E}=E_{s}/E_{c}=2.05\times10^{5}/3.6\times10^{4}\approx5.69$

$$A_{n}=A-A_{p}=40000-636=39364(\text{mm}^{2})$$

$$A_{0}=A_{n}+\alpha_{E}A_{p}=39364+5.69\times636\approx42983(\text{mm}^{2})$$

（1）锚固回缩损失 σ_{l1}。

由墩头锚具，查相关表格得 $a=1\text{mm}$，则

$$\sigma_{l1}=\frac{a}{l}E_{s}=\frac{1}{100000}\times2.05\times10^{5}=2.05(\text{N/mm}^{2})$$

（2）摩擦损失 σ_{l2}。

先张法构件，预应力筋采用直线布置，故 $\sigma_{l2}=0$

（3）温差损失 σ_{l3}。

$\sigma_{l3}=2\Delta t=2\times20=40(\text{N/mm}^{2})$

（4）应力松弛损失 σ_{l4}。

采用低松弛消除应力钢丝，因 $0.7f_{ptk}<\sigma_{con}=0.75f_{ptk}\leqslant0.8f_{ptk}$，故

$$\sigma_{l4}=0.2\left(\frac{\sigma_{con}}{f_{ptk}}-0.575\right)\sigma_{con}=0.2\times\left(\frac{1178}{1570}-0.575\right)\times1178\approx41.31(\text{N/mm}^2)$$

则第一批预应力损失：$\sigma_{l\text{I}}=\sigma_{l1}+\sigma_{l2}+\sigma_{l3}+\sigma_{l4}=2.05+0+40+41.31=83.36(\text{N/mm}^2)$

（5）收缩徐变损失 σ_{l5}。

$$\sigma_{pc\text{I}}=\frac{(\sigma_{con}-\sigma_{l\text{I}})A_p}{A_0}=\frac{(1178-83.36)\times636}{42983}\approx16.20(\text{N/mm}^2)$$

$$\rho=\frac{0.5(A_p+A_s)}{A_0}=\frac{0.5\times636}{42983}\approx0.74\%$$

$$\frac{\sigma_{pc\text{I}}}{f'_{cu}}=\frac{16.20}{48}=0.3375<0.5(\text{满足要求})$$

$$\sigma_{l5}=\frac{60+340\dfrac{\sigma_{pc\text{I}}}{f'_{cu}}}{1+15\rho}=\frac{60+340\times0.3375}{1+15\times0.0074}\approx157.29(\text{N/mm}^2)$$

则第二批预应力损失：$\sigma_{l\text{II}}=\sigma_{l5}=157.29(\text{N/mm}^2)$

总预应力损失：$\sigma_l=\sigma_{l\text{I}}+\sigma_{l\text{II}}=83.36+157.29=240.65(\text{N/mm}^2)>100\text{N/mm}^2$

2. 解：（1）基本参数。查相关表格可得如下参数。

C50 混凝土：$f_{tk}=2.64\text{N/mm}^2$，$f_c=23.1\text{N/mm}^2$，$E_c=3.45\times10^4\text{N/mm}^2$。

预应力筋：低松弛钢绞线（$f_{ptk}=1860\text{N/mm}^2$），$f_{py}=1320\text{N/mm}^2$，$E_p=1.95\times10^5\text{N/mm}^2$。

普通钢筋：HRB400 钢筋，$f_y=360\text{N/mm}^2$，$E_s=2.0\times10^5\text{N/mm}^2$。

（2）使用阶段的承载力计算。

按构造要求配置 4⏀10 的普通钢筋，则 $A_s=314\text{mm}^2$

$$A_p=\frac{N-f_yA_s}{f_{py}}=\frac{490\times10^3-360\times314}{1320}\approx286(\text{mm}^2)$$

选用一束钢绞线，每束 $5\phi^S10.8$，$A_p=295\text{mm}^2$

（3）使用阶段的裂缝控制验算。

① 截面几何特征。

$A_c=200\times200-3.14\times55^2/4\approx37625(\text{mm}^2)$

$\alpha_{Ep}=E_p/E_c=1.95\times10^5/3.45\times10^4\approx5.65$

$\alpha_{Es}=E_s/E_c=2.0\times10^5/3.45\times10^4\approx5.80$

$A_n=A_c+\alpha_{Es}A_s=37625+5.80\times314\approx39446(\text{mm}^2)$

$A_0=A_c+\alpha_{Es}A_s+\alpha_{Ep}A_p=37625+5.80\times314+5.65\times295\approx41113(\text{mm}^2)$

② 张拉控制应力。

$\sigma_{con}=0.75f_{ptk}=0.75\times1860=1395(\text{N/mm}^2)$

张拉预应力筋时的混凝土立方体抗压强度：$f'_{cu}=50\text{N/mm}^2$

③ 预应力损失值。

锚固回缩损失 σ_{l1}：由夹片式锚具，查相关表格得 $a=5\text{mm}$，则

$$\sigma_{l1}=\frac{a}{l}E_p=\frac{5}{24000}\times1.95\times10^5\approx40.63(\text{N/mm}^2)$$

摩擦损失 σ_{l2}：直线配筋，则 $\theta=0°$，$x=24\text{m}$，查相关表格得 $k=0.0015$，$\mu=0.25$

$\sigma_{l2}=\sigma_{con}\left(1-\frac{1}{e^{(kx+\mu\theta)}}\right)=1395\times\left(1-\frac{1}{e^{(0.0015\times24+0.25\times0)}}\right)\approx49.33(N/mm^2)$

则第一批预应力损失：$\sigma_{l\mathrm{I}}=\sigma_{l1}+\sigma_{l2}=40.63+49.33=89.96(N/mm^2)$

应力松弛损失 σ_{l4}：采用低松弛钢绞线，因 $0.7f_{ptk}<\sigma_{con}=0.75f_{ptk}\leqslant0.8f_{ptk}$，故

$\sigma_{l4}=0.2\left(\frac{\sigma_{con}}{f_{ptk}}-0.575\right)\sigma_{con}=0.2\times(0.75-0.575)\times1395\approx48.83(N/mm^2)$

收缩徐变损失 σ_{l5}：

$\sigma_{pc\mathrm{I}}=\frac{(\sigma_{con}-\sigma_{l\mathrm{I}})\ A_p}{A_n}=\frac{(1395-89.96)\ \times295}{39446}\approx9.76(N/mm^2)$

$\rho=\frac{0.5\ (A_p+A_s)}{A_n}=\frac{0.5\times\ (295+314)}{39446}\approx0.77\%$

$\frac{\sigma_{pc\mathrm{I}}}{f'_{cu}}=\frac{9.76}{50}=0.1952<0.5$（满足要求）

$\sigma_{l5}=\frac{55+300\frac{\sigma_{pc\mathrm{I}}}{f'_{cu}}}{1+15\rho}=\frac{55+300\times0.1952}{1+15\times0.0077}\approx101.80(N/mm^2)$

则第二批预应力损失：$\sigma_{l\mathrm{II}}=\sigma_{l4}+\sigma_{l5}=48.83+101.80=150.63(N/mm^2)$

总预应力损失：$\sigma_l=\sigma_{l\mathrm{I}}+\sigma_{l\mathrm{II}}=89.96+150.63=240.59(N/mm^2)>80N/mm^2$

④ 裂缝控制验算。

$\sigma_{ck}=\frac{N_k}{A_0}=\frac{390\times10^3}{41113}\approx9.49(N/mm^2)$

$\sigma_{pc}=\frac{(\sigma_{con}-\sigma_l)A_p-\sigma_{l5}A_s}{A_n}=\frac{(1395-240.59)\times295-101.80\times314}{39446}\approx7.82(N/mm^2)$

故 $\sigma_{ck}-\sigma_{pc}=9.49-7.82=1.67(N/mm^2)<f_{tk}=2.64N/mm^2$（满足要求）

(4) 局部受压验算。

① 局部受压面积验算。

有黏结预应力混凝土，$F_l=1.2\sigma_{con}A_p=1.2\times1395\times295=493830(N)=493.8kN$

因为采用夹片式锚具，其直径为 100mm，垫板厚度为 16mm，按 45°扩散后，受压面积的直径增加到 100+2×16=132(mm)，则实际局部受压面积为：

$A_l=\frac{\pi}{4}\times132^2\approx13685(mm^2)$

在构件端部，由预留孔中心至下边缘的距离为 100+50=150(mm) [图(a)]，根据同心对称的原则确定局部受压的计算底面积 A_b，可得

$A_b=2\times150\times200=60000(mm^2)$

$\beta_l=\sqrt{\frac{A_b}{A_l}}=\sqrt{\frac{60000}{13685}}\approx2.09$

$A_{ln}=A_l-\frac{\pi}{4}\times55^2=13685-\frac{\pi}{4}\times55^2\approx11309(mm^2)$

故 $1.35\beta_c\beta_l f_c A_{ln}=1.35\times1.0\times2.09\times23.1\times11309$

$\approx737.1(kN)>F_l=493.8kN$（满足要求）

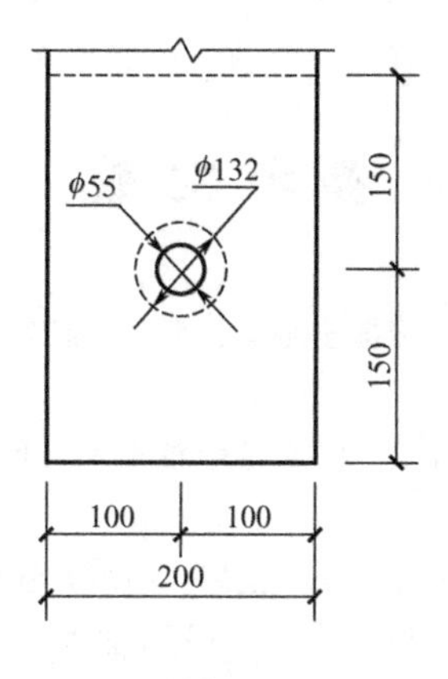

图(a)

② 局部受压承载力验算。

构件端部配置 HPB300 级钢筋焊接网［图(b)］，钢筋直径为Φ8，网片间距 $s=50\text{mm}$，共 5 片，$l_1=220\text{mm}$，$l_2=170\text{mm}$，$A_{s1}=A_{s2}=50.3\text{mm}^2$，$n_1=n_2=4$。

$A_{cor}=170\times220=37400(\text{mm}^2)$

$$\rho_v=\frac{n_1A_{s1}l_1+n_2A_{s2}l_2}{A_{cor}s}=\frac{4\times50.3\times220+4\times50.3\times170}{37400\times50}\approx4.2\%$$

$$\beta_{cor}=\sqrt{\frac{A_{cor}}{A_l}}=\sqrt{\frac{37400}{13685}}\approx1.65$$

故 $0.9(\beta_c\beta_l f_c+2\alpha\rho_v\beta_{cor}f_{yv})A_{ln}$

$=0.9\times(1.0\times2.09\times23.1+2\times1.0\times4.2\%\times1.65\times270)\times11309$

$\approx872.3(\text{kN})>F_l=493.8\text{kN}$（满足要求）

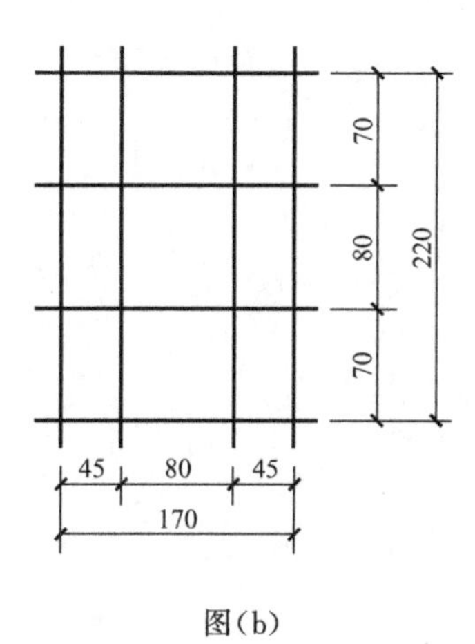

图(b)

参 考 文 献

东南大学，天津大学，同济大学，2016. 混凝土结构：上册　混凝土结构设计原理 [M]. 6 版. 北京：中国建筑工业出版社.

高等学校土木工程学科专业指导委员会，2011. 高等学校土木工程本科指导性专业规范 [M]. 北京：中国建筑工业出版社.

顾祥林，2015. 混凝土结构基本原理 [M]. 3 版. 上海：同济大学出版社.

梁兴文，史庆轩，2016. 混凝土结构设计原理 [M]. 3 版. 北京：中国建筑工业出版社.

邵永健，翁晓红，劳裕华，2013. 混凝土结构设计原理 [M]. 2 版. 北京：北京大学出版社.

沈蒲生，罗国祥，1992. 混凝土结构疑难释义 [M]. 武汉：武汉工业大学出版社.

王威，薛建阳，2010. 混凝土结构原理与设计习题集及题解 [M]. 北京：中国电力出版社.

阎奇武，黄远，2015. 混凝土结构习题集与硕士生入学考题指导 [M]. 北京：高等教育出版社.

叶列平，2014. 混凝土结构：上册 [M]. 2 版. 北京：中国建筑工业出版社.

附录　综合测试题

综合测试题 1

（一）填空题（每空 1 分，共 15 分）

1. 钢筋混凝土结构就是把钢筋和混凝土通过合理的方式组合在一起，使钢筋主要承受________，混凝土主要承受________，从而充分发挥两种材料各自的性能优势。

2. 混凝土的变形模量有________、割线模量和切线模量 3 种。

3. 极限状态分为________极限状态和________极限状态两类。

4. 配筋率从零开始增大，钢筋混凝土梁正截面的破坏形态依次有________、________和________ 3 种。

5. 有腹筋梁的受剪承载力随着剪跨比的增大而________。

6. 钢筋混凝土轴心受压构件的受压承载力 N_u 随长细比 l_0/b 的增大而________，稳定系数 φ 随长细比 l_0/b 的增大而________。

7. 在设计双筋梁、大偏心受压构件和大偏心受拉构件时均要求 $x>2a_s'$ 是为了保证________。

8. 裂缝出现瞬间，裂缝截面处的混凝土退出工作，应力变为________，而裂缝截面处的钢筋应力突然变________。

9. 一般情况下，预加力对预应力混凝土受弯构件的斜截面受剪承载力起________（填“有利”或“不利”）作用。

（二）判断题（对的在括号内写 T，错的在括号内写 F）（每小题 1 分，共 10 分）

1. 钢筋与混凝土能一起共同工作是因为两者具有相近的力学性能。（　）

2. 《设计规范》（GB 50010）中的混凝土强度等级从 C15～C80 共 14 个等级，其中 C40～C80 属于高强度混凝土。（　）

3. 某结构构件因过度的塑性变形而不适于继续承载，属于正常使用极限状态。（　）

4. 对 $x\leqslant h_f'$ 的 T 形截面梁，因为其正截面受弯承载力相当于宽度为 b_f' 的矩形截面，所以其配筋率 ρ 也用 b_f' 来表示，即 $\rho=A_s/(b_f'h_0)$。（　）

5. 钢筋混凝土受弯构件的斜截面受剪承载力设计计算主要是解决梁中箍筋与弯起钢筋的配置问题。（　）

6. 对于截面形状复杂的构件，应采用内折角箍筋。（　）

7. 轴向拉力作用线与构件正截面形心线不重合或构件承受轴向拉力与弯矩共同作用的构件称为偏心受拉构件。（　）

8. 钢筋混凝土纯扭构件变角空间桁架模型的主要作用在于：一是揭示了纯扭构件受扭的工作机理；二是通过分析得到了由钢筋分担的受扭承载力的基本变量。（　　）

9. 当计算得到的最大裂缝宽度超出允许值不大时，可以通过增加混凝土保护层厚度的方法来解决。（　　）

10. 有无弹性压缩损失是造成预应力混凝土轴心受拉先张法构件与后张法构件计算公式有所区别的根本因素。（　　）

（三）单项选择题（每小题 1 分，共 20 分）

1. 在其他条件相同时，钢筋混凝土梁的抗裂能力比素混凝土梁（　　）。

A. 相同　　B. 提高许多　　C. 提高不多　　D. 降低

2. 混凝土强度等级由边长为 150mm 的立方体试块的抗压试验，按（　　）确定。

A. 平均值 μ_{fcu}　　B. $\mu_{fcu}-1.645\sigma_{fcu}$　　C. $\mu_{fcu}-2\sigma_{fcu}$　　D. $\mu_{fcu}-\sigma_{fcu}$

3. 混凝土在双轴向正应力作用下，（　　）。

A. 双向受压时，一向的抗压强度不随另一向压应力的变化而变化

B. 双向受拉时，一向拉应力的变化对另一向抗拉强度的影响小

C. 双向受拉时，一向拉应力的变化对另一向抗拉强度的影响显著

D. 一向受压一向受拉时，一向的强度随另一向应力的增加而提高

4. 有关承载能力极限状态和正常使用极限状态，下列（　　）项叙述是正确的。

A. 承载能力极限状态发生的概率通常要大于正常使用极限状态发生的概率

B. 承载能力极限状态发生的概率通常要小于正常使用极限状态发生的概率

C. 承载能力极限状态发生的概率通常等于正常使用极限状态发生的概率

D. 承载能力极限状态发生的概率与正常使用极限状态发生的概率其大小关系通常无法比较

5. 受弯构件承载能力极限状态设计不包括以下的哪一方面？（　　）

A. 裂缝宽度与挠度　　B. 正截面受弯承载力

C. 斜截面受剪承载力　　D. 斜截面受弯承载力

6. 下列（　　）不是钢筋混凝土现浇单向板中分布钢筋的主要作用。

A. 固定受力钢筋位置　　B. 承受弯矩

C. 将板面荷载均匀地传递给受力钢筋　　D. 抵抗温度与收缩应力

7. 其他条件均相同、仅配筋量不同的 3 个受弯构件，依次为：1. 少筋梁；2. 适筋梁；3. 超筋梁，则它们的相对受压区高度 ξ 的关系为（　　）。

A. $\xi_1<\xi_2<\xi_3$　　B. $\xi_1<\xi_2=\xi_3$　　C. $\xi_1=\xi_2<\xi_3$　　D. $\xi_1<\xi_3<\xi_2$

8. 有关 T 形截面正截面受弯承载力计算公式的适用条件，下列说法中，（　　）是正确的。

A. 对于第一类 T 形截面，公式条件 $A_s\geqslant\rho_{min}bh$ 一般能满足，故可以不验算；对于第二类 T 形截面，公式条件 $\xi\leqslant\xi_b$ 一般能满足，故可以不验算

B. 对于第一类 T 形截面，公式条件 $\xi\leqslant\xi_b$ 一般能满足，故可以不验算；对于第二类 T 形截面，公式条件 $A_s\geqslant\rho_{min}bh$ 一般能满足，故可以不验算

C. 对于第一类 T 形截面，公式条件 $\xi \leqslant \xi_b$ 一般不能满足；对于第二类 T 形截面，公式条件 $A_s \geqslant \rho_{min} bh$ 一般不能满足

D. 对于第一类和第二类 T 形截面，公式条件 $\xi \leqslant \xi_b$ 和 $A_s \geqslant \rho_{min} bh$ 一般都能满足，故可以不验算

9. 有关集中荷载作用下无腹筋梁的斜截面受剪破坏形态，下列说法中，（　　）是正确的。

A. $\lambda < 1$ 时发生斜压破坏，$1 \leqslant \lambda \leqslant 3$ 时发生剪压破坏，$\lambda > 3$ 时发生斜拉破坏

B. $\lambda < 1$ 时发生剪压破坏，$1 \leqslant \lambda \leqslant 3$ 时发生斜压破坏，$\lambda > 3$ 时发生斜拉破坏

C. $\lambda < 1$ 时发生斜压破坏，$1 \leqslant \lambda \leqslant 3$ 时发生斜拉破坏，$\lambda > 3$ 时发生剪压破坏

D. $\lambda < 1$ 时发生斜拉破坏，$1 \leqslant \lambda \leqslant 3$ 时发生剪压破坏，$\lambda > 3$ 时发生斜压破坏

10. 承受均布荷载作用的钢筋混凝土悬臂梁，在剪切破坏的情况下图（　　）所示的裂缝形态是正确的。

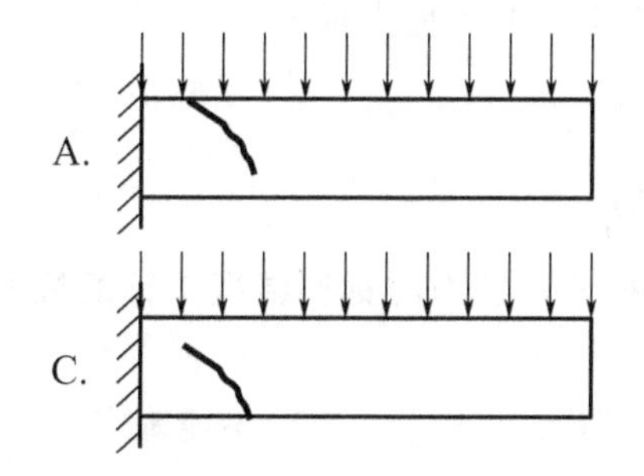

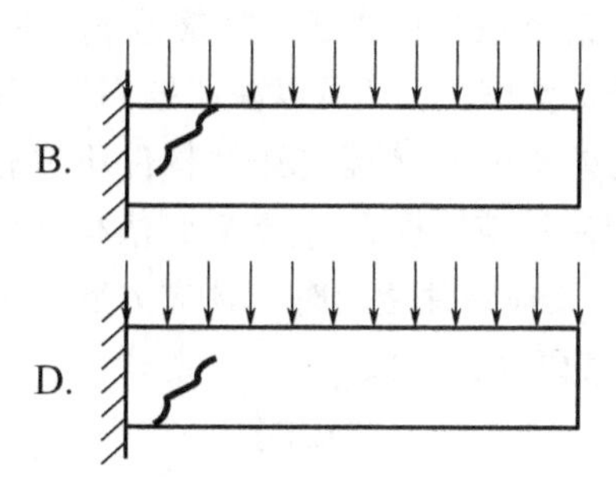

11. 下列叙述中，（　　）不是轴心受压构件中纵向钢筋的作用。

A. 直接受压，提高柱的受压承载力或减小截面尺寸

B. 直接受弯，提高柱的受弯承载力或减小截面尺寸

C. 改善混凝土的变形能力，防止构件发生突然的脆性破坏

D. 减小混凝土的收缩和徐变变形

12. 对于矩形截面非对称配筋的偏心受压构件，当求出的 $2a'_s \leqslant x \leqslant \xi_b h_0$ 时，有关受拉钢筋 A_s 与受压钢筋 A'_s 的应力状态，下列说法中，（　　）是正确的。

A. 受拉钢筋 A_s 受拉屈服，受压钢筋 A'_s 受压屈服

B. 受拉钢筋 A_s 受拉不屈服，受压钢筋 A'_s 受压不屈服

C. 受拉钢筋 A_s 受拉屈服，受压钢筋 A'_s 受压不屈服

D. 受拉钢筋 A_s 受拉不屈服，受压钢筋 A'_s 受压屈服

13. 大偏心受拉构件的破坏特征与（　　）构件类似。

A. 大偏心受压　　B. 小偏心受压　　C. 受剪　　D. 受扭

14. 当钢筋混凝土纯扭构件的纵向钢筋和箍筋的配筋强度比 ζ=（　　），将发生部分超筋破坏。

A. 1.2　　B. 0.6　　C. 1.7　　D. 2.3

15. 验算钢筋混凝土受弯构件裂缝宽度和挠度的目的是（　　）。

A. 使构件能够带裂缝工作

B. 使构件满足正常使用极限状态的要求

C. 使构件满足承载能力极限状态的要求

D. 使构件能在弹性阶段工作

16. 混凝土受弯构件的平均裂缝间距与下列（　　）因素无关。

A. 纵向钢筋配筋率　　B. 纵向受拉钢筋直径

C. 混凝土强度等级　　D. 混凝土保护层厚度

17. 提高钢筋混凝土受弯构件截面刚度最有效的措施是（　　）。

A. 提高混凝土强度等级　　B. 增加钢筋的面积

C. 加大截面宽度　　D. 加大截面高度

18. 先张法构件是通过（　　）来传递预应力的。

A. 预应力筋与混凝土之间的黏结力　　B. 锚具

C. 预应力钢筋　　D. 混凝土

19. 以下关于预应力损失的说法中不正确的是（　　）。

A. 凡是能使预应力筋产生缩短的一切因素都会引起预应力损失

B. 增加台座长度 l 可以减小锚固回缩损失 σ_{l1}

C. 温差损失 σ_{l3} 不是先张法构件所独有的

D. 螺旋筋挤压损失 σ_{l6} 是后张法构件所独有的

20. 在其他条件相同时，预应力混凝土梁的抗剪承载力与钢筋混凝土梁的抗剪承载力相比，其值要（　　）。

A. 大　　B. 小　　C. 相同　　D. 不能确定

（四）问答题（每小题 5 分，共 25 分）

1. 钢筋与混凝土共同工作的条件是什么？

2. 简述双轴向正应力作用下混凝土强度的变化规律。

3. 试绘出适筋梁在 I_a、Ⅱ、III_a 工作状态的截面应力图形，并指出它们分别是哪种极限状态的计算依据？

4. 简述轴向压力提高斜截面受剪承载力的原因。

5. 钢筋混凝土梁与匀质弹性材料梁的截面抗弯刚度有何异同？

（五）计算题（每小题 15 分，共 30 分）

1. 某钢筋混凝土矩形截面梁，截面尺寸 $b\times h=250\text{mm}\times500\text{mm}$，安全等级为二级，处于一类环境，选用 C30 混凝土和 HRB400 钢筋，承受弯矩设计值 $M=250\text{kN}\cdot\text{m}$，由于构造等原因，该梁在受压区已经配有纵向受压钢筋 2⌀20，若箍筋直径 $d_v=8\text{mm}$，受拉纵筋直径 $d=20\text{mm}$，且受拉纵筋为双排布置，试求所需纵向受拉钢筋截面面积 A_s。

2. 某矩形截面偏心受压柱，处于一类环境，安全等级为二级，截面尺寸为 300mm×400mm，柱的计算长度 $l_c=l_0=3.6\text{m}$，选用 C30 混凝土和 HRB400 钢筋，承受轴力设计值 $N=450\text{kN}$，弯矩设计值 $M_1=100\text{kN}\cdot\text{m}$，$M_2=200\text{kN}\cdot\text{m}$。若箍筋直径 $d_v=6\text{mm}$，采用不对称配筋，求该柱的截面配筋 A_s 及 A_s'。

综合测试题 1 答案

（一）填空题（每空 1 分，共 15 分）

1. 拉力　压力
2. 弹性模量
3. 承载能力　正常使用
4. 少筋破坏　适筋破坏　超筋破坏
5. 降低
6. 减小　减小
7. 受压钢筋屈服
8. 零　大
9. 有利

（二）判断题（每小题 1 分，共 10 分）

1. F　2. F　3. F　4. F　5. T　6. F　7. T　8. T　9. F　10. T

（三）单项选择题（每小题 1 分，共 20 分）

1. C　2. B　3. B　4. B　5. A　6. B　7. A　8. B　9. A　10. B
11. B　12. A　13. A　14. D　15. B　16. C　17. D　18. A　19. C　20. A

（四）问答题（每小题 5 分，共 25 分）

1. 答：钢筋与混凝土能够共同工作的条件有以下 3 个：①混凝土硬化后，钢筋与混凝土之间存在良好的黏结力；②钢筋与混凝土两种材料的温度线膨胀系数接近；③混凝土对埋置于其内的钢筋起到保护作用。

2. 答：当混凝土处于双向受压时，一向的抗压强度随另一向压应力的增加而提高，最多可提高约 30%。当混凝土处于双向受拉时，一向的拉应力对另一向的抗拉强度影响小，即混凝土双向受拉时与单向受拉时的抗拉强度基本相等。当混凝土处于一向受压、一向受拉时，一向的强度随另一向应力的增加而降低。

3. 答：适筋梁在 I_a、Ⅱ、III_a 工作状态的截面应力图形如下图所示。

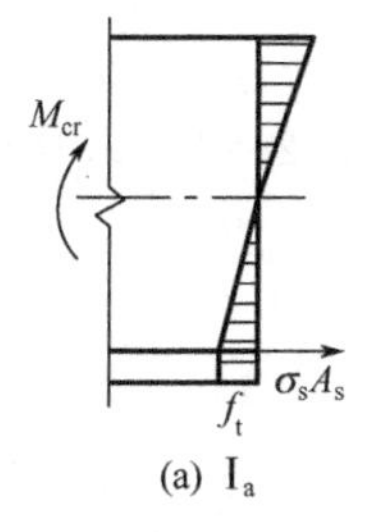

(a) I_a

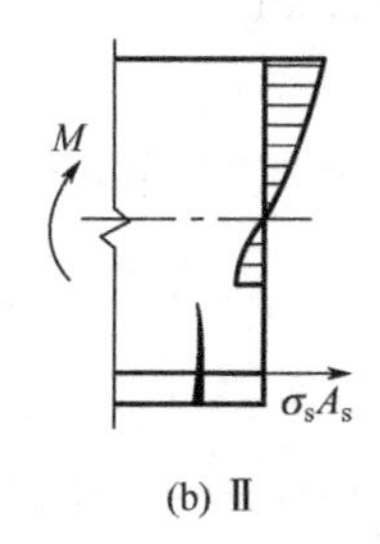

(b) Ⅱ

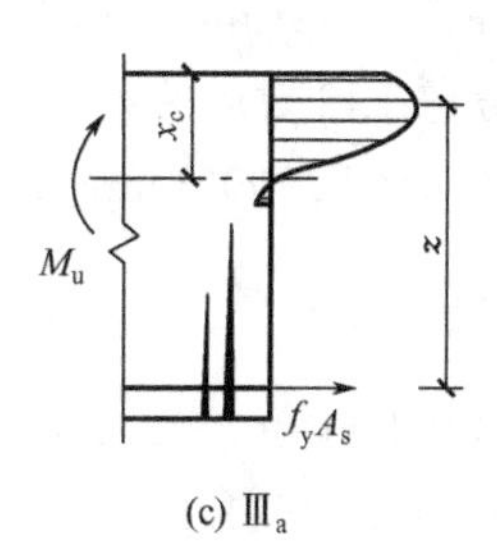

(c) III_a

(1) I_a是正常使用极限状态抗裂度验算的依据。

(2) Ⅱ是正常使用极限状态裂缝宽度和挠度验算的依据。

(3) III_a是承载能力极限状态计算的依据。

4. 答：轴向压力的作用，使得正截面裂缝的出现推迟，也延缓了斜裂缝的出现和发展，斜裂缝的倾角变小，混凝土剪压区高度增大，从而提高受压构件的斜截面受剪承载力。

5. 答：钢筋混凝土梁通常是带裂缝工作的，且混凝土是非弹性材料，受力后会产生塑性变形，故其截面抗弯刚度沿梁跨度方向是变化的，且随荷载增加而降低，随荷载作用时间增加而降低。而匀质弹性材料梁的截面抗弯刚度 EI 始终为一个不变的常数。

(五) 计算题（每小题 15 分，共 30 分）

1. 解：(1) 查相关表格可得：C30 混凝土的 $f_c=14.3\text{N/mm}^2$，$f_t=1.43\text{N/mm}^2$；HRB400 钢筋的 $f_y=f'_y=360\text{N/mm}^2$；$\alpha_1=1.0$，$\xi_b=0.518$，箍筋的混凝土保护层厚度 $c=20\text{mm}$，$A'_s=628\text{mm}^2$。

(2) 求 x，并判别公式适用条件。

$a_s=20+8+20+25/2=60.5(\text{mm})$，$a'_s=20+8+20/2=38(\text{mm})$，$h_0=500-60.5=439.5(\text{mm})$。

由基本公式可得：

$$x=h_0\left(1-\sqrt{1-\frac{2[M-f'_yA'_s(h_0-a'_s)]}{\alpha_1 f_c bh_0^2}}\right)$$

$$=439.5\times\left(1-\sqrt{1-\frac{2\times[250\times10^6-360\times628\times(439.5-38)]}{1.0\times14.3\times250\times439.5^2}}\right)\approx116.9(\text{mm})$$

$x<\xi_b h_0=0.518\times439.5\approx227.7(\text{mm})$

且 $x>2a'_s=2\times38=76(\text{mm})$，所以满足公式条件。

(3) 计算受拉钢筋截面面积。

由基本公式可得：

$$A_s=\frac{\alpha_1 f_c bx+f'_yA'_s}{f_y}=\frac{1.0\times14.3\times250\times116.9+360\times628}{360}\approx1788.9(\text{mm}^2)$$

因此，该梁所需纵向受拉钢筋截面面积 $A_s=1788.9\text{mm}^2$。

2. 解：(1) 查相关表格可得：C30 混凝土的 $f_c=14.3\text{N/mm}^2$，$\alpha_1=1.0$；HRB400 钢筋的 $f'_y=f_y=360\text{N/mm}^2$，$\xi_b=0.518$；全部纵向钢筋最小配筋率 $\rho_{min}=0.55\%$；箍筋的混凝土保护层厚度 $c=20\text{mm}$；$a'_s=a_s=35\text{mm}$。

(2) 判别考虑二阶效应的条件。

$A=300\times400=120000(\text{mm}^2)$，$I=bh^3/12=300\times400^3/12=1.6\times10^9(\text{mm}^4)$

$$i=\sqrt{\frac{I}{A}}\approx115.5\text{mm}$$

$M_1/M_2=100/200=0.5\leqslant0.9$

$l_c/i=3600/115.5\approx31.2$，$34-12M_1/M_2=28$，所以 $l_c/i>34-12M_1/M_2$

$N/(f_cA)=450000/(14.3\times120000)\approx0.26<0.9$

故需考虑二阶效应。

(3) 求考虑二阶效应的弯矩设计值 M。

$C_m=0.7+0.3M_1/M_2=0.7+0.3\times0.5=0.85$

$\zeta_c=0.5f_cA/N=0.5\times14.3\times120000/450000\approx1.91>1.0$，所以取 $\zeta_c=1.0$

$h_0=h-a_s=400-35=365(\text{mm})$

$$e_a=\max\left\{\frac{h}{30},\ 20\right\}=20\text{mm}$$

$$\eta_{ns}=1+\frac{1}{1300(M_2/N+e_a)/h_0}\left(\frac{l_c}{h}\right)^2\zeta_c$$

$$=1+\frac{1}{1300\left(\dfrac{200\times10^6}{450\times10^3}+20\right)/365}\times\left(\frac{3600}{400}\right)^2\times1.0\approx1.049$$

$C_m\eta_{ns}=0.89<1.0$，所以取 $C_m\eta_{ns}=1.0$，则 $M=C_m\eta_{ns}M_2=200\text{kN}\cdot\text{m}$

(4) 计算 e_i，并判断偏心受压类型。

$$e_0=\frac{M}{N}=\frac{200\times10^6}{450\times10^3}\approx444.4(\text{mm})$$

$e_i=e_0+e_a=444.4+20=464.4(\text{mm})$

$e_i=464.4\text{mm}>0.3h_0=109.5\text{mm}$

因此，可先按大偏心受压构件计算。

(5) 计算 A_s' 和 A_s

为使配筋（A_s+A_s'）最小，令 $\xi=\xi_b$

$$e=e_i+\frac{h}{2}-a_s=464.4+200-35=629.4(\text{mm})$$

则由基本公式可得：

$$A_s'=\frac{Ne-\alpha_1f_cbh_0^2\xi_b(1-0.5\xi_b)}{f_y'(h_0-a_s')}$$

$$=\frac{450\times10^3\times629.4-1.0\times14.3\times300\times365^2\times0.518\times(1-0.5\times0.518)}{360\times(365-35)}$$

$$\approx537(\text{mm}^2)>0.2\%\times300\times400=240(\text{mm}^2)$$

由基本公式可得：

$$A_s=\frac{\alpha_1f_cb\xi_bh_0+f_y'A_s'-N}{f_y}=\frac{1.0\times14.3\times300\times0.518\times365+360\times537-450\times10^3}{360}$$

$$\approx1540(\text{mm}^2)>0.2\%\times300\times400=240(\text{mm}^2)$$

(6) 验算垂直于弯矩作用平面的轴心受压承载能力（该步骤可没有）。

由 $l_c/b=3600/300=12$，查表得 $\varphi=0.95$

则轴心受压承载能力为：

$$N_u=0.9\varphi[f_cA+f_y'(A_s'+A_s)]$$

$$=0.9\times0.95\times[14.3\times300\times400+360\times(537+1540)]$$

$$\approx2106\times10^3(\text{N})=2106\text{kN}>N=450\text{kN}$$

满足要求。

(7) 验算全部纵筋的配筋率（该步骤可没有）。

$$\rho=\frac{A_s'+A_s}{A}\times100\%=\frac{537+1540}{120000}\times100\%\approx1.73\%\begin{cases}>0.55\%\\<5\%\end{cases}$$，所以满足要求。

(8) 选配钢筋（该步骤可没有）。

受拉钢筋选用 4Φ22（$A_s=1520\text{mm}^2$），受压钢筋选用 3Φ16（$A_s'=603\text{mm}^2$）。满足配筋面积和构造要求。截面配筋如下图所示。

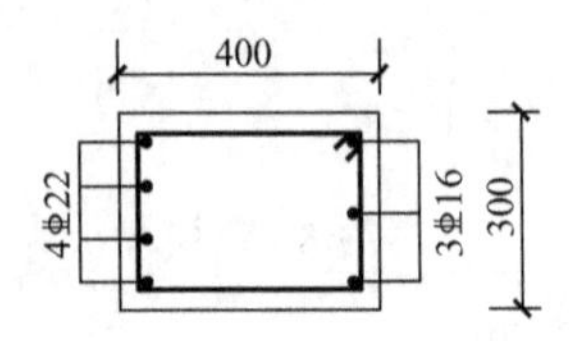

综合测试题 2

(一) 填空题（每空 1 分，共 15 分）

1. 钢筋与混凝土之间的黏结力由________、________和________3 部分所组成。

2. 功能函数 Z、抗力 R 和作用效应 S 均服从正态分布，若平均值 $\mu_R=160$，$\mu_S=80$；变异系数 $\delta_R=0.13$，$\delta_S=0.12$，则可靠指标 $\beta=$________。

3. 荷载作用下受弯构件的破坏形式有________和________两种。

4. 箍筋的形式有封闭式和开口式两种，对于配有计算需要的纵向受压钢筋的梁必须采用________式箍筋。

5. 矩形截面非对称配筋大偏心受压构件正截面受压承载力计算公式的条件 $x\geqslant 2a_s'$ 不能满足，表示受拉钢筋 A_s________，受压钢筋 A_s'________。（填“屈服”或“不屈服”）

6. T 形和 I 形截面纯扭构件的扭矩由________、________和________共同承担，并按各矩形分块的截面受扭塑性抵抗矩所占比例分配截面所承受的扭矩设计值。

7. 钢筋混凝土受弯构件的开裂弯矩是以适筋梁正截面工作的第________状态的应力图形为依据计算的。

8. 施工时，先张法构件中预应力钢筋的张拉力由________承受，而后张法构件中预应力钢筋的张拉力由________承受。

(二) 判断题（对的在括号内写 T，错的在括号内写 F）（每小题 1 分，共 10 分）

1. 对于混凝土一次短期受压时的应力-应变曲线，随着混凝土强度等级的提高，曲线的峰值应变增大，极限应变减小，延性越差。（　）

2. 通常，有明显流幅的钢筋简称为“软钢”，如钢绞线、高强钢丝；无明显流幅的钢筋简称为“硬钢”，如热轧钢筋。（　）

3. 设计使用年限与设计基准期是同一概念的两个不同名称。（　）

4. 当梁配筋过多时发生超筋破坏，其破坏特征是受压区混凝土压碎，而纵向受拉钢筋不屈服，梁的裂缝细而密，挠度不大，为无明显破坏预兆的脆性破坏。（　）

5. 设计梁时，要求抵抗弯矩图包住设计弯矩图，其目的仅是保证斜截面受弯承载力。（　）

6. 矩形截面对称配筋的偏心受压构件，无论是截面设计还是截面复核时，均可用“$\xi=\xi_b$”作为区分大小偏心受压的判别条件。（　）

7. 大、小偏心受拉构件界限的本质是破坏时构件截面上是否存在受压区，有受压区时为大偏心受拉破坏，无受压区时为小偏心受拉破坏。（　）

8. 受扭钢筋由沿构件表面内侧布置的受扭箍筋和在截面上下两对边均匀对称布置的受扭纵向钢筋组成。（　）

9. 当混凝土构件最薄弱截面的混凝土达到抗拉强度 f_t 时，就会出现第一条（批）裂缝。（　）

10. 部分预应力混凝土结构在使用荷载作用下不允许混凝土出现裂缝。（　）

(三) 单项选择题(每小题1分,共20分)

1. 在其他条件相同时,配筋适量的钢筋混凝土梁的变形能力比素混凝土梁(　　)。

A. 相同　　B. 提高许多　　C. 提高不多　　D. 降低

2. 混凝土强度等级C40表示(　　)。

A. 混凝土的立方体抗压强度 $f_{cu} \geqslant 40\mathrm{N/mm^2}$

B. 混凝土的棱柱体抗压强度设计值 $f_c \geqslant 40\mathrm{N/mm^2}$

C. 混凝土的棱柱体抗压强度标准值 $f_{ck} \geqslant 40\mathrm{N/mm^2}$

D. 混凝土的立方体抗压强度 $f_{cu} \geqslant 40\mathrm{N/mm^2}$ 的概率不小于95%

3. 对于钢筋应力-应变曲线的数学模型,下列叙述中(　　)正确。

A. 有明显流幅钢筋通常采用双斜线模型,无明显流幅钢筋通常采用双线性理想弹塑性模型

B. 有明显流幅钢筋通常采用双线性理想弹塑性模型,无明显流幅钢筋通常采用双斜线模型

C. 有明显流幅钢筋与无明显流幅钢筋均应采用双线性理想弹塑性模型

D. 有明显流幅钢筋与无明显流幅钢筋均应采用双斜线模型

4. 下列情况(　　)属于正常使用极限状态。

A. 结构作为刚体失去平衡

B. 结构因产生过度的塑性变形而不能继续承受荷载

C. 影响耐久性能的局部损坏

D. 构件丧失稳定

5. 有关梁中纵向钢筋的净间距,下列哪个叙述是错误的?(　　)

A. 梁上部钢筋水平方向的净间距不应小于30mm和 $1.5d$

B. 梁下部钢筋水平方向的净间距不应小于25mm和 d

C. 当下部钢筋多于2层时,2层以上钢筋水平方向的中距应比下面2层的中距增大一倍

D. 各层钢筋之间的净间距不应小于25mm和 d,d 为钢筋的最小直径

6. 对于截面、材料强度、配筋方式、跨度与支承条件完全相同的3根梁,仅配筋量不同,分别为少筋梁、适筋梁和超筋梁,下列阐述哪个是正确的?(　　)

A. 就承载力而言,少筋梁≤超筋梁≤适筋梁

B. 就承载力而言,少筋梁≤适筋梁≤超筋梁

C. 就变形性能而言,少筋梁≤适筋梁≤超筋梁

D. 就变形性能而言,超筋梁≤适筋梁≤少筋梁

7. 有关单筋矩形截面梁的正截面受弯承载力复核过程中,下列说法中,(　　)是错误的。

A. 若出现 $A_s < \rho_{\min} bh$,则应重新调整截面或该构件不能使用

B. 若条件 $A_s \geqslant \rho_{\min} bh$ 满足,则应由基本公式先求 x,再由基本公式直接求 M_u

C. 若条件 $x \leqslant \xi_b h_0$ 满足,则再由基本公式求 M_u

D. 若出现 $x > \xi_b h_0$,则取 $x = \xi_b h_0$ 代入基本公式求 M_u

8. 条件相同的3根无腹筋简支梁,跨中作用2个对称的集中力,仅集中力的作用位置

不同而分别发生剪压破坏、斜压破坏和斜拉破坏，则梁实际的斜截面受剪承载力的大致关系是（　　）。

A. V_u（斜压破坏）>V_u（剪压破坏）>V_u（斜拉破坏）

B. V_u（剪压破坏）>V_u（斜压破坏）>V_u（斜拉破坏）

C. V_u（斜压破坏）>V_u（斜拉破坏）>V_u（剪压破坏）

D. V_u（斜拉破坏）>V_u（剪压破坏）>V_u（斜压破坏）

9. 在梁的受拉区，弯起钢筋弯起点与按计算充分利用该钢筋强度的截面之间的距离 d 不应小于 $h_0/2$，原因是（　　）。

A. 保证正截面受弯承载力　　B. 保证斜截面受剪承载力

C. 控制斜裂缝宽度　　D. 保证斜截面受弯承载力

10. 下列叙述中，（　　）不是轴心受压构件中箍筋的作用。

A. 固定纵筋，形成钢筋骨架

B. 约束混凝土，改善混凝土的性能

C. 给纵筋提供侧向支承，防止纵筋压屈

D. 直接受剪，提高柱的受剪承载力

11. 对于矩形截面非对称配筋的偏心受压构件，当求出的 $\xi_b h_0 < x < \xi_{cy} h_0$ 时，有关受拉钢筋 A_s 与受压钢筋 A_s' 的应力状态，下列说法中，（　　）是正确的。

A. 受拉钢筋 A_s 受拉屈服，受压钢筋 A_s' 受压屈服

B. 受拉钢筋 A_s 受拉不屈服，受压钢筋 A_s' 受压不屈服

C. 受拉钢筋 A_s 受拉屈服，受压钢筋 A_s' 受压不屈服

D. 受拉钢筋 A_s 受拉或受压不屈服，受压钢筋 A_s' 受压屈服

12. 两个配置 4Φ20 纵向钢筋的轴心受拉构件，A 试件的截面尺寸为 400mm×400mm，混凝土强度等级为 C40；B 试件的截面尺寸为 300mm×300mm，混凝土强度等级 C30。则 A 试件的极限受拉承载力比 B 试件的（　　）。

A. 大　　B. 小　　C. 不能确定　　D. 相等

13. 剪扭构件通过计算得到 $\beta_t=0.5$，表明（　　）。

A. 混凝土受扭承载力不变

B. 混凝土受剪承载力不变

C. 混凝土受剪承载力为纯剪时的一半

D. 混凝土受剪、受扭承载力分别为纯扭、纯剪的一半

14. 对于钢筋混凝土轴心受拉构件的裂缝，以下结论不正确的是（　　）。

A. 开裂前，混凝土和钢筋的应变沿构件长度基本上是均匀分布的

B. 距裂缝截面 l 处，混凝土的拉应力又增大到 f_t 时，将出现新的裂缝

C. 如果裂缝间的距离小于 l，则裂缝将出齐

D. 裂缝的出现、分布、开展及裂缝间距和裂缝宽度均具有很大的离散性

15. 下列情况（　　）不是裂缝控制的目的。

A. 满足承载力要求　　B. 满足耐久性要求

C. 满足使用功能要求　　D. 满足外观和使用者心理的要求

16. 钢筋混凝土受弯构件的挠度是采用（　　）进行验算的。

A. 荷载效应标准组合并考虑荷载的短期作用影响

B. 荷载效应标准组合并考虑荷载的长期作用影响

C. 荷载效应准永久组合并考虑荷载的短期作用影响

D. 荷载效应准永久组合并考虑荷载的长期作用影响

17. 与普通钢筋混凝土相比，预应力混凝土的优点不包括（　　）。

A. 增大了构件的刚度　　　　B. 提高了构件的抗裂能力

C. 提高了构件的延性和变形能力　　　　D. 可用于大跨度、重荷载构件

18. 后张法构件是通过（　　）来传递预应力的。

A. 预应力筋与混凝土之间的黏结力　　　　B. 锚具

C. 预应力钢筋　　　　D. 混凝土

19. 预应力混凝土受弯构件除了配置预应力筋 A_p 之外，通常还需要配置预应力筋 A_p' 及普通钢筋 A_s 和 A_s'，下列关于它们的说法中不正确的是（　　）。

A. A_p' 应配置在预应力混凝土受弯构件使用阶段的受拉区

B. 配置 A_p' 主要是为了解决施工阶段中的问题

C. 配置 A_s 和 A_s' 是为了防止因混凝土收缩和温差引起的预拉区裂缝

D. A_s 和 A_s' 的强度等级宜低于预应力筋

20. 对先张法预应力混凝土受弯构件进行设计时，下列（　　）项设计内容不需要进行。

A. 使用阶段的承载力计算

B. 使用阶段的裂缝控制和挠度验算

C. 端部锚固区的局部受压承载力计算

D. 施工阶段的承载力验算

（四）问答题（每小题 5 分，共 25 分）

1. 脆性破坏和延性破坏各有什么特点？

2. 简述钢筋的混凝土保护层的作用。

3. 受弯构件正截面设计时在什么情况下采用双筋截面？

4. 图示为对称配筋矩形截面偏心受力构件的 N_u - M_u 相关曲线，试解释图中 A、B、C、D 各点的含义；并解释当弯矩为某一值时，曲线上 E、F 两点的含义。

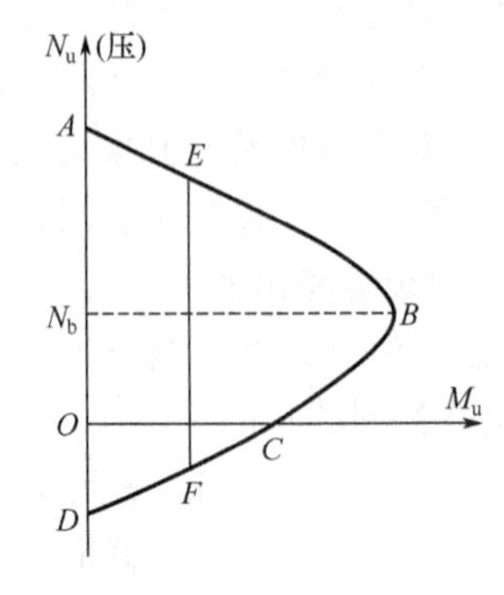

5. 钢筋混凝土受弯构件短期刚度 B_s 与哪些因素有关？如不满足变形限值，应如何处理？

（五）计算题（每小题 15 分，共 30 分）

1. 某钢筋混凝土矩形截面简支梁，净跨 $l_n=5000\text{mm}$，如下图所示，环境类别为一类，安全等级为二级。承受均布荷载设计值 $q=150\text{kN/m}$（包括自重），混凝土强度等级为 C30，箍筋为直径 8mm 的 HRB400 钢筋，纵筋为直径 20mm 的 HRB400 钢筋。计算斜截面受剪所需箍筋 A_{sv}/s。

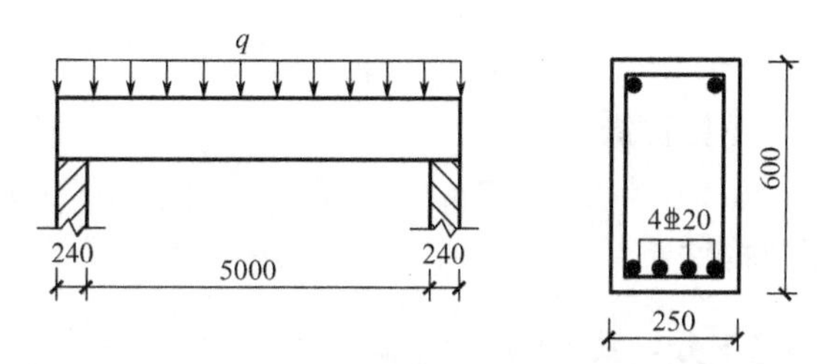

2. 某矩形截面偏心受压柱，处于一类环境，安全等级为二级，截面尺寸 $b\times h=500\text{mm}\times700\text{mm}$，弯矩作用于柱的长边方向，柱的计算长度 $l_c=l_0=12.25\text{m}$，轴向力的偏心距 $e_0=600\text{mm}$（e_0 已考虑了二阶效应的影响），混凝土强度等级为 C35，钢筋采用 HRB400 级，A_s' 采用 4⌀25（$A_s'=1964\text{mm}^2$），A_s 采用 6⌀25（$A_s=2945\text{mm}^2$）。箍筋直径 $d_v=10\text{mm}$，求该柱所能承担的极限轴向压力设计值 N_u。

综合测试题 2 答案

（一）填空题（每空 1 分，共 15 分）

1. 化学胶结力　摩擦力　机械咬合力
2. 3.49
3. 正截面破坏　斜截面破坏
4. 封闭
5. 屈服　不屈服
6. 腹板　受压翼缘　受拉翼缘
7. I_a
8. 张拉台座　混凝土构件

（二）判断题（每小题 1 分，共 10 分）

1. T　2. F　3. F　4. T　5. F　6. T　7. T　8. F　9. T　10. F

（三）单项选择题（每小题 1 分，共 20 分）

1. B　2. D　3. B　4. C　5. D　6. B　7. B　8. A　9. D　10. D
11. D　12. D　13. B　14. C　15. A　16. D　17. C　18. B　19. A　20. C

（四）问答题（每小题 5 分，共 25 分）

1. 答：脆性破坏的特点是：破坏前没有明显预兆，破坏突然发生；脆性破坏是很危险的，是工程上不允许或不希望发生的破坏类型。延性破坏的特点是：破坏前有明显预兆，破坏不是突然发生的，而是有一个过程；延性破坏是工程上允许或希望发生的破坏类型。

2. 答：钢筋的混凝土保护层的作用是：①防止钢筋锈蚀，保证结构的耐久性；②减缓火灾时钢筋温度的上升速度，保证结构的耐火性；③保证钢筋与混凝土之间的可靠黏结。

3. 答：受弯构件正截面设计时在下列 3 种情况下采用双筋截面。

（1）按单筋截面计算出现 $\xi>\xi_b$，而截面尺寸和混凝土强度等级又不能提高时。

（2）在不同荷载组合作用下（如风荷载、地震作用），梁截面承受异号弯矩时。

（3）由于构造、延性等方面的需要，在截面受压区已配有截面面积较大的纵向钢筋时。

4. 答：A 点对应于构件轴心受压时的极限承载力；B 点对应于构件大小偏心受压界限时的极限承载力；C 点对应于构件纯弯时的极限承载力；D 点对应于构件轴心受拉时的极限承载力。

当构件作用有某一弯矩时，E 点表示随着压力的增大，最后在该点发生偏心受压破坏；F 点表示随着拉力的增大，最后在该点发生偏心受拉破坏。

5. 答：B_s的影响因素有配筋率、截面形状、混凝土强度等级、截面有效高度。如果挠度验算不符合要求，可采取增大截面有效高度、提高配筋率、提高混凝土强度等级、增加纵向受压钢筋等措施。另外，施加预应力为有效措施。

（五）计算题（每小题15分，共30分）

1. 解：（1）查相关表格可得：C30混凝土的 $f_c=14.3\text{N/mm}^2$，$f_t=1.43\text{N/mm}^2$，$\beta_c=1.0$；HRB400钢筋的 $f_{yv}=f_y=360\text{N/mm}^2$；箍筋的混凝土保护层厚度 $c=20\text{mm}$；⌀8箍筋的 $A_{sv1}=50.3\text{mm}^2$。

（2）求剪力设计值。

支座边缘截面的剪力最大，其设计值为：

$V=0.5ql_n=0.5\times150\times5=375(\text{kN})$

（3）验算受剪截面限制条件。

$a_s=c+d_v+d/2=20+8+20/2=38(\text{mm})$

$h_0=h-a_s=600-38=562(\text{mm})$

$h_w=h_0=562\text{mm}$

$h_w/b=562/250=2.248<4$

$0.25\beta_c f_c bh_0=0.25\times1.0\times14.3\times250\times562=502287.5(\text{N})\approx502.3\text{kN}>V=375\text{kN}$

所以截面限制条件满足。

（4）验算计算配置箍筋条件。

$0.7f_tbh_0=0.7\times1.43\times250\times562=140640.5(\text{N})\approx140.6\text{kN}<V=375\text{kN}$

所以应按计算配置箍筋。

（5）配置箍筋。

由于仅受均布荷载作用，故应选一般受弯构件的公式计算箍筋。

由 $V\leqslant0.7f_tbh_0+f_{yv}\dfrac{A_{sv}}{s}h_0$ 得：

$$\frac{A_{sv}}{s}\geqslant\frac{V-0.7f_tbh_0}{f_{yv}h_0}=\frac{375\times10^3-0.7\times1.43\times250\times562}{360\times562}\approx1.158(\text{mm}^2/\text{mm})$$

因此，$A_{sv}/s=1.158\text{mm}^2/\text{mm}$。

验算箍筋的最小配筋率：

$$\rho_{sv,\min}=0.24\frac{f_t}{f_{yv}}=0.24\times\frac{1.43}{360}\approx0.095\%$$

$\rho_{sv}=\dfrac{A_{sv}}{bs}=\dfrac{1.158}{250}\approx0.463\%>\rho_{sv,\min}=0.095\%$，所以满足最小配箍率要求。

选⌀8的双肢箍，则箍筋间距 s 为：

$$s\leqslant\frac{A_{sv}}{1.158}=\frac{nA_{sv1}}{1.158}=\frac{2\times50.3}{1.158}\approx86.9(\text{mm})$$

因此，箍筋选配⌀8@85的双肢箍，且所选箍筋的间距和直径满足构造要求。

2. 解：（1）查相关表格可得：C35混凝土的 $f_c=16.7\text{N/mm}^2$，$\alpha_1=1.0$，$\beta_1=0.8$；HRB400钢筋的 $f_y=f'_y=360\text{N/mm}^2$；$\xi_b=0.518$；箍筋的混凝土保护层厚度 $c=20\text{mm}$。

$a_s=a'_s=c+d_v+d/2=20+10+25/2=42.5(\text{mm})$

$h_0=h-a_s=700-42.5=657.5(\text{mm})$

$e_a=\max\{700/30，20\}\approx 23\text{mm}$

$e_i=e_0+e_a=600+23=623(\text{mm})$

$e=e_i+0.5h-a_s=623+350-42.5=930.5(\text{mm})$

(2) 验算纵筋配筋率（该步骤可没有）。

$A_s'=1964\text{mm}^2>0.002bh=0.002\times 500\times 700=700(\text{mm}^2)$，满足要求。

$A_s=2945\text{mm}^2>0.002bh=0.002\times 500\times 700=700(\text{mm}^2)$，满足要求。

$(A_s'+A_s)/A\times 100\%=(1964+2945)/(500\times 700)\times 100\%\approx 1.4\%\begin{cases}>0.55\%\\<5\%\end{cases}$，满足要求。

(3) 求 x，并判别截面类型。

由大偏心受压的两个计算公式，消去 N 求 x。

$$\begin{cases}N=1.0\times 16.7\times 500x+360\times 1964-360\times 2945\\930.5N=1.0\times 16.7\times 500x\left(657.5-\dfrac{x}{2}\right)+360\times 1964\times(657.5-42.5)\end{cases}$$

解得 $x\approx 234.3\text{mm}$

$x>2a_s'=85\text{mm}$，且 $x<\xi_b h_0=0.518\times 657.5\approx 340.6(\text{mm})$，为大偏心受压。

(4) 求 N_u。

由大偏心受压的第一个计算公式得：

$$\begin{aligned}N_u&=\alpha_1 f_c bx+f_y'A_s'-f_yA_s\\&=1\times 16.7\times 500\times 234.3+360\times 1964-360\times 2945\approx 1603.2\times 10^3(\text{N})=1603.2\text{kN}\end{aligned}$$

(5) 求垂直于弯矩作用平面的轴心受压承载力 N_{uz}（该步骤可没有）。

由 $l_0/b=12250/500=24.5$，查表得 $\varphi=0.638$，则

$$\begin{aligned}N_{uz}&=0.9\varphi[f_cA+f_y'(A_s'+A_s)]\\&=0.9\times 0.638\times[16.7\times 500\times 700+360\times(1964+2945)]\\&\approx 4370.9\times 10^3(\text{N})=4370.9\text{kN}>N_u=1603.2\text{kN}\end{aligned}$$

由计算结果可知该柱所能承担的极限轴向压力设计值 $N_u=1603.2\text{kN}$。

北京大学出版社土木建筑系列教材(已出版)

序号	书名	主编	定价	序号	书名	主编	定价
1	*房屋建筑学(第3版)	聂洪达	56.00	53	特殊土地基处理	刘起霞	50.00
2	房屋建筑学	宿晓萍　隋艳娥	43.00	54	地基处理	刘起霞	45.00
3	房屋建筑学(上:民用建筑)(第2版)	钱　坤	40.00	55	*工程地质(第3版)	倪宏革　周建波	40.00
4	房屋建筑学(下:工业建筑)(第2版)	钱　坤	36.00	56	工程地质(第2版)	何培玲　张　婷	26.00
5	土木工程制图(第2版)	张会平	45.00	57	土木工程地质	陈文昭	32.00
6	土木工程制图习题集(第2版)	张会平	28.00	58	*土力学(第2版)	高向阳	45.00
7	土建工程制图(第2版)	张黎骅	38.00	59	土力学(第2版)	肖仁成　俞　晓	25.00
8	土建工程制图习题集(第2版)	张黎骅	34.00	60	土力学	曹卫平	34.00
9	*建筑材料	胡新萍	49.00	61	土力学	杨雪强	40.00
10	土木工程材料	赵志曼	38.00	62	土力学教程(第2版)	孟祥波	34.00
11	土木工程材料(第2版)	王春阳	50.00	63	土力学	贾彩虹	38.00
12	土木工程材料(第2版)	柯国军	45.00	64	土力学(中英双语)	郎煜华	38.00
13	*建筑设备(第3版)	刘源全　张国军	52.00	65	土质学与土力学	刘红军	36.00
14	土木工程测量(第2版)	陈久强　刘文生	40.00	66	土力学试验	孟云梅	32.00
15	土木工程专业英语	霍俊芳　姜丽云	35.00	67	土工试验原理与操作	高向阳	25.00
16	土木工程专业英语	宿晓萍　赵庆明	40.00	68	砌体结构(第2版)	何培玲　尹维新	26.00
17	土木工程基础英语教程	陈　平　王凤池	32.00	69	混凝土结构设计原理(第2版)	邵永健	52.00
18	工程管理专业英语	王竹芳	24.00	70	混凝土结构设计原理习题集	邵永健	32.00
19	建筑工程管理专业英语	杨云会	36.00	71	结构抗震设计(第2版)	祝英杰	37.00
20	*建设工程监理概论(第4版)	巩天真　张泽平	48.00	72	建筑抗震与高层结构设计	周锡武　朴福顺	36.00
21	工程项目管理(第2版)	仲景冰　王红兵	45.00	73	荷载与结构设计方法(第2版)	许成祥　何培玲	30.00
22	工程项目管理	董良峰　张瑞敏	43.00	74	建筑结构优化及应用	朱杰江	30.00
23	工程项目管理	王　华	42.00	75	钢结构设计原理	胡习兵	30.00
24	工程项目管理	邓铁军　杨亚频	48.00	76	钢结构设计	胡习兵　张再华	42.00
25	土木工程项目管理	郑文新	41.00	77	特种结构	孙　克	30.00
26	工程项目投资控制	曲　娜　陈顺良	32.00	78	建筑结构	苏明会　赵　亮	50.00
27	建设项目评估	黄明知　尚华艳	38.00	79	*工程结构	金恩平	49.00
28	建设项目评估(第2版)	王　华	46.00	80	土木工程结构试验	叶成杰	39.00
29	工程经济学(第2版)	冯为民　付晓灵	42.00	81	土木工程试验	王吉民	34.00
30	工程经济学	都沁军	42.00	82	*土木工程系列实验综合教程	周瑞荣	56.00
31	工程经济与项目管理	都沁军	45.00	83	土木工程 CAD	王玉岚	42.00
32	工程合同管理	方　俊　胡向真	23.00	84	土木建筑 CAD 实用教程	王文达	30.00
33	建设工程合同管理	余群舟	36.00	85	建筑结构 CAD 教程	崔钦淑	36.00
34	*建设法规(第3版)	潘安平　肖　铭	40.00	86	工程设计软件应用	孙香红	39.00
35	建设法规	刘红霞　柳立生	36.00	87	土木工程计算机绘图	袁　果　张渝生	28.00
36	工程招标投标管理(第2版)	刘昌明	30.00	88	有限单元法(第2版)	丁　科　殷水平	30.00
37	建设工程招投标与合同管理实务(第2版)	崔东红	49.00	89	*BIM 应用：Revit 建筑案例教程	林标锋	58.00
38	工程招投标与合同管理(第2版)	吴　芳　冯　宁	43.00	90	*BIM 建模与应用教程	曾浩	39.00
39	土木工程施工	石海均　马　哲	40.00	91	工程事故分析与工程安全(第2版)	谢征勋　罗　章	38.00
40	土木工程施工	邓寿昌　李晓目	42.00	92	建设工程质量检验与评定	杨建明	40.00
41	土木工程施工	陈泽世　凌平平	58.00	93	建筑工程安全管理与技术	高向阳	40.00
42	建筑工程施工	叶　良	55.00	94	大跨桥梁	王解军　周先雁	30.00
43	*土木工程施工与管理	李华锋　徐　芸	65.00	95	桥梁工程(第2版)	周先雁　王解军	37.00
44	高层建筑施工	张厚先　陈德方	32.00	96	交通工程基础	王富	24.00
45	高层与大跨建筑结构施工	王绍君	45.00	97	道路勘测与设计	凌平平　余婵娟	42.00
46	地下工程施工	江学良　杨　慧	54.00	98	道路勘测设计	刘文生	43.00
47	建筑工程施工组织与管理(第2版)	余群舟　宋会莲	31.00	99	建筑节能概论	余晓平	34.00
48	工程施工组织	周国恩	28.00	100	建筑电气	李　云	45.00
49	高层建筑结构设计	张仲先　王海波	23.00	101	空调工程	战乃岩　王建辉	45.00
50	基础工程	王协群　章宝华	32.00	102	*建筑公共安全技术与设计	陈继斌	45.00
51	基础工程	曹　云	43.00	103	水分析化学	宋吉娜	42.00
52	土木工程概论	邓友生	34.00	104	水泵与水泵站	张　伟　周书葵	35.00

序号	书名	主编	定价	序号	书名	主编	定价
105	工程管理概论	郑文新　李献涛	26.00	130	*安装工程计量与计价	冯　钢	58.00
106	理论力学(第 2 版)	张俊彦　赵荣国	40.00	131	室内装饰工程预算	陈祖建	30.00
107	理论力学	欧阳辉	48.00	132	*工程造价控制与管理(第 2 版)	胡新萍　王　芳	42.00
108	材料力学	章宝华	36.00	133	建筑学导论	裘　鞠　常　悦	32.00
109	结构力学	何春保	45.00	134	建筑美学	邓友生	36.00
110	结构力学	边亚东	42.00	135	建筑美术教程	陈希平	45.00
111	结构力学实用教程	常伏德	47.00	136	色彩景观基础教程	阮正仪	42.00
112	工程力学(第 2 版)	罗迎社　喻小明	39.00	137	建筑表现技法	冯　柯	42.00
113	工程力学	杨云芳	42.00	138	建筑概论	钱　坤	28.00
114	工程力学	王明斌　庞永平	37.00	139	建筑构造	宿晓萍　隋艳娥	36.00
115	房地产开发	石海均　王　宏	34.00	140	建筑构造原理与设计(上册)	陈玲玲	34.00
116	房地产开发与管理	刘　薇	38.00	141	建筑构造原理与设计(下册)	梁晓慧　陈玲玲	38.00
117	房地产策划	王直民	42.00	142	城市与区域规划实用模型	郭志恭	45.00
118	房地产估价	沈良峰	45.00	143	城市详细规划原理与设计方法	姜　云	36.00
119	房地产法规	潘安平	36.00	144	中外城市规划与建设史	李合群	58.00
120	房地产测量	魏德宏	28.00	145	中外建筑史	吴　薇	36.00
121	工程财务管理	张学英	38.00	146	外国建筑简史	吴　薇	38.00
122	工程造价管理	周国恩	42.00	147	城市与区域认知实习教程	邹　君	30.00
123	建筑工程施工组织与概预算	钟吉湘	52.00	148	城市生态与城市环境保护	梁彦兰　阎　利	36.00
124	建筑工程造价	郑文新	39.00	149	幼儿园建筑设计	龚兆先	37.00
125	工程造价管理	车春鹂　杜春艳	24.00	150	园林与环境景观设计	董　智　曾　伟	46.00
126	土木工程计量与计价	王翠琴　李春燕	35.00	151	室内设计原理	冯　柯	28.00
127	建筑工程计量与计价	张叶田	50.00	152	景观设计	陈玲玲	49.00
128	市政工程计量与计价	赵志曼　张建平	38.00	153	中国传统建筑构造	李合群	35.00
129	园林工程计量与计价	温日琨　舒美英	45.00	154	中国文物建筑保护及修复工程学	郭志恭	45.00

标*号为高等院校土建类专业“互联网+”创新规划教材。

如您需要更多教学资源如电子课件、电子样章、习题答案等，请登录北京大学出版社第六事业部官网 www.pup6.cn 搜索下载。

如您需要浏览更多专业教材，请扫下面的二维码，关注北京大学出版社第六事业部官方微信（微信号：pup6book），随时查询专业教材、浏览教材目录、内容简介等信息，并可在线申请纸质样书用于教学。

感谢您使用我们的教材，欢迎您随时与我们联系，我们将及时做好全方位的服务。联系方式：010-62750667，donglu2004@163.com，pup_6@163.com，lihu80@163.com，欢迎来电来信。客户服务 QQ 号：1292552107，欢迎随时咨询。